锅壳式燃油燃气锅炉原理与设计

主 编 陶永明

苏州大学出版社

图书在版编目(CIP)数据

锅壳式燃油燃气锅炉原理与设计 / 陶永明主编. ——苏州：苏州大学出版社，2021.11(2022.12重印)
ISBN 978-7-5672-3591-5

Ⅰ.①锅… Ⅱ.①陶… Ⅲ.①锅壳锅炉－燃气锅炉－理论②锅壳锅炉－燃油锅炉－理论③锅壳锅炉－燃气锅炉－设计④锅壳锅炉－燃油锅炉－设计 Ⅳ.①TK229

中国版本图书馆 CIP 数据核字(2021)第 133415 号

锅壳式燃油燃气锅炉原理与设计
Guokeshi Ranyou Ranqi Guolu Yuanli yu Sheji
主编　陶永明
责任编辑　肖　荣

苏州大学出版社出版发行
(地址：苏州市十梓街1号　邮编：215006)
广东虎彩云印刷有限公司印装
(地址：东莞市虎门镇黄村社区厚虎路20号C幢一楼　邮编：523898)

开本 787 mm×1 092 mm　1/16　印张 15　字数 356 千
2021 年 11 月第 1 版　2022 年 12 月第 2 次印刷
ISBN 978-7-5672-3591-5　定价：45.00 元

图书若有印装错误，本社负责调换
苏州大学出版社营销部　电话：0512-67481020
苏州大学出版社网址　http://www.sudapress.com
苏州大学出版社邮箱　sdcbs@suda.edu.cn

前言

  随着我国国民经济的发展、环保要求的提高和能源消费结构的升级,锅壳式燃油燃气锅炉越来越多地被用于工业和民用领域。与燃煤水管锅炉相比,锅壳式燃油燃气锅炉有其独特的结构形式、燃烧系统和传热元件,但锅壳式燃油燃气锅炉和燃煤水管锅炉一样,也存在着节能、安全、环保等方面的要求。合理的设计是保证锅壳式燃油燃气锅炉的热效率和安全性,并使其满足排放标准的前提。

  本书系统地介绍了锅壳式燃油燃气锅炉的结构、工作原理和设计计算等方面的内容,同时介绍了燃烧、换热、节能及减排方面的新动向、新技术。

  本书可以作为能源与动力工程专业和建筑设备与环境工程专业本科生的教学用书,也可供相关专业人员参考。

  本书的出版得到了苏州大学教务部和能源学院的支持。在编写过程中,得到了相关友人和家人的帮助与鼓励,谨在此表示衷心的感谢!

  限于编者水平,书中难免有不足之处,敬请读者批评指正。

第一章 概　述 001
第一节　锅壳式燃油燃气锅炉的基本构造、工作过程、特点和要求 001
第二节　锅壳式燃油燃气锅炉的基本特性 002
第三节　锅壳式燃油燃气锅炉的参数系列与型号编制 004

第二章 类型和结构 007
第一节　不带外置换热器的传统型锅壳式燃油燃气锅炉 007
第二节　带外置换热器的节能型锅壳式燃油燃气锅炉 010
第三节　锅壳式燃油燃气过热蒸汽锅炉 012
第四节　中间热媒式热水锅炉 016

第三章 油气燃料 019
第一节　燃油和燃气的化学成分 019
第二节　燃油 020
第三节　燃气 021

第四章 燃烧器 025
第一节　油燃烧器 025
第二节　燃气燃烧器 030

第五章 燃烧计算 038
第一节　燃烧所需的空气量计算 038
第二节　燃烧生成的烟气量计算 039
第三节　烟气和空气的焓 041
第四节　燃烧计算举例 042

第六章 热平衡 047
第一节　热平衡的概念 047
第二节　输入锅炉系统的热量 048
第三节　热损失 049

第四节　锅炉系统的有效利用热量　053
第五节　热效率和燃料消耗量　054
第六节　锅炉的热效率和燃料消耗量计算举例　054

第七章　炉膛的传热计算　056
第一节　炉膛的结构设计　056
第二节　借鉴标准方法的炉膛传热计算方法　062
第三节　其他炉膛传热计算方法简介　066
第四节　炉膛传热计算举例　070

第八章　对流受热面的传热计算　074
第一节　对流受热面的结构　074
第二节　对流受热面的传热计算方程　078
第三节　传热系数的计算　079
第四节　对流换热系数　082
第五节　辐射换热系数　088
第六节　流体流速的计算和烟气流速的选择　089
第七节　对流传热温差　091
第八节　对流受热面传热计算步骤　092
第九节　烟管（光管）传热的简易计算方法　093
第十节　对流受热面传热计算举例　094

第九章　烟风阻力计算　102
第一节　概述　102
第二节　烟管的阻力计算　103
第三节　节能器和烟气冷凝器的阻力计算　104
第四节　其他阻力计算　110
第五节　对烟气阻力计算的说明　118
第六节　烟气阻力计算举例　119

第十章　受压元件强度计算　122
第一节　材料和强度计算的基本参数　122
第二节　承受内压圆筒形元件的强度计算　124
第三节　承受外压圆筒形元件的强度计算　133
第四节　有拉撑（支撑、加固）的平板和管板强度计算　141
第五节　拉撑件和加固件　146
第六节　承压平端盖及盖板的强度计算　151

第七节　下脚圈　　154
　　第八节　孔的补强　　155
　　第九节　锅壳式锅炉的强度计算举例　　160

第十一章　锅壳式燃油燃气锅炉的安全配置　　193
　　第一节　安全阀　　193
　　第二节　防爆措施　　195
　　第三节　水质和排污　　197
　　第四节　蒸汽锅炉的汽水分离和水位　　201

第十二章　天然气锅炉的烟气潜热回收　　208
　　第一节　概　述　　208
　　第二节　间壁式烟气冷凝器的传热计算方法　　209
　　第三节　天然气锅炉烟气余热回收及烟气冷凝器设计计算举例　　211

附　录　　216
参考文献　　229

第一章

概 述

第一节 锅壳式燃油燃气锅炉的基本构造、工作过程、特点和要求

锅壳式燃油燃气锅炉也叫火管锅炉,如图 1-1 所示是一种典型的锅壳式燃油燃气锅炉的基本结构。其本质上是一种圆筒形锅炉,整个锅炉有一个大圆筒(锅壳),水在圆筒内,充满整个空间(热水锅炉),或者占据大部分空间(蒸汽锅炉)。水中可设置火筒(通常叫炉胆)和烟管,燃料在炉胆内燃烧,形成火焰和高温烟气,并通过炉胆向锅壳中的水放热。烟气离开炉胆后经过回燃室进入烟管,进一步向锅壳中的水放热,水吸热后温度升高到一定程度后离开锅炉(热水锅炉),或者被加热成蒸汽(蒸汽锅炉),烟气通过烟囱排出。

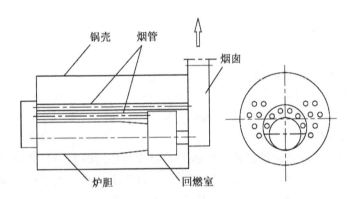

图 1-1 典型的锅壳式燃油燃气锅炉的基本结构

锅壳式燃油燃气锅炉的特点是围护结构简单,结构紧凑,适合做成快装锅炉,对水处理要求较低,水容积较大,对负荷变化的适应性强。加上燃油燃气锅炉容易实现自动化运行,十分适合中低压锅炉,因此作为工业锅炉和采暖锅炉得到了广泛的应用。特别是随着国家对环保要求的不断提高和能源消费结构的不断升级,锅壳式燃油燃气锅炉的应用必将越来越广泛。

虽然燃油与燃气的着火和燃尽比煤要容易得多,但采用良好的燃烧器,合理配风,以及保证炉内适当的温度水平仍然重要。锅壳式锅炉最大的问题是锅壳内布置受热面的空间有限,如何充分换热,将排烟温度控制在合理的水平,对锅炉运行的经济性至关重要。随着国家对锅炉节能的要求越来越高,传统的锅壳式锅炉也在朝增设锅外换热器的方向发展,以有效降低排烟温度。

如果设计、制造和运行不当,锅壳式燃油燃气锅炉容易出现管板开裂漏水、炉内爆炸性

燃烧等安全事故,对此类问题应高度重视,必须在每个环节严格把关,以确保锅壳式燃油燃气锅炉的安全运行。

第二节　锅壳式燃油燃气锅炉的基本特性

锅壳式燃油燃气锅炉的基本特性指锅壳式燃油燃气锅炉的容量、工作压力、工作温度、热效率和排放性能等,这些也是用户最为关心的。

一、容量

锅壳式燃油燃气蒸汽锅炉的容量用额定蒸发量 D 表示。额定蒸发量 D 表示锅炉在额定蒸汽压力、蒸汽温度、规定的锅炉效率和给水温度下,连续运行时所必须保证的最大蒸发量,单位为 t/h。锅壳式蒸汽锅炉的容量国外已经做到 50 t/h 以上,我国目前一般不超过 20 t/h。在生产运行中,锅炉的实际蒸发量一般不等于其额定蒸发量,而是与锅炉的负荷相适应。额定蒸发量对应于额定负荷。当负荷降低时,锅炉蒸发量下降,转为低负荷下运行。比如,当额定蒸发量为 10 t/h 的锅炉运行于 5 t/h 时,称其在 50% 负荷下运行。

锅壳式燃油燃气热水锅炉的容量以额定热功率 Q 表示,其单位为 MW。

$$Q = 0.0002778G(h''_{rs} - h'_{rs}) \quad \text{MW} \tag{1-1}$$

式中:h'_{rs}、h''_{rs}——锅炉进、出热水的焓,kJ/kg;
　　　G——锅炉每小时送出的水量,t/h。

蒸汽锅炉的热功率可以根据蒸发量来计算:

$$Q = 0.0002778D(h_q - h_{gs}) \quad \text{MW} \tag{1-2}$$

式中:h_q、h_{gs}——蒸汽和给水的焓,kJ/kg;
　　　D——锅炉的蒸发量,t/h。

根据式(1-2)可以推算,1 t/h 的蒸汽锅炉对应的热功率大约为 0.7 MW。

二、蒸汽(热水)参数

锅壳式燃油燃气蒸汽锅炉的额定工作压力和温度是指过热器出口集箱主蒸汽阀出口处的过热蒸汽压力和蒸汽温度,对于无过热器的锅炉,可用主蒸汽阀出口处的蒸汽压力和温度来表示;热水锅炉的额定工作压力和温度是指热水出水阀处的热水压力和温度。压力的单位是 MPa,温度的单位为 ℃。

锅炉给水温度是指进入节能器的水温,对无节能器的锅炉是指进入锅炉锅壳筒体的水温。

三、经济性指标

锅壳式燃油燃气锅炉的技术指标主要包括经济性指标和排放性能指标。经济性指标主要用锅炉的热效率来表示,热效率越高,送入锅炉的热量中被有效利用的部分就越多。

原国家质检总局办公厅于 2016 年 11 月 14 日印发的《锅炉节能技术监督管理规程》(TSG G0002—2010)第 1 号修改单[1][2]规定了燃液体燃料、燃天然气工业锅炉产品额定工况下热效率目标值和限定值,见表 1-1。

表 1-1 燃液体燃料、燃天然气锅炉产品额定工况下热效率目标值和限定值

燃料品种		燃料收到基低位发热量 $Q_{net,ar}$ (kJ/kg)	锅炉热效率(%)	
			目标值	限定值
液体燃料	轻油	按燃料实际化验值	96	90
	重油			
天然气			98	92

以轻油、重油以外的液体燃料为燃料的锅炉热效率指标,限定值应当达到锅炉设计热效率,目标值按照表 1-1 中液体燃料热效率目标值执行。

以天然气以外的气体燃料为燃料的锅炉热效率指标,限定值应当达到锅炉设计热效率,目标值按照表 1-1 中天然气热效率目标值执行。

四、排放性能指标

燃油燃气锅炉排放的污染物主要有烟尘、硫氧化物、氮氧化物、CO 和各种 C_mH_n 等。

《锅炉大气污染物排放标准》(GB 13271—2014)[3]要求新建燃油燃气锅炉大气污染物排放浓度限值如表 1-2 所示。

表 1-2 新建燃油燃气锅炉大气污染物排放浓度限值

污染物项目	限值(mg/m³)		污染物排放监控位置
	燃油锅炉	燃气锅炉	
颗粒物	30	20	烟囱或烟道
二氧化硫	200	50	
氮氧化物	250	200	
烟气黑度(林格曼黑度,级)	≤1		烟囱排放口

重点地区锅炉执行的大气污染物特别排放限值如表 1-3 所示。

表 1-3 新建燃油燃气锅炉大气污染物排放浓度限值(重点地区)

污染物项目	限值(mg/m³)		污染物排放监控位置
	燃油锅炉	燃气锅炉	
颗粒物	30	20	烟囱或烟道
二氧化硫	100	50	
氮氧化物	200	150	
烟气黑度(林格曼黑度,级)	≤1		烟囱排放口

地方省级人民政府可以制定严于上述标准的地方污染物排放标准。例如,北京从 2017 年 4 月 1 日起,城区燃气锅炉 NO_x 排放要求控制在 30 mg/m³ 以下,该指标接近美国加州的超低氮排放要求,欧洲国家也只要求排放限值达到 100 mg/m³。

随着国家对锅炉排放的要求越来越严,锅炉排放性能已经不是次要的性能指标,而是变

成了锅炉能否获得生产和运行许可的门槛,因此必须予以高度重视。

第三节　锅壳式燃油燃气锅炉的参数系列与型号编制

锅壳式燃油燃气锅炉属于工业锅炉,其参数系列与型号编制方法遵从工业锅炉的有关规定。

一、参数系列

锅壳式燃油燃气蒸汽锅炉的额定参数应选用表1-4中所列的参数,锅壳式燃油燃气热水锅炉的额定参数应选用表1-5中所列的参数。表中标有符号"△"处所对应的参数宜优先选用,表中未列的额定参数由供需双方协商确定。

表1-4　锅壳式蒸汽锅炉额定参数系列

额定蒸发量 (t/h)	额定蒸汽压力(表压)(MPa)										
	0.1	0.4	0.7	1.0	1.25			1.6		2.5	
	额定蒸汽温度(℃)										
	饱和	饱和	饱和	饱和	饱和	250	350	饱和	350	饱和	350	400
0.1	△	△										
0.2	△	△	△									
0.3	△	△	△									
0.5	△	△	△	△								
0.7	△	△	△	△								
1		△	△	△								
1.5			△	△								
2			△	△	△			△				
3			△	△	△			△				
4				△	△			△	△			
6				△	△	△	△	△	△	△		
8					△	△	△	△	△	△		
10					△	△	△	△	△	△	△	△
12					△	△	△	△	△	△	△	△
15					△	△	△	△	△	△	△	△
20						△	△	△	△	△	△	△

注：① 锅炉设计时的给水温度分20 ℃、60 ℃、104 ℃三挡,由设计单位结合具体情况确定;
② 本表摘自《工业蒸汽锅炉参数系列》(GB/T 1921—2004)[4]。锅壳式燃油燃气蒸汽锅炉的容量一般不超过20 t/h,因此25 t/h及以上的锅炉参数未列出。

表 1-5 锅壳式热水锅炉额定参数系列

额定热功率(MW)	允许工作压力(表压)(MPa)											
	0.4	0.7	1.0	1.25	0.7	1.0	1.25	1.0	1.25	1.25	1.6	2.5
	额定出水温度/进水温度(℃)											
	95/70				115/70			130/70		150/90		180/110
0.05	△											
0.1	△											
0.2	△											
0.35	△	△										
0.5	△	△										
0.7	△	△	△	△	△							
1.05	△	△	△	△	△							
1.4	△	△	△	△	△							
2.1	△	△	△	△	△							
2.8	△	△	△	△	△	△	△	△	△	△		
4.2		△	△	△	△	△	△	△	△	△		
5.6		△	△	△	△	△	△	△	△	△		
7.0		△	△	△	△	△	△	△	△	△		
8.4				△		△	△	△	△	△		
10.5				△		△	△	△	△	△		
14.0			△			△	△	△	△	△	△	
17.5						△	△	△	△	△	△	
29						△	△	△	△	△	△	△

注:本表摘自《热水锅炉参数系列》(GB/T 3166—2004)[5]。锅壳式燃油燃气热水锅炉的容量一般不超过 29 MW,因此 46 MW 及以上的锅炉参数未列出。

二、型号编制

按照《工业锅炉产品型号编制方法》(JB/T 1626—2002)[6]标准的规定,锅壳式燃油燃气锅炉的产品型号由三部分组成,各部分之间用短横线相连,如图 1-2 所示。

● 型号的第一部分表示锅炉和燃烧设备的型式,共分三段:第一段用两个汉语拼音字母代表锅炉的本体型式,对于锅壳式燃油燃气锅炉来说,WN 表示卧式内燃,WW 表示卧式外燃,LH 表示立式火管,LW 表示立式无管;第二段用一个汉语拼音字母代表锅炉的燃烧设备,由于锅壳式燃油燃气锅炉都是室燃炉,因此统一为字母 S;第三段用阿拉伯数字表示蒸汽锅炉的额定蒸发量为若干 t/h 或热水锅炉额定热功率为若干 MW。

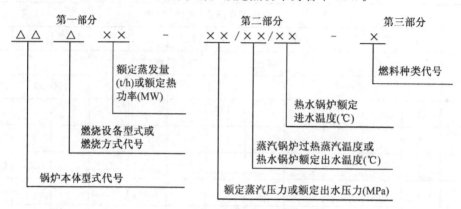

图 1-2　锅壳式锅炉产品型号表示法

● 型号的第二部分表示介质参数。对于蒸汽锅炉，分两段，中间以斜线(/)相连，第一段用阿拉伯数字表示额定蒸汽压力为若干 MPa；第二段用阿拉伯数字表示额定过热蒸汽温度为若干℃，蒸汽温度为饱和温度时，型号的第二部分无斜线和第二段。对于热水锅炉，分三段，中间也以斜线(/)相连，第一段用阿拉伯数字表示额定出水压力为若干 MPa；第二段和第三段分别用阿拉伯数字表示额定出水温度和额定进水温度为若干℃。

● 型号的第三部分表示燃料种类。以汉语拼音字母代表燃料种类，Y 表示燃油，Q 表示燃气。如同时使用油气燃料，主要燃料放在前面，中间以顿号隔开。

锅壳式锅炉如为蒸汽和热水两用锅炉，以锅炉的主要功能来编制产品型号，但在锅炉的名称中应写明"汽水两用"字样。

例如，WNS15-1.25-Q 表示锅壳式、卧式、内燃、室燃，额定蒸发量为 15 t/h，额定蒸汽压力为 1.25 MPa，蒸汽温度为饱和温度 194 ℃（由压力确定），燃气的饱和蒸汽锅炉；WNS4.2-1/115/70-Y，Q 表示锅壳式、卧式、内燃、室燃，额定热功率为 4.2 MW，额定工作压力为 1.0 MPa，出水温度为 115 ℃，进水温度为 70 ℃，燃油或燃气两用，以燃油为主的热水锅炉。

当产品本体型式、燃烧设备型式或燃烧方式超出标准规定时，企业可自行编制产品型号。

第二章

类型和结构

锅壳式燃油燃气锅炉按照不同的标准可以分为不同的类型。例如,根据产品的性质,可以分为蒸汽锅炉和热水锅炉,蒸汽锅炉可以进一步分为饱和蒸汽锅炉和过热蒸汽锅炉。根据锅炉的总体布置可以分为立式和卧式两大类。

按照受热面的布置方式,锅壳式燃油燃气锅炉可以分为不带外置换热器的传统型和带外置换热器的节能型两大类。

传统的锅壳式燃油燃气锅炉将炉胆和烟管等所有的换热器都置于锅壳筒体内,锅炉围护结构简单、紧凑。但随着国家对工业锅炉,特别是对燃油燃气锅炉热效率的要求越来越高,传统的锅壳式燃油燃气锅炉已经很难将排烟温度降低到合理的水平。通过在锅壳外增加节能器和烟气冷凝器等换热器,可以摆脱锅壳空间的限制,将排烟温度降低到更低的水平,此外对于生产过热蒸汽的锅炉来说,采用外置过热器也使得锅炉的结构布置更为灵活。

第一节 不带外置换热器的传统型锅壳式燃油燃气锅炉

传统型锅壳式燃油燃气锅炉分为立式和卧式两大类。立式蒸汽锅炉容量一般在 1.0 t/h 以下,蒸汽压力一般在 1.0 MPa 以下。立式热水锅炉的容量可达 1.4 MW。

立式锅炉的特点是结构简单、安装操作方便、占地面积小。

图 2-1(a)是燃烧器顶置式两回程套筒式无管锅壳锅炉,内外套筒之间是工质。一般容量在 0.5 t/h 以下内筒采用平直炉胆,0.5 t/h 以上内筒采用波纹与平直组合炉胆。炉胆形状和第一回程的火焰形状相匹配,可得到完全展开式火焰,有利于燃烧。火焰沿炉胆旋转下行,通过高温烟气的辐射和强烈旋转的对流向内筒壁面放热。外筒外侧整个高度上均匀地焊有肋片作为扩展受热面,烟气从侧面或下部沿整个外筒进入外筒外侧,冲刷外筒壁面及扩展受热面进行对流放热,较好地利用了烟气余热,而且对流受热面烟气阻力不大。该锅炉对水质要求较低,没有水管锅炉爆管的危险,可以制成蒸汽和热水锅炉,亦可制成汽水两用炉。

图 2-1(b)为中心回焰加烟管的三回程锅炉。第一回程火焰沿炉胆中心从上往下,然后烟气折转向上,再从上面进入烟管向下流动。这种锅炉的火焰也可以自由伸展,有利于燃烧。由于第二回程使炉内对流换热增强,炉膛综合辐射对流换热比较强。烟管内设置扰流子或采用强化传热式烟管。由于烟管的阻力且增加了一个烟气行程,这种锅炉对燃烧器的背压有一定的要求。

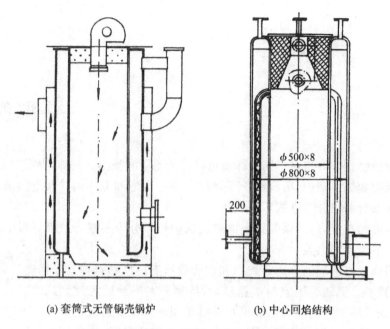

(a) 套筒式无管锅壳锅炉　　(b) 中心回焰结构

图 2-1　两种传统立式锅壳式燃油燃气锅炉形式

从理论上看，小型立式锅壳式锅炉要想达到较高的热效率，必须具有特殊设计的燃烧器以强化炉膛内和温度的四次方成正比的辐射换热，增强对流换热份额，采用较大的辐射换热面积，这样才能最大限度地降低炉膛的出口烟温。对流受热面一般只能采用烟风阻力较低的异形受热面或直接采用光管管束，因而不能期望在对流受热面中产生较大的降温，排烟温度相对较高。对蒸汽锅炉而言，热效率一般在 85% 左右；对热水锅炉而言，热效率一般在 87% 以上。随着我国对燃油燃气工业锅炉热效率要求的不断提高，而且取消了不同容量锅炉的热效率限定值的差异（见第一章第二节），给小型立式锅壳式锅炉的生产和应用带来了很大的挑战。

卧式锅壳式燃油燃气锅炉容量一般在 1 t/h 以上，其最大容量可达 20～25 t/h，国外已经做到 50 t/h。工作压力可以达到 1.6～2.5 MPa，热负荷小（蒸发量不超过 15 t/h 或热功率不超过 12 MW）的锅炉一般采用单炉胆布置，热负荷大（蒸发量在 15～30 t/h 之间或热功率在 12～24 MW 之间）的锅炉一般采用双炉胆布置。

卧式锅壳式燃油燃气锅炉主要结构型式有干背式、湿背式之分，以及顺流燃烧和中心回焰燃烧之分。

图 2-2(a) 为干背式结构。炉前的燃烧器（图中未画出）向炉胆内喷出燃料和空气燃烧生成高温烟气并向炉胆放热，烟气从炉胆出口进入后烟箱并折转进入第二回程的烟管。干背式锅炉的后烟箱虽然由耐火砖制成，但依靠空气来冷却，工作条件极差。当锅炉容量不大时，炉内热负荷相对较低，炉胆出口烟温不高，对后烟箱的破坏不大。但是随着锅炉容量的增大，炉胆的相对面积减少，炉胆出口烟温变高，后烟箱则容易损坏，锅炉需要经常停炉修理，大大降低了锅炉的可用性。经过计算认为，这一结构不适合容量为 1.0 t/h 以上的锅炉。

图 2-2(b) 是全湿背式顺流燃烧式结构。这种湿背式结构与干背式结构相比，其最大的

不同是后烟箱（通常称为回燃室，也叫转向室）完全浸没在锅水中，受到水的冷却作用，其工作条件大为改善。但回燃室结构复杂，生产和装配困难，焊缝数量多，焊接工作量大，制造成本高，对锅炉厂的生产设备和生产技术要求都高。现在我国多家燃油燃气锅炉制造厂都能生产这种结构的锅炉。目前 2 t/h 以上，直至 12 t/h，15 t/h，20 t/h 的燃油燃气蒸汽锅炉一般都是这类锅炉。

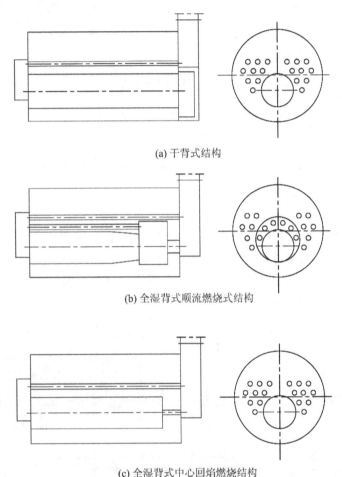

(a) 干背式结构

(b) 全湿背式顺流燃烧式结构

(c) 全湿背式中心回焰燃烧结构

图 2-2　传统卧式锅壳式锅炉的三种常见结构

但在实际运行中发现，这种锅炉的回燃室前管板受高温作用容易产生裂纹，欧洲较早发现了这一问题，但他们始终无法解决，特别是锅壳式燃气热水锅炉，因燃烧热负荷高，高温管板处极易发生过冷沸腾，造成传热恶化，使前管板温度过高，成为锅壳式燃气锅炉的天生缺陷。因此，除大部分制造商仍坚持炉胆加回燃室的结构外，一部分生产中小型燃气锅炉的欧洲制造商开始放弃回燃室结构，如图 2-3 所示为欧洲锅炉制造厂采用的大直径导烟管结构的换热容器。

另一种放弃回燃室以解决管板裂纹的方法是采用中心炉胆回燃结构，图 2-2(c)是全湿背式中心回焰燃烧结构。这种锅炉结构简单，制造工艺要求较低，但前烟箱处烟气温度相比全湿背式顺流燃烧式结构的锅炉要高,国外一般采用异形浇注的耐火层予以保护。

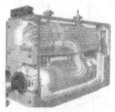
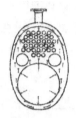

(a) 上置导烟管锅炉　　(b) 导烟管锅炉横截面　　(c) 下置导烟管锅炉

图 2-3　采用导烟管的锅炉

无论是采用导烟管还是采用中心回焰结构的锅炉,由于第二回程的换热有所减少,需要切实强化第三回程的换热来控制排烟温度。

第二节　带外置换热器的节能型锅壳式燃油燃气锅炉

传统的锅壳式燃油燃气锅炉的烟气回程一般不超过 3 个回程,虽然通过采用强化传热的烟管可以有效地降低排烟温度,锅炉热效率可以达到 90% 左右,但要进一步提升热效率,则必须布置更多的受热面,通过采用更大的锅壳筒体直径,以获得更大的空间来容纳更多的烟管显然是不合适的,特别是当要回收天然气锅炉烟气中水蒸气的部分汽化潜热时,需要很多的额外受热面,锅壳的空间是远远不够的。更现实的办法是通过在锅壳外增加节能器和烟气冷凝器等换热设备来实现这一目标,如图 2-4 所示。

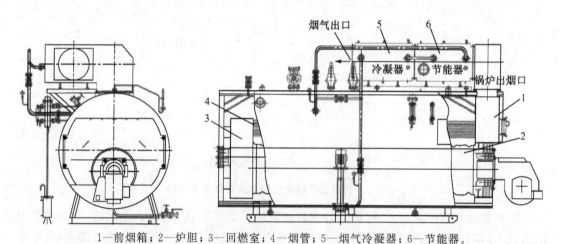

1—前烟箱；2—炉胆；3—回燃室；4—烟管；5—烟气冷凝器；6—节能器。

图 2-4　带节能器和烟气冷凝器的锅壳式燃油燃气锅炉

该锅炉[7]就是在传统的锅壳式锅炉(主要由锅壳、炉胆、回燃室、前烟箱、烟管等构成)的基础上增加了节能器和烟气冷凝器。锅内部分采用两回程结构:炉胆部分采用波形炉胆,有效地吸收了炉胆受热产生的轴向膨胀,同时还增大了受热面积,破坏了层流边界层;为了强化烟管的传热,在烟管内插入螺旋形扰流条,螺旋线能使管内部分烟气旋转,靠近烟管壁面烟气流体在扰流条的凸出部分发生分离,随后又重新冲击烟管壁面,增强了烟气紊流,提高了烟管的传热系数;同时插入扰流条还有利于清灰。燃料和空气经燃烧器在炉胆中发生燃烧,燃烧产生的高温烟气经过炉胆的辐射换热及烟管的对流换热后从前烟箱引出炉外,然后进入节能器,经节能器对流换热后再进入烟气冷凝器,在烟气冷凝器中,烟气经过冷凝对流换热后经烟囱排出。图 2-5 为该锅炉的汽水流程图。

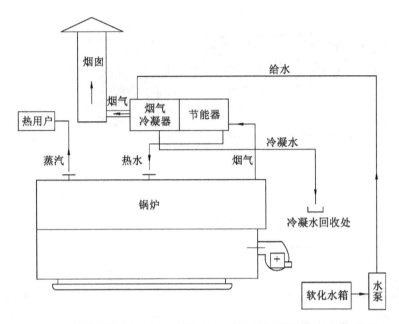

图 2-5 带节能器和烟气冷凝器的锅壳式燃油燃气锅炉的汽水流程图

该锅炉的排烟温度可以达到 57.2 ℃,最终锅炉热效率可高达 101%;而常规 WNS8-1.0-QT 锅炉燃料消耗量为 643.65 Nm³/h,排烟温度为 144.4 ℃,热效率为 92.42%,比冷凝锅炉热效率低了 8.58 个百分点,燃料消耗量增加了 36.31 Nm³/h。假设冷凝锅炉连续运行一个月,可以节省燃气 26 143 Nm³,按照 3.12 元/Nm³ 计算,一个月节约燃气费 3.12×26 143≈81 566(元)。节能效果显著。

也可以说,带外置换热器的锅壳式燃油燃气锅炉已经不是纯的锅壳式锅炉,由于目前的节能器和烟气冷凝器大多采用水管,所以也可以说它更像是某种烟水管锅炉,但是,它的主体部分仍然是锅壳式结构,具有锅壳式锅炉的优点,更准确地说,它是一种更高效的锅壳式燃油燃气锅炉。

通过上述例子也可以看出,虽然传统的卧式锅壳式燃油燃气锅炉能勉强达到国家对燃油燃气锅炉热效率的限定值的要求,但要达到国家规定的热效率的目标值,做到真正节能,是办不到的,而带外置换热器的锅壳式燃油燃气锅炉则更容易达到。

节能器、烟气冷凝器除了可以设置在锅壳上方外,也可以设置在延伸烟道上,如图 2-6 所示。

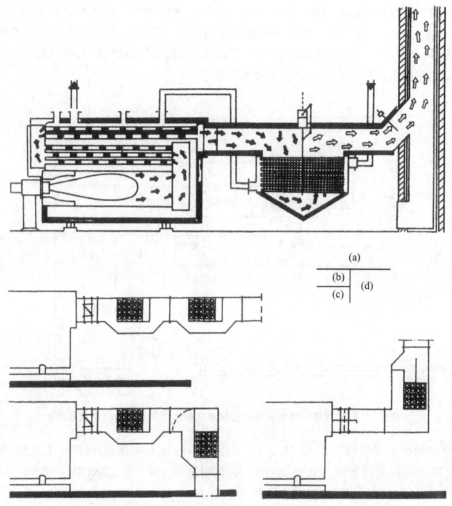

(a) 节能器水平布置；(b) 节能器、烟气冷凝器均水平布置；
(c) 节能器水平布置，烟气冷凝器垂直向下布置；(d) 节能器垂直向上布置。
图 2-6 锅壳式锅炉节能器、烟气冷凝器在延伸烟道上的布置型式

第三节 锅壳式燃油燃气过热蒸汽锅炉

锅壳式燃油燃气锅炉需要布置过热器时，过热器在锅炉中安装的位置，取决于过热蒸汽的温度、对流烟气的流速和温度、过热器管束的材质和蒸汽的流速。用户需要的过热蒸汽温度一般在 220～300 ℃ 居多，如果采用传统的全湿背式顺流燃烧式锅壳锅炉结构，过热器的布置位置只有两个，一个是回燃室，另一个是第一、第二管束的转弯烟室中（图 2-7）。回燃室的烟温约为 1 000 ℃，过热管壁易超温，并且回燃室尺寸有限，过热器的安装和维修都很困难。第一、第二管束的转弯烟室的烟温约为 400～550 ℃，烟温偏低，过热器所需的受热面积很大，并且过热器置于前烟箱内使得前烟箱较深，燃烧器的固定、烟管的清灰及过热器的安装维修都存在问题。

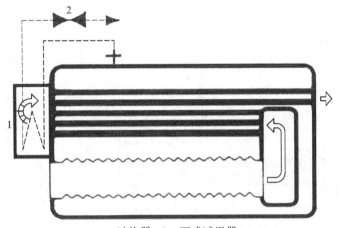

1—过热器；2—面式减温器。
图 2-7　布置在第一、第二管束的转弯烟室中的过热器

当过热度较低，所需传热面积不大时，可以考虑在转弯烟室处采用盘旋管式过热器，如图 2-8 所示。

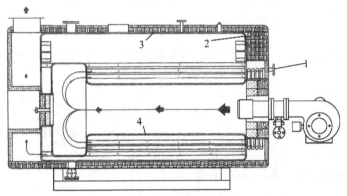

1—盘旋管过热器；2—管板；3—锅壳；4—炉胆。
图 2-8　锅壳锅炉转弯烟室中的盘旋管式过热器

以上布置的过热器要么在锅壳内部，要么紧贴锅壳，都没有跳出传统锅壳式燃油燃气锅炉的设计思维。一种灵活的方案是将过热器放在前烟室的上部[8]，这样过热器可以整体装入或吊出(图 2-9)，过热器及锅炉其他部件的安装和维修都很方便。而且前烟箱的深度也不会太深，燃烧器的固定及燃烧也不会受到影响。考虑到前烟箱的温度稍偏低，将第二回程烟管改用光管，这样可以提高第二回程出口的烟气温度，并且过热器对流管选用带鳍片的对流管束，可以保证过热器的受热面积增大而体积不增大，且达到所需过热蒸汽温度，过热器管壁又不易超温。但应采用适当的管内蒸汽流速使管内外换热热阻尽量匹配。

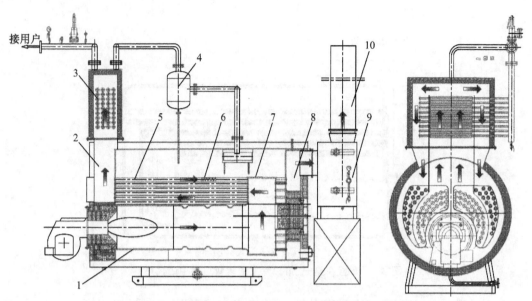

1—炉胆；2—前烟箱；3—过热器；4—汽水分离器；5—烟管；
6—扰流片；7—回燃室；8—后烟箱；9—节能器；10—烟囱。

图 2-9　WNS 2-1.0/260-Y、Q 锅壳式过热蒸汽锅炉示意图

当然，当锅炉容量不大时，可以采用干背式锅壳锅炉结构，考虑在炉胆出口烟室内布置蛇形管束过热器，如图 2-10 所示。图 2-11 是布置在船用锅壳式锅炉炉胆出口的过热器。

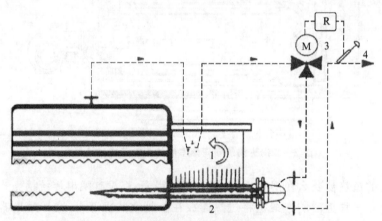

1—过热器；2—面式减温器；3—复式阀门；4—过热蒸汽出口。

图 2-10　布置在炉胆出口的过热器

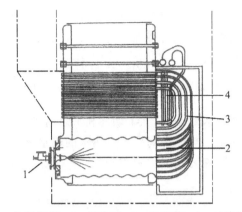

1—油燃烧器；2—燃烧室；3—对流管；4—过热器。
图 2-11　布置在船用锅壳式锅炉炉胆出口的过热器

但是,当锅炉容量较大时,后烟箱很容易损坏。文献[9]提供了一种采用外置式水冷转向烟室结构的方案,如图 2-12 所示。

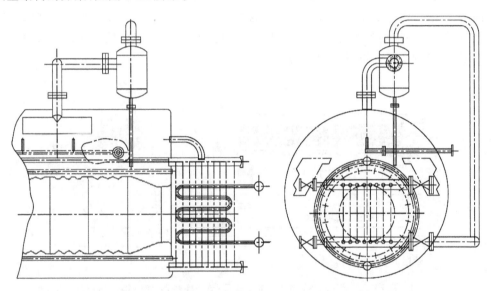

图 2-12　布置在炉胆出口的水冷转向烟室中的过热器

该设计采用外置式水冷转向烟室结构。转向烟室由膜式水冷壁管和集箱焊接而成,外形呈字母"O"形圆筒状。膜式壁转向烟室既可满足锅壳式锅炉严格的密封性要求,又能保证膜式壁水循环的可靠性,同时增加的换热面积能进一步提高锅炉的热效率。过热器集箱安排在后烟箱外面,蛇型管束固定在钢板上,组装后水平推入转向烟室内。管束固定钢板与转向烟室采用螺栓连接,便于拆装检修。固定钢板向火侧砌筑 60 mm 耐火混凝土,背火侧由空气冷却。

该设计中尚存在一些不够完善的地方。比如,对于锅炉运行负荷较低时过热器冷却能力不够问题没有理想的解决办法,设计中只是采用耐温更高的合金管代替碳钢管作为预防管壁超温的措施;过热器为半辐射式结构,为简化计算,设计中先按辐射式过热器进行热力计算,然后对计算结果进行修订,其修订方法所产生的误差需要在实践中验证;外置膜式水冷壁转向烟室的复合传热特性计算也有待在理论上进行深入分析。这些问题尚需要在理论和实践中不断地进行探讨和验证。

第四节 中间热媒式热水锅炉

对于锅壳式燃油燃气热水锅炉来说,除了烟气和水之间进行传统的间壁式换热之外,还有一类通过蒸汽或热水作为中间热媒来间接生产热水的热水锅炉。这类锅炉又分为封闭式相变锅炉、开式常压相变锅炉、液浴式锅炉和相变-液浴式锅炉等几种类型。

一、封闭式相变锅炉

这类锅炉(图 2-13)锅内下半部的介质,不断吸收炉胆及烟管内的热量汽化后产生蒸汽,蒸汽上升到锅内上半部,将汽化潜热传递给锅内换热管内的工质(热水),蒸汽又变成冷凝水后在重力的作用下返回,如此反复循环,在锅内连续不断地发生相变换热,使换热管内流动的工质连续不断地被加热。这种锅炉本质上可以看成一个大的重力热管,锅炉整个受热面相当于热管的加热段,锅炉上半部的相变换热部分就相当于热管的冷凝段,锅内介质在封闭的空间内,以液—汽—液相变的形式进行热能的传递。也就是说,相变锅炉通过在锅壳筒体的蒸汽空间中加装换热器而成,利用蒸汽冷凝(相变)时的强烈换热,使换热器的管束受热面积大幅减小,是相变锅炉得以应用的基础。

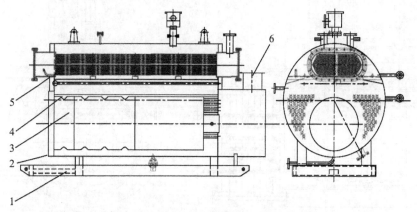

1—底座;2—锅壳;3—炉胆;4—烟管;5—换热器;6—烟气出口
图 2-13 封闭式相变锅炉

根据锅内压力的不同,这类锅炉可以分为正压相变锅炉和真空相变锅炉两大类。

正压相变锅炉工作时锅内压力维持在大气压以上,而真空相变锅炉(简称真空锅炉)工作时锅内压力维持在大气压以下。

真空相变锅炉的主要特点是:

(1) 采用软化水做介质,无腐蚀、不结垢,热交换器采用不锈钢材质。

(2) 机组负压运行,安全可靠。

(3) 该设备作为常压容器使用,可不受《锅炉安全技术监察规程》监察。

但事实上,真空相变锅炉也发生过严重的爆炸事故[10],真空锅炉的安全可靠也是有条件的:

(1) 锅内介质(热媒水)已经发生相变,同时存在密度相差千倍以上的液相(水)和气相

(蒸汽)。

(2) 锅炉在完全密闭的状态下运行。

(3) 锅内真空度要维持在一定的数值,必须使锅炉输出热量(换热二次水带走的热量)与输入锅炉的热量(燃料燃烧供给的热量)达到平衡。如果输入锅炉的热量大于锅炉输出热量,锅内真空度就会降低,甚至出现正压。

为了保证真空锅炉安全运行,文献[10]建议:

(1) 热媒水采用经过软化、除氧等处理的高纯水。

(2) 真空锅炉的设计最好具有一定承压能力,并配置类似承压锅炉安全阀之类的超压时能泄压的保护装置。

(3) 采用炉体超压保护,热媒水(蒸汽)超温保护,循环水超压保护,循环水超温、低温保护等多道安全保护连锁措施。

(4) 建议原国家质检总局特种设备安全监察局重新将真空锅炉纳入特种设备监管,明确规定真空锅炉必须具备的安全保护措施和有关监管程序。

相变锅炉的换热器也可以采用外置式。

燃气相变锅炉与烟气冷凝器结合,可以做成燃气相变冷凝式锅炉[11](图2-14)。

其基本工作原理是:在锅炉本体内没有不凝结气体或不凝结气体的分压力(绝对压力)接近于零的状态下,锅内介质通过不断蒸发、冷凝的汽液两相循环,连续将吸收的热量传递给换热管内的输出工质,而从烟道排出的高温烟气进入配套的烟气冷凝器后,在锅外以常压相变方式释放出烟气中水蒸气的冷凝热。

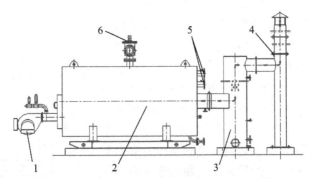

1—燃烧器;2—燃气相变锅炉;3—烟气冷凝器;4—烟囱;5—工质进出口;6—真空压力控制器。

图2-14 燃气相变冷凝式锅炉

二、开式常压相变锅炉

真空锅炉属于高真空设备,加工、装配、检漏工艺复杂,对材料和制造工艺的要求较高,且须配抽气设备。若发生加热管泄漏等情况,仍然有超压可能和安全风险。正因如此,其市场很难扩大。而正压相变锅炉[12]属于压力容器范畴,有一定安全风险;停用一段时间后其换热室内的压力会由正压转为负压,导致空气漏入,再启动时需通过加热法排除空气,既损失热媒,也增加了运行维护的麻烦,所以小容量的热水用户一般不愿意采用这种锅炉。

开式相变锅炉(图2-15)与封闭式相变锅炉的区别是在换热室顶部增加了一个与大气相通的U形管。运行时,U形管内因蒸汽的凝结而自然形成一个水封,将蒸汽封闭在换热室内。这种锅炉既保留了封闭式相变锅炉的优点，又能够将换热室内的压力保持在常压，所以被认为是"在任何情况下都能确保安全的锅炉"。然而很明显，开式相变锅炉不适合启停频繁，以及负荷经常大幅度变动的场合，因为在启停和负荷大幅度变动时，U形管内的水封很容易被破坏，从而使换热室内的蒸汽向外泄漏或使外部空气向换热室内泄漏。所以，国内很少采用这种锅炉。

三、液浴式锅炉

液浴式锅炉[12]的工作原理如图 2-16 所示。在这种锅炉中，燃料燃烧所产生的热量首先通过布置在换热室下部的炉膛和烟管传给换热室内的热媒水，然后由热媒水通过布置在换热室上部的盘管传给循环水。运行中，热媒水的温度一般维持在 90 ℃ 以下。由于这种锅炉的传热面始终都浸没在液态热媒之中，所以称其为液浴锅炉。液浴式锅炉既具有中间热媒式锅炉热效率稳定、使用寿命长的优点，也具有制造简单、常压安全的优点，但由于换热室上部盘管外表面上的换热方式为换热系数很低的自然对流方式，所以与相变式锅炉相比，所需的传热面积大，尺寸重量大。另外，其出水的温度一般也只能达到 90 ℃ 以下。事实上，这种锅炉只不过是常规热水锅炉与二次加热系统的集成，虽然减少了运行维护环节，但成本并不见得低。

四、相变-液浴式锅炉

相变-液浴式锅炉[12]（图 2-17）在运行中，根据其热负荷的高低和换热室内热媒水位的变化情况，可能会出现"相变换热""液浴换热""相变和液浴并存换热"三种工况。"相变换热"工况发生在热媒水位处在烟管和盘管之间的情况下，此时的相变-液浴式锅炉相当于一台常压相变锅炉，由于换热室上部盘管外表面以换热系数较高的相变换热方式工作，所以传热能力最大。"液浴换热"工况发生在热媒水完全淹没循环水盘管的情况下，此时，该锅炉相当于一台液浴式锅炉，传热能力最小。"相变和液浴并存换热"工况发生在热媒水部分淹没循环水盘管的情况下，此时，该锅炉相当于一台常压相变锅炉和液浴式锅炉的组合，传热能力处在"相变换热"工况和"液浴换热"工况之间。

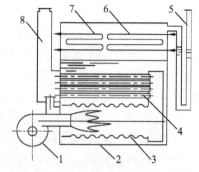

1—燃烧器；2—换热室；3—炉胆；4—烟管；5—U形管水封；6—盘管Ⅰ；7—盘管Ⅱ；8—烟囱。

图 2-15　开式相变锅炉工作原理示意图

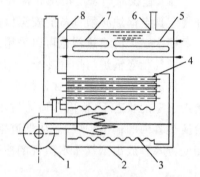

1—燃烧器；2—换热室；3—炉胆；4—烟管；5—盘管Ⅰ；6—膨胀水箱接管；7—盘管Ⅱ；8—烟囱。

图 2-16　液浴式锅炉工作原理示意图

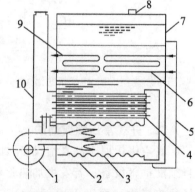

1—燃烧器；2—换热室；3—炉胆；4—烟管；5—连通管；6—盘管Ⅰ；7—膨胀箱；8—呼吸器；9—盘管Ⅱ；10—烟囱。

图 2-17　相变-液浴式锅炉

第三章

油气燃料

第一节　燃油和燃气的化学成分

锅炉通过将燃料燃烧，把燃料的化学能转化为烟气的热能。燃油和燃气虽然物理特性有很大不同，但是其所含的对燃烧有重要影响的化学成分大致相同，主要是碳（C）、氢（H）、氧（O）、氮（N）、硫（S）等几种元素，再加上水分（M）和灰分（A）。

碳是燃油和燃气中主要的可燃元素，其发热量为 33 704 kJ/kg。在燃油中，碳构成各种烃和烃化合物；在气体燃料中，碳构成各种烷烃和烯烃。碳的主要缺点是，它反应生成温室气体，对全球气候带来不利的影响。

氢是燃油和燃气中重要的可燃元素，其发热量为 125 600 kJ/kg，燃油中氢占 10%～14%，气体燃料中氢的含量随种类不同而不同，在天然气中主要构成各种烷烃和烯烃。氢燃烧后生成水，因此氢被认为是最无害的成分。由于氢比碳更容易与氧结合，因此在高温缺氧燃烧时部分碳得不到氧，会析出碳黑，碳黑是一种极细的含碳黑色粉末，一旦不能被燃烧而排出锅炉，锅炉将会冒黑烟，这既影响燃烧效率，又增加了污染物排放，因此是需要避免的。

硫虽然具有可燃性，但其发热量只有 9 050 kJ/kg。燃油中含有元素硫（S）和硫化氢（H_2S），硫化氢有毒，且为强腐蚀性，燃油中硫的含量有的在 0.5% 以下，但多的可达 3.0%。气体燃料可能含硫化氢，但一般含量很少。硫燃烧后生成二氧化硫（SO_2），部分二氧化硫则进一步转化为三氧化硫（SO_3），二氧化硫和三氧化硫在烟道尾部与水蒸气混合成亚硫酸（H_2SO_3）和硫酸（H_2SO_4）后在低温受热面上凝结，会腐蚀锅炉受热面，如果排出锅炉则会污染大气。因此硫是不利的成分。

氧和氮都是不可燃成分。但氧参与燃烧，而氮在燃烧过程中会部分氧化而生成氮氧化物。燃油中氧占 0.1%～1.0%，氮约占 0.2%。对于气体燃料，天然气中氮气约占 1%，而高炉煤气中氮气则高达 45%～55%。

水分是杂质。对于燃油来说，水分与产地和炼制条件等有关，一般为 1%～3%，水分高会引起管道或设备腐蚀，使排烟热损失增大，输送能耗增加，不均匀的水分使燃油燃烧时火焰脉动，甚至熄火，但适量的乳化水均匀地混在油中却能提高燃烧效率。气体燃料中的水分一般为微量，天然气中如果含水高则需要进行脱水处理。

灰分也是杂质。燃油中灰分很少，但有含钒、钠、钾、钙等元素的化合物。钒和钠在燃烧过程中生成钒钠酸，其熔点约为 600 ℃，在壁温高于 610 ℃ 的过热器表面上会生成对各种钢有腐蚀作用的液膜，造成高温腐蚀。天然气中含灰极少，部分人工煤气如高炉煤气中含灰量较大。

第二节 燃 油

一、燃油的特性指标

1. 发热量

燃油的发热量是指每千克燃油在完全燃烧时所放出的热量,单位为 kJ/kg。

根据烟气中水的物态不同,发热量分为高位发热量和低位发热量两种。高位发热量包含了烟气中水蒸气的汽化潜热,需要将烟气中水蒸气全部冷凝成水才能得以充分利用。通常,烟气在离开锅炉时的排烟温度比其中的水蒸气的冷凝温度要高,因此排烟中的水蒸气往往处于蒸汽状态,其汽化潜热得不到利用。高位发热量减去全部水蒸气的汽化潜热后的发热量,称为低位发热量。我国规定在锅炉设计和热工试验等计算中以低位发热量作为计算依据。

燃油的发热量可以用氧弹测热器直接测定,测定方法请参见 DL/T 567.8—2016 火力发电厂燃料试验方法第 8 部分:燃油发热量的测定。

2. 黏度

黏度反映液体对其自身流动的阻力。黏度大,则流动性差,输送阻力大,装卸和雾化困难,因此黏度是燃油的一个重要特性指标。黏度有运动黏度、恩氏黏度等。恩氏黏度 E_t 为 200 mL 试验油在温度为 t ℃时,从恩氏黏度计中流出的时间 τ_t 与 200 mL 温度为 20 ℃的蒸馏水从同一黏度计中流出的时间 τ_{20} 之比,单位用°E 表示,即

$$E_t = \frac{\tau_t}{\tau_{20}} \quad °E \tag{3-1}$$

温度愈高,E_t 愈小。恩氏黏度 E_t 与运动黏度 v_t 之间可以用如下经验公式进行转换。

$$v_t = \left(7.31 E_t - \frac{6.31}{E_t}\right) \times 10^{-6} \quad m^2/s \tag{3-2}$$

3. 凝固点

燃油是一种复杂的混合物,其凝固的过程不像纯净的单一物质那样具有一定的凝固点,而是随着温度逐步降低而变得越来越稠,直到完全失去流动性。确定凝固点时,将试样油放在一定的试管中冷却,并将它倾斜 45°,如果试管中的油面经过 5~10 s 的时间保持不变,这时的油温即为油的凝固点。重油凝固点为 15~36 ℃,甚至更高。在低温下输送凝固点高的油时,油管易阻塞不通,应采取伴热(heat tracing)或防冻措施。

4. 闪点和燃点

油温越高,油面蒸发的油气就越多,油面蒸发的油气和空气形成油气混合物。如果油气混合物与明火接触时,发生短暂的闪光(一闪即灭),这时对应的油温称为闪点。如果混合物遇明火能着火并持续燃烧(不少于 5 s),这时的油温称为燃点。为了防止火灾,燃料油的预热温度必须低于闪点,敞口容器中的油温至少比闪点低 10 ℃。当然对于封闭的不含空气的压力容器和管道内的燃油,其温度不受此限制。

5. 爆炸极限

引发爆炸时空气中含有燃料油蒸气的体积分数或浓度称为爆炸极限,单位用‰或 g/m³ 表示,重油的爆炸极限为 1.2%~6%。因此燃油锅炉在设计和运行中都必须考虑适当有效

的防爆措施。

二、我国锅炉常用的燃料油

我国锅炉常用的燃料油有柴油、重油和渣油。柴油一般用于中小型工业锅炉、生活锅炉,重油和渣油主要用于中大型锅炉。

1. 柴油

柴油的密度较小,黏度小,流动性好,雾化不用预热,可直接点火启动。柴油按馏分和用途不同,分为轻柴油和重柴油两种。其中轻柴油按其凝固点分为 10,0,−10,−20,−35 和 −50 等六个牌号。小型锅炉通常燃用的是 0 号轻柴油。

2. 重油

锅炉燃用的重油一般由常压重油、减压重油和裂化重油按一定比例调和而成,其特性变化较大,干燥无灰基①含碳量 C_{daf} 为 81%～87%,含氢量 H_{daf} 为 11%～14%,收到基低位发热量 $Q_{net,ar}$ 高达 40 600～43 100 kJ/kg。灰分低,不需除渣设备,积灰少,磨损轻。由于含氢量高,烟气中水蒸气含量高,容易在尾部受热面的低温部位凝结,加剧低温腐蚀。重油极易着火和燃烧,但需预热到 100 ℃ 以上,使其恩氏黏度不大于 4 °E。重油可管道输送,但需预热,其闪点为 80～130 ℃,燃点比闪点高 10～30 ℃,在储存和燃用时,须注意防火和防爆。

3. 渣油

渣油是石油提炼重油后的剩余物,含硫量相对较高,常温下失去流动性,运输、装卸、燃用时均须预热。

锅炉设计用代表性燃油品种见表 3-1。

表 3-1　设计用代表性燃油品种

名称	M_{ar} (%)	A_{ar} (%)	C_{ar} (%)	H_{ar} (%)	O_{ar} (%)	S_{ar} (%)	N_{ar} (%)	$Q_{net,ar}$ (kJ/kg)	比重
200 号重油	2	0.026	83.976	12.23	0.568	1	0.2	41 868	0.92～1.01
100 号重油	1.05	0.05	82.5	12.5	1.91	1.5	0.49	40 612	0.92～1.01
渣油	0.4	0.03	86.17	12.35	0.31	0.26	0.48	41 797	
0 号轻柴油	0	0.01	85.55	13.49	0.66	0.25	0.04	42 915	

第三节　燃　气

与燃油不同,气体燃料中各主要的可燃气体(碳氢化合物、氢气、一氧化碳等)和不可燃气体(氧气、氮气、二氧化碳等)按 1 标准立方米干气体中所含的体积百分数确定(在 101 325 Pa 和 0 ℃ 时)。水蒸气、焦油、灰尘、H_2S、S 等杂质用 g/Nm³(干气体)确定[13]。这一点与空气

---

① 燃料的成分分析通常有四种基准:(1)收到基,即以收到状态的燃料为分析基础,收到基成分用于锅炉的燃烧、传热、通风和热工试验的计算;(2)空气干燥基,即以实验室的条件下进行自然干燥后的燃料作为基准,用于在实验室中进行燃料分析,该基准主要适用于燃煤;(3)干燥基,即以除去全部水分的干燥燃料作为分析基础,干燥基成分不受燃料水分变化的影响;(4)干燥无灰基,即以除去全部水分和灰分的燃料作为分析基准,干燥无灰基成分不受水分和灰分变化的影响。

调节中对湿空气中水分的处理方式类似。

一、燃气的分类

燃气按获得的方式分类,主要有天然的和人工的两大类。其中天然的气体燃料包括气田气、页岩气、油田气、煤田气等。人工的气体燃料包括气化炉煤气、焦炉煤气、高炉煤气、液化石油气、沼气等。

1. 天然气体燃料

(1) 气田气,也称天然气。天然气的主要成分是甲烷(CH_4),占65%～99%,其次是C_mH_n、H_2S、H_2O等。塔里木气井天然气的CH_4为96%,其余为C_mH_n、CO_2和N_2等,几乎不含H_2S。天然气的发热量高达36 000～42 000 kJ/Nm^3,含水和硫化氢高时,应进行脱硫、脱水处理。

(2) 页岩气。页岩气指储存于以富有机质页岩为主的储集岩系中的非常规天然气,是连续生成的生物化学成因气、热成因气或二者的混合,可以游离态存在于天然裂缝和孔隙中,以吸附态存在于干酪根、黏土颗粒表面,还有极少量以溶解状态储存于干酪根和沥青质中,游离气比例一般在20%～85%。页岩气是我国第172个矿种。

(3) 油田伴生气。油田伴生气是石油开采过程中因压力降低而析出的气体燃料。其中CH_4约占80%,其余是烃类,标准状态下的低位发热量为39 000～44 000 kJ/Nm^3。

(4) 煤田伴生气。煤田伴生气是煤矿在采煤过程中从煤层或岩层中释放出来的一种气体燃料,其主要可燃成分是甲烷,高的可占80%,最低仅占百分之几,其余是氢、氧和CO_2等,其低位发热量约为13 000～19 000 kJ/Nm^3。

(5) 天然气水合物,俗称"可燃冰",是分布于深海沉积物或陆域的永久冻土中,由天然气与水在高压低温条件下形成的类冰状的结晶物质。其资源密度高,全球分布广泛,具有极高的资源价值。2017年11月3日,国务院正式批准将天然气水合物列为新矿种,目前尚处于研究和试采阶段。因为大气中的温度远高于海底,压力远低于海底,天然气水合物开采后不会再以固体的形式存在,因此把它作为气体燃料来看待是合适的。

我国天然气体燃料储量充足。天然气资源探明程度仅19%,仍处于勘探早期,且国内天然气产量仍将继续保持增长趋势[14]。截至2015年底,全国累计探明常规天然气地质储量13.01万亿立方米,剩余可采储量5.2万亿立方米;累计探明煤层气地质储量6 293亿立方米,剩余可采储量3 063亿立方米;累计探明页岩气地质储量5 441亿立方米,剩余可采储量1 302亿立方米。世界范围内天然气储量也十分丰富。截至2014年底,世界常规天然气可采资源量为559.5万亿立方米,累计产量103.5万亿立方米;非常规天然气可采资源量为543.5万亿立方米(其中致密气83.6万亿立方米,页岩气196.8万亿立方米,煤层气52.4万亿立方米,天然气水合物184万亿立方米,其他为水溶气),累计产量5.9万亿立方米。按照目前年产量3.6万亿立方米测算,世界天然气资源可供开采200年以上。

2. 人工气体燃料

(1) 气化炉煤气。这种煤气由煤、焦炭与气化剂如空气、水蒸气和氧气等在气化炉中作用而生成。发生炉煤气中CO、H_2、CH_4占40%,而大部分为N_2和CO_2,其热值为5 000～5 900 kJ/Nm^3。水煤气的CO、H_2占80%以上,CO_2和N_2占10%左右。加压气化煤气的热值可达16 000 kJ/Nm^3。

(2) 焦炉煤气。焦炉煤气是冶金企业炼焦的副产品,主要由煤中的挥发物组成。H_2 占 46%～61%,CH_4 占 21%～30%,另外含有少量的 N_2 和 CO_2 等惰性气体及杂质,标态下的发热量为 15 000～17 200 kJ/Nm^3。

(3) 高炉煤气。高炉煤气是炼铁高炉的副产品,产量很大,可燃成分中 CO 占 20%～30%,H_2 占 5%～15%,惰性气体中 CO_2 为 5%～15%,N_2 为 45%～55%,另外含 60～80 g/Nm^3 的灰分,水蒸气常饱和。高炉煤气的发热量很低,通常只有 3 200～4 000 kJ/Nm^3,是一种低级燃料,使用前应净化处理(除灰),可与重油或煤粉掺和燃烧。

(4) 油制气。油制气由石油及其加工制品经加热、裂解等工艺获得。热裂解气中甲烷、乙烯和氢气占 70%,其余是 CO、丙烯和乙烷,低位发热量为 35 900～39 700 kJ/Nm^3。催化裂解气中氢气占 60% 或更多,其余是 CO 和甲烷,低位发热量为 18 800～27 200 kJ/Nm^3。

(5) 液化石油气(LPG)。在气田、油田开采中或从石油炼制中获得的气体燃料,经增压和降温,可方便地液化,其体积可缩小到约 1/270。液化石油气的低位发热量为 90 000～120 000 kJ/Nm^3。

(6) 沼气。

二、燃气的发热量

标准状态下 1 m^3 气体燃料完全燃烧所释放的热量,称为气体燃料的发热量。气体燃料的发热量可按测热器测定的数据确定,也可按公式(3-3)确定,即

$$Q_{net,ar} = 0.01[Q_{H_2S}H_2S + Q_{CO}CO + Q_{H_2}H_2 + \sum(Q_{C_mH_n}C_mH_n)] \quad kJ/Nm^3 \quad (3-3)$$

上式右边的各个 Q 分别为各组成气体的低位发热量,如表 3-2 所示。H_2S、CO、H_2、C_mH_n 分别表示各组成气体的体积百分数。

表 3-2 气体燃料中各种成分气体的特性

气体名称	符号	密度 (kg/Nm³)	低位发热量 (kJ/Nm³)	气体名称	符号	密度 (kg/Nm³)	低位发热量 (kJ/Nm³)
氢	H_2	0.090	10 802	乙烷	C_2H_6	1.342	63 748
元素氮	N_2	1.251		丙烷	C_3H_8	1.967	91 251
氮气(有杂质氩)	N_2	1.257		丁烷	C_4H_{10}	2.593	118 646
氧	O_2	1.428		戊烷	C_5H_{12}	3.218	146 077
一氧化碳	CO	1.250	12 644	乙烯	C_2H_4	1.251	59 063
二氧化碳	CO_2	1.964		丙烯	C_3H_6	1.877	86 001
二氧化硫	SO_2	2.858		丁烯	C_4H_8	2.503	113 508
硫化氢	H_2S	1.520	23 383	苯	C_6H_6	3.485	140 375
甲烷	CH_4	0.716	35 797				

标准状态下干燃气(干燥基)的高、低位发热量之间的换算公式如下:

$$Q_{gr,g} = Q_{net,g} + 19.59\left(H_2^g + \sum \frac{n}{2}C_mH_n^g + H_2S^g\right) \quad kJ/Nm^3 \quad (3-4)$$

式中：$Q_{gr,g}$、$Q_{net,g}$——干燃气的高、低位发热量，kJ/Nm^3；

H_2^g、$C_mH_n^g$、H_2S^g——氢、碳氢化合物及硫化氢在干燃气中的体积百分数，%。

标准状态下湿燃气（收到基）的高、低位发热量之间的换算为

$$Q_{gr,ar} = Q_{net,ar} + \left[19.59\left(H_2 + \sum \frac{n}{2}C_mH_n + H_2S\right) + 2\,352 d_r\right] \frac{0.833}{0.833 + d_r} \quad kJ/Nm^3 \tag{3-5}$$

或

$$Q_{gr,ar} = Q_{net,ar} + 19.59\left(H_2^{ar} + \sum \frac{n}{2}C_mH_n^{ar} + H_2S^{ar} + H_2O^{ar}\right) \quad kJ/Nm^3 \tag{3-6}$$

式中：$Q_{gr,ar}$、$Q_{net,ar}$——湿燃气的高、低位发热量，kJ/Nm^3；

d_r——燃气的含湿量，kg/Nm^3；

H_2^{ar}、$C_mH_n^{ar}$、H_2S^{ar}、H_2O^{ar}——氢、碳氢化合物、硫化氢及水蒸气在湿燃气中的体积百分数，%。

标准状态下，干、湿燃气低位和高位发热量之间的换算公式如下：

$$Q_{net,ar} = Q_{net,g} \times \frac{0.833}{0.833 + d_r} \quad kJ/Nm^3 \tag{3-7}$$

$$Q_{gr,ar} = (Q_{gr,g} + 2\,352 d_r) \times \frac{0.833}{0.833 + d_r} \quad kJ/Nm^3 \tag{3-8}$$

三、锅炉常用的气体燃料

锅炉常用的气体燃料及其特性如表 3-3 所示。

表 3-3 锅炉常用的气体燃料及其特性

燃气种类	成分体积分数(%)									
	H_2	CO	CH_4	C_3H_6	C_3H_8	C_4H_{10}	N_2	O_2	CO_2	H_2S
天然气	—	—	98.0	0.4	0.3	0.3	1.0	—	—	—
焦炉煤气	59.2	8.6	23.4	2.0	—	—	3.6	1.2	2.0	—
高炉煤气	1.8	23.5	0.3	—	—	—	56.9	—	17.5	—

燃气种类	标态下高位发热量(kJ/m^3)	标态下低位发热量(kJ/m^3)	运动黏度 $v \times 10^6$ (m^2/s)	爆炸上/下限 (%)	火焰传播速度 (m/s)
天然气	40 377	36 533	13.92	15.0/5.0	0.380
焦炉煤气	19 788	17 589	24.76	35.6/4.5	0.841
高炉煤气	3 311	3 265	11.68	76.4/46.6	—

必须指出的是，上表中的数据仅供参考。由于实际气源的组分和特性存在差异，设计时应按实际气源的数据进行计算。

第四章 燃烧器

锅炉的两大基本部件就是锅和炉。锅指的是受热面,炉则主要是燃烧器。燃烧器对于锅炉的安全、经济和环保运行来说至关重要。燃烧器高效燃烧,把燃料的化学能充分转变成烟气的热能,是锅炉高效利用能源的前提。在满足负荷要求的情况下,使燃料稳定着火和燃烧,避免发生回火和脱火,避免爆燃和二次燃烧,是锅炉安全运行的基本要求。实现低氮甚至超低氮排放,满足日益严苛的环保要求,对燃烧器来说,既是现实需求,又是挑战。

由于长期以来我国锅炉主要以燃煤锅炉为主,燃油燃气锅炉的大量生产和使用时间不长,使燃油和燃气燃烧器技术的开发起步晚,发展水平低。虽然目前全国有超过 160 家燃烧器制造商,但其中上百家是外商独资或合资企业以及代工或贴牌企业,真正属于国内品牌的企业只有 50 家左右。虽说这个数量也不算少,但由于种种原因,产品的创新性、安全性等方面与国外企业还存在一定的差距,还没有形成能与国外品牌相抗衡的产品,国内市场长期被国外品牌垄断,更别说进入国际市场了。

第一节 油燃烧器

一、油的燃烧过程

油在燃烧室里的燃烧是先蒸发再着火,因此实际上是油蒸气与空气中的氧气之间的气相反应(图 4-1)。气相反应的燃烧速度主要取决于两种气体之间的混合程度,接触反应面积越大,扩散越好,相对速度越大,则混合越好,燃烧越强烈。为了达到这一目的,需要靠油喷嘴先将油雾化为雾状油滴。油属于碳氢化合物,若火焰内部缺氧会分解,产生碳黑,此外,尚未蒸发的油滴急剧受热时可能发生裂化(相当于热裂解),会析出焦粒或沥青,碳黑微粒和焦粒都是固体颗粒,如果后续不被燃尽,不仅造成固体不完全燃烧产生热损失,而且还将污染环境,因此在保证雾化效果的同时,还需要靠调风器合理配风,使燃油着火前就有一定数量空气进入,同时加强扰动,增大空气与油滴的相对速度,通过组织空气高速切入油雾或使气流保持旋转等方式提高混合效果。

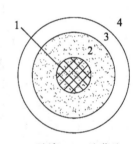

1—油滴;2—油蒸汽区;3—燃烧区;4—外层空气区。

图 4-1 油滴的燃烧

二、油的雾化喷嘴

1. 切向槽简单压力式雾化喷嘴

这种雾化器的结构如图 4-2 所示。压力油经进油管进入分流片小孔,再经环形槽、旋流片切向槽,由旋流片中心旋流室向喷孔喷出,形成雾状。雾化后油粒平均粒径小于 150 μm,雾化角为 60°~100°,要求燃油黏度不大于 3~4 °E,因此重油需要加热到 110~130 ℃左右。喷孔越小,旋流室直径越大,切向槽越长,油压越高,雾化效果越好。进油设计压力通常为 2~5 MPa,

如果油压降至 1.0～1.2 MPa，雾化质量就会大大降低。当锅炉负荷较大幅度降低时，油量要相应调低，譬如负荷降到原来的一半时，油量大致为原来的一半，由于油量与油压差的平方根成正比，油压需要调到大致原来的四分之一才行，而这必将使雾化质量大大降低，因此这种雾化喷嘴只适用于带基本负荷或负荷较稳定的锅炉。当然其优点是结构比较简单。

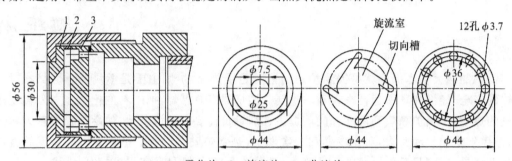

1—雾化片；2—旋流片；3—分流片。

图 4-2 简单压力式雾化喷嘴

2. 回油式压力雾化喷嘴

这种雾化喷嘴（图 4-3）旋流室前后有两个油通道，一个喷向炉内，另一个通过回油管、回油阀回到油箱，因此当锅炉负荷改变时，可以通过回油阀控制回油量的大小来改变喷油量的大小，从而保持喷嘴油压基本恒定，保持雾化质量。油量可以在 30%～100% 范围内调节，因此这种油喷嘴适用于负荷变化大的供热锅炉。

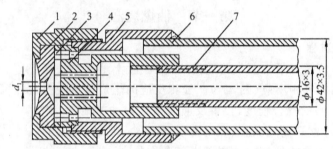

1—螺帽；2—雾化片；3—旋流片；4—分油嘴；5—喷油座；6—进油管；7—回油管。

图 4-3 回油式压力雾化器

3. Y 型蒸汽雾化喷嘴

Y 型蒸汽雾化喷嘴是介质型雾化喷嘴，其结构如图 4-4 所示。油、汽在混合孔中相互猛烈撞击后喷入炉膛，其优点是耗汽量低，雾化 1 kg 燃油只需 0.02～0.03 kg 蒸汽，经济性好，而且雾化质量高，平均直径可达 50 μm 左右，调节比可达 1∶6～1∶10，而且在任何负荷下均能保持雾化角不变；缺点是当油质差、管内有杂质时，喷孔易被堵塞，而且工作时噪声大。

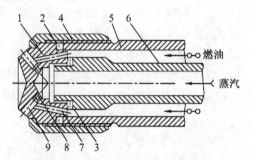

1—喷嘴头部；2、3—垫圈；4—套嘴；5—外管；6—内管；7—油孔；8—汽孔；9—混合孔。

图 4-4 Y 型蒸汽雾化喷嘴

4. 低压空气雾化喷嘴

这种雾化喷嘴的结构和原理类似于外混式蒸汽雾化喷嘴,其构造如图 4-5 所示。利用速度较高的空气(80 m/s)从油的四周喷入,将油雾化,这种雾化喷嘴油压低,为 0.03~0.1 MPa,风压约为 2 000~7 000 Pa,雾化质量较高。由于空气与燃油接触早,火焰较短,调节比在 1∶5 以上,对油质要求不高,重油、轻油皆可,但重油的雾化效果不如轻油,耗能低,运行费用不高,系统简单,装卸方便,但不足之处是受雾化空气流量的限制,出力小,只适用于燃油量在 150 kg/h 的锅炉。当采用富氧燃烧时,可以适当提高锅炉出力。

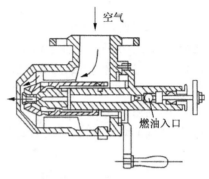

图 4-5 低压空气雾化喷嘴

5. 转杯式雾化喷嘴

这种雾化器的结构如图 4-6 所示。燃油通过空心轴流到转杯根部,由于高速旋转并且转杯呈喇叭形,燃油沿转杯内壁向杯口方向流动时,油膜越来越薄,最后靠离心力甩离杯口,化为油雾。同时,一次风机鼓入的高速空气流(40~100 m/s),帮助油滴雾化得更细,这种雾化喷嘴对燃油适应性好,对燃油中含的杂质不敏感,油量调节范围大,火焰短而宽,送油压力不高,无须高压油泵,但缺点是转速高,有高速转动部件,制造复杂,工作时有振动和噪声问题。

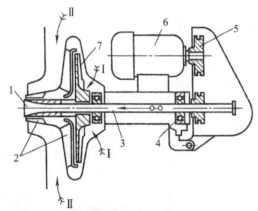

1—转杯;2——次风固定导流片;3—空心轴;4—轴承;
5—传动皮带轮;6—电动机;7——次风机叶轮;Ⅰ——次风;Ⅱ—二次风。

图 4-6 转杯式雾化喷嘴

三、调风器

(一)调风器的性能要求

调风器应从油雾根部送入一次风(根部风),防止油气在高温、缺氧下热分解生成碳黑,一次风量约占总风量的 15%~30%,风速为 25~40 m/s;在燃烧器出口造成一个适当的高温烟气回流区,使油雾及时着火,并稳定燃烧;使二次风在燃烧器出口以后尽快与油雾混合,并组织强烈扰动,以强化燃烧。

(二)调风器的型式与结构

锅壳式燃油燃气锅炉的调风器主要分为旋流式与平流式两大类。

1. 旋流式调风器

旋流式调风器分为切向叶片式和轴向叶片式两大类,每一类又有固定叶片和可动叶片之分。图 4-7 所示的是简单切向叶片型旋流式调风器。出口中心位置设置一扩散锥(稳焰器),使一次风产生扩散,形成高温烟气回流区,锥体面上开设多条缝隙和缝后斜翅使气流旋转。切向叶片开度越小,旋流强度越大,扩散角越大,中心回流区就越大,但如果切向叶片开度太小,高温烟气回流太强,油雾一出喷嘴就会热分解,而且回流区还可能会伸入旋口,使内壁结焦,气流衰减也快,后期的混合、扰动将变差。

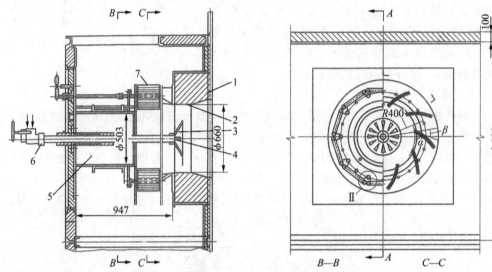

1—后旋;2—喉口;3—稳焰器;4—油喷嘴;
5—筒形一次风箱;6—接压缩空气;7—切向叶片。

图 4-7 切向叶片型旋流式调风器

轴向可动叶片型旋流式调风器的结构如图 4-8 所示。

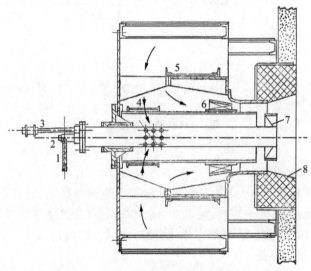

1—回油;2—进油;3—点火设备;4—空气;5—圆筒形风门;6—二次风叶轮;7—稳焰器;8—旋口。

图 4-8 轴向可动叶片型旋流式调风器

2. 平流式调风器

平流式调风器是直流式调风器的一种，但与纯直流式调风器不同。纯直流式调风器是一种出口气流完全不旋转，也不分一、二次风的最简单的空风管调风器，而平流式调风器的特点是一、二次风不预先明确分开，而且二次风总是不旋转的。空气全部直流进入，依靠装在调风器出口的稳焰器产生分流，大部分空气平行于调风器轴线直流进入燃烧室，只有流经稳焰器的小部分气流（相当于一次风）才由于受稳焰器的旋流作用而发生旋转，后者使喷出气流在中心部位形成一个回流区，以保证稳定着火。

平流式调风器有直筒式和文丘利管式等。图 4-9 所示是直筒式平流式调风器。图 4-10 所示是文丘利管式平流式调风器。平流式调风器一、二次风的流量比完全取决于调风器在稳焰器处的结构尺寸，不能任意调节，中心回流较弱，但只要回流区形状、位置和尺寸合适，就既能保证着火，又能防止高温热分解。由于二次风风速高，因此二次风穿透深度大，扰动强烈，速度衰减慢，射程长，后期混合好，火焰瘦长，不易挡住高温烟气回流，放热过程拉长，可降低最高热负荷，能避免燃烧室侧壁结焦，流动阻力也小。这种调风器结构简单，运行操作方便，便于调控，特别适合大型油炉和低氧燃烧，现在已能使火焰长度缩短到一般小型锅炉燃烧室尺寸所允许的程度。文丘利管式调风器的风壳结构可被用于空气流量的测量，这对于控制燃烧器的风量使之和喷油量相适应是极为有利的，从而为发展低氧燃烧带来了方便。

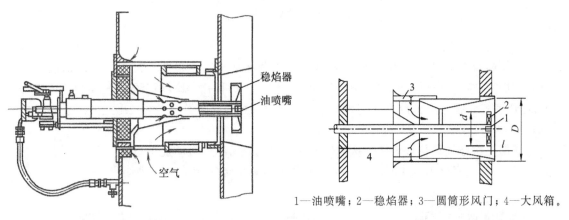

1—油喷嘴；2—稳焰器；3—圆筒形风门；4—大风箱。

图 4-9　直筒式平流式调风器　　　　图 4-10　文丘利管式平流式调风器

四、减少燃油锅炉污染物排放的措施

1. 燃油炉污染物产生的机理

燃油燃烧时，燃油中的元素硫和硫化氢中的硫生成二氧化硫（SO_2），少部分进一步生成三氧化硫（SO_3），容易造成低温腐蚀和大气污染；燃油中氮和空气中的氮氧化生成一氧化氮（NO）和二氧化氮（NO_2），造成大气污染，危害人体健康；燃油中的钒在燃烧过程中生成钒钠酸，会对高温壁面造成腐蚀。燃烧温度越高，空气中氧气的浓度越高，炉内停留时间越长，污染物的生成量就越大，而重油中由于含硫高，最高可达 3%，含钒 0.01%～0.05%，而且重油发热量高，燃烧剧烈，燃烧温度高，因此其生成的污染物特别是硫氧化物往往比燃煤锅炉更严重，这一点与大众的直观认识可能是相反的。而且燃油在高温缺氧的情况下会热分解析出碳黑而冒黑烟，同样会污染环境。

2. 减少燃油炉污染物排放的措施

减少燃油炉污染物的生成,根本的办法就是改善燃烧,在保证碳和氢充分燃烧的同时,减少其他化合物的生成。对于锅壳式燃油锅炉来说,可以采取如下措施:

(1) 提高雾化质量,减小油滴直径。

(2) 加强气流扰动,改善燃油和空气混合。

(3) 油中掺适量的水,使水以极细颗粒均匀散布于油中,即"乳化"。燃烧时,水先蒸发,将油滴炸裂,产生"二次雾化"的效果,可以改善雾化;高温下,水蒸气与油反应,使高分子烃变为易燃的低分子烃,即使产生一些碳黑,也有可能与水在高温下反应变成一氧化碳和氢气($C + H_2O \longrightarrow CO + H_2$),同时降低了最高燃烧温度,使氮氧化物($NO_x$)生成量下降,但加水后锅炉的排烟热损失会增大,低温腐蚀会加重,因此掺的水并不是越多越好,油中最适合的水量(包括原有水分)为 $4\% \sim 5\%$。特别要指出的是,乳化效果很重要,如果乳化效果不好,非但得不到预期的效果,而且会使火焰脉动,甚至熄火。乳化可以通过机械、气动和超声波等手段实现,并且可通过添加乳化剂来提高乳化油的稳定性。

(4) 低氧燃烧。低氧燃烧既能降低三氧化硫(SO_3)和氮氧化物(NO_x)的生成量,又能减少烟气量,提高锅炉热效率。其关键是配风要合理,在低氧的条件下不能影响碳和氢的燃烧。目前已经可以使过量空气系数下降到1.03的水平。

第二节 燃气燃烧器

一、气体燃料的燃烧方式

气体燃料燃烧时,可以将燃烧所需的部分或全部空气预先与燃气在燃烧器内部混合后喷入燃烧室,参与预先混合的这部分空气叫一次空气(也叫一次风),剩余的空气单独送入燃烧室,在燃气着火后通过扩散方式与燃气混合并参与燃烧,这部分空气叫二次空气(也叫二次风)。

根据一次空气量与理论空气量的比值 α_1 的大小,气体燃料燃烧可以分为部分预混式燃烧($0 < \alpha_1 < 1$)、完全预混式燃烧($\alpha_1 = \alpha > 1$)和扩散式燃烧($\alpha_1 = 0$)等三种(图4-11)。

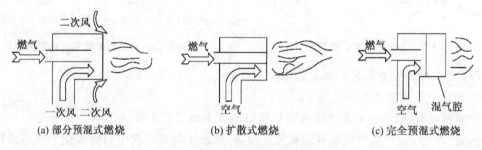

图 4-11 三种气体燃烧方式

采用预混式燃烧时,如果燃烧火焰的传播速度高于燃烧器喷口混合物的流速,则火焰会传播到燃烧器内部,造成燃烧器受损,这种现象叫作"回火"。在一定范围内,预混程度越高,α_1 越大,则越容易发生回火。对于扩散式燃烧而言,由于燃烧器内燃气得不到空气,不具备燃烧条件,因此不会发生回火现象。与"回火"相对的另一种不稳定燃烧现象叫作"脱火",指的是当燃烧器出口气流的流速过高时,将火焰吹熄。脱火和回火都会引起不完全燃烧,如果进一步导致熄火,还可能引起燃烧室内发生爆炸性燃烧,酿成事故。

1. 部分预混式燃烧

部分预混式燃烧[图4-11(a)]的一次空气系数 α_1 通常为 $0.2\sim0.8$,由于一开始就有空气混入,部分预混式燃烧可以避免燃气着火时因高温缺氧而发生热分解析出碳黑。部分预混式燃烧燃气适应性好,燃烧比较完全,燃烧效率比较高。与扩散式燃烧相比,其火焰长度短、火力强、燃烧温度高。部分预混式燃烧器在回火和脱火方面的性能虽不及扩散式燃烧器,但比完全预混式燃烧器更安全,燃烧室容积热强度比完全预混式燃烧器小。

图4-12反映了一次空气系数与混合物流速对稳定燃烧性能的影响。从图中可以看出,对于一定结构的燃烧器(孔径一定),只要一次系数和混合物流速适当匹配,燃烧就可以稳定进行。当一次空气系数低于0.4左右时,就可能析出碳黑,进入发光火焰区。

2. 扩散式燃烧

扩散式燃烧[图4-11(b)]时气体燃料没有预先与空气混合,燃烧所需的空气依靠扩散作用从周围空气中获得,一次空气的过量空气系数 $\alpha_1=0$,燃烧速度和程度主要取决于燃气和空气分子之间的扩散速度和混合的完全程度。当

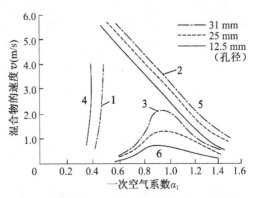

1—光焰曲线;2—脱火曲线;3—回火曲线;
4—发光火焰区;5—脱火区;6—回火区。

图4-12 天然气和空气的燃烧稳定范围

燃气出口速度小,气流处于层流状态时,火焰长而厚度很小,当燃气流量加大至紊流后,火焰长度缩短(图4-13)。扩散式燃烧稳定,热负荷调节范围大,不会回火,脱火极限也高,但过量空气量较大,燃烧速度不高,火焰温度低,对燃烧碳氢化合物含量高的燃气,在高温下因火焰内部氧气供应不足,各种碳氢化合物热稳定性差,分解温度低,会析出碳黑,而且火焰长,燃烧室沿射流方向的尺寸大。

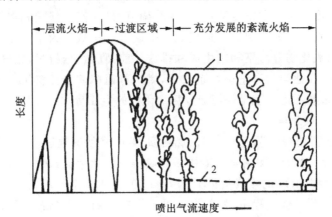

1—火焰长度终端曲线;2—层流火焰终端曲线。

图4-13 气流速度增加时扩散火焰长度和燃烧工况的变化

3. 完全预混式燃烧

完全预混式燃烧[图4-11(c)]是将燃气和燃烧所需的全部空气在燃烧器喷口前充分混

合，然后将其点燃。完全预混式燃烧器热强度高，容积热强度可达 115～1 150 MW/m³，相当于扩散式燃烧器的 100～1 000 倍；燃烧温度可以很高，火焰短，在过量空气系数 α=1.05 时就能燃烧完全，因此燃烧效率高，燃烧速度快。完全预混式燃烧器专门设有耐火砖质地的火道，具有蓄热功能，可燃用热值较低的燃气。但完全预混式燃烧器容易回火，一旦回火，将会造成恶性爆燃事故，为防止回火，其头部结构较复杂且笨重。

由于燃气与燃烧所需的全部空气预先进行混合，即 $α_1=α$，瞬间完成燃烧过程，火焰很短，甚至看不见，所以又称无焰燃烧。通常点火源是燃烧室内壁、专门设置的火道、高温烟气形成的旋涡区或其他稳焰设施。专门设置的火道能够提高燃烧的稳定性，增加燃烧强度，促成迅速燃尽。为了保持火道壁面高温，燃烧室必须要有良好、可靠的保温措施。

以上三种燃烧方式，都是将全部燃气作为一个整体。实际应用中，还有一种更灵活的方案，就是允许一部分燃气与一部分空气预先混合，其余的燃气与空气按照扩散方式燃烧。应该说，各种方式各有其优缺点，应该根据燃气的特点和锅炉及其燃烧室的具体情况选择适当的燃烧方式。

二、氮氧化物的生成机理及低 NO_x 技术

对锅壳式燃气锅炉来说，燃气燃烧器最基本的功能是通过燃气与空气的燃烧，产生高温烟气，为锅炉受热面提供足够的热源。这一基本功能的实现必须经济、安全且符合环保要求。燃气的燃烧属于气气反应，相比其他燃料的燃烧有天然的优势，通过采用合适的燃烧方式，增大燃气与空气的接触面积，加强混合扰动，控制好适当的温度，提供适当的反应空间和时间，一般来说都能够取得较好的燃烧效果。对于低热值的劣质气体燃料，除了可以采用完全预混燃烧方式之外，还可以通过与优质燃气混合、对燃气和空气进行预热等措施来强化燃烧。燃烧的安全性可以通过采取适当的措施予以保障。比如，为了防止脱火，可以在燃烧器出口设置稳定的辅助火焰，或者通过稳焰器使高温烟气回流，并且控制燃烧器出口气流的速度不要太大。为了防止回火，喷头按照最小热负荷和正确的出口速度进行设计，可以将喷头加工成光滑的收缩型以使混合物速度场分布均匀，必要时还可以冷却燃烧器头部，从而减小该处的火焰传播速度。通过配备自动点火、自动调节、自动安全保护和连锁装置，来避免因点火不着或者万一发生脱火和回火等造成熄火引起爆炸事故。为了满足环保要求，则必须限制一氧化碳和氮氧化物等污染物的生成和排放。前面已经分析过，燃气燃烧器是完全可以实现经济燃烧的，在适当的过量空气系数下，燃烧好意味着产生的 CO 少，烟气中 CO 含量低。因此，接下来要考虑的就是如何减少氮氧化物的生成量。

（一）NO_x 的生成原理

NO_x 的生成主要可分为温度型 NO_x、燃料型 NO_x 和快速温度型 NO_x 三种。

温度型 NO_x 是指燃烧过程中，空气中 N_2 在高温下氧化生成 NO_x。研究表明，当温度低于 1 500 ℃时，温度型 NO_x 的生成量很少；高于 1 500 ℃时，温度每升高 100 ℃，反应速度将增大 6～7 倍。在实际燃烧过程中，就首先要求燃烧室内的温度分布均匀，避免产生局部高温区，并整体上控制好燃烧温度水平。

其次，温度型 NO_x 生成量与氧浓度的平方根成正比。但在实际过程中情况会更复杂些，因为过量空气系数的增加，一方面会增加氧浓度，另一方面会使火焰温度降低，从总的趋势来看，随着过量空气系数的增加，NO_x 的生成量先增加，到一个极值后会下降。因此，对

于扩散燃烧时需要减少过量空气系数,预混燃烧时则需要增大过量空气系数。

再次,高温下气体停留时间越长,NO_x 生成量越多。气体在高温区域的停留时间对温度型 NO_x 生成的影响主要是由于 NO_x 生成反应还没有达到化学平衡而造成的,随着气体在高温区停留时间的延长,NO_x 生成量将迅速增加,达到其化学平衡浓度。因此,必须缩短气体在高温区的停留时间。

燃料型 NO_x 是燃料中的氮化合物受热分解和氧化成 NO_x。只能通过控制过量空气系数,实现低氧燃烧来抑制其生成量。

快速温度型 NO_x 是空气中的氮和碳氢燃料先在高温下反应生成中间产物 N、NCH、CN 等,然后加速与氧反应,生成 NO_x。这部分 NO_x 的量很少。

对于天然气来说,燃烧生成的 NO_x 来源主要为温度型 NO_x。

随着我国能源消费结构的迅速升级,燃气(主要是天然气)锅炉的应用得到了快速发展,而伴随这一过程的是对 NO_x 排放要求快速提高。特别是部分重点地区,NO_x 排放要求已经超过欧洲国家。例如,北京从 2017 年 4 月 1 日开始,城区燃气锅炉 NO_x 排放要求控制在 30 mg/m^3 以下,该指标接近美国加州的超低氮排放要求,已经超过了欧洲国家(100 mg/m^3)。低氮、超低氮排放已经成为天然气锅炉燃气燃烧器必须要面对的技术问题。

(二)天然气低 NO_x 燃烧技术

根据 NO_x 生成原理可知,天然气低 NO_x 燃烧技术的核心是控制燃烧温度和实现低氧燃烧。具体措施很多,有降低过量空气系数、降低助燃空气预热温度、增大辐射换热面积、空气分级和燃料分级、烟气(内、外)再循环、向燃烧区喷入水或蒸汽、旋流燃烧、脉动供燃料燃烧、富氧燃烧、高温低氧燃烧、多孔介质燃烧、预混燃烧、无焰燃烧、降低锅炉燃烧容量等。具体采用哪种或者哪些措施,要根据燃烧器和燃烧室的特点以及用户的需求和特点来确定。

燃气锅炉低 NO_x 燃烧技术已经在美国广泛应用超过 20 年,美国国家环保局和地方环保局早已将此技术列为对燃气锅炉氮氧化物排放控制的最佳实用技术,对未安装此技术的燃气锅炉,将不给锅炉使用者颁发大气排放许可证。目前全美国广泛使用的为 60 mg/m^3 低氮燃烧器,加州则于 2015 年开始推广 18 mg/m^3 的超低氮燃烧器,该技术不需要加装烟气净化设备,仅通过控制燃烧温度使氮氧化物生成量明显降低,对有效削减燃气锅炉 NO_x 排放量发挥了重要作用。

1. 分级燃烧

鉴于燃烧温度在化学当量比为 1 的情况下达到最高,分级燃烧技术通过实现贫燃或者富燃燃烧,使燃烧温度比当量比为 1 时的燃烧温度要低,以此控制炉内温度场分布,避免出现局部高温,达到降低 NO_x 生成的效果。该技术可将 NO_x 排放浓度控制在 100 mg/m^3,但也降低了燃烧强度,因此在某些条件下降低了燃烧效率,且该项技术可能造成 CO 排放浓度明显上升。如何实现良好的空气/燃气分级是一个技术难点。

2. 烟气再循环

烟气再循环是通过将烟气的燃烧产物及中间体加入燃烧区域内,从而降低燃烧温度,同时加入的烟气降低了氧气的分压,可以减弱温度型 NO_x 的生成。烟气再循环分为外部烟气再循环和内部烟气再循环。研究表明,外部烟气再循环能够减少 70% 的 NO_x 生成,可有效降低氮氧化物排放,将 NO_x 的排放浓度控制在 60~80 mg/m^3,根据烟气循环比例不同,排放水平差异较大。但外部烟气再循环对于快速型 NO_x 的控制效果一般,占地空间大,增大了风机电耗,且外部烟气再循环对锅炉运行有一定影响,由于烟气再循环引入一部分烟气,炉膛内温度降低,烟气流速会增加,会改变炉膛与各受热面之间的热量分配,对锅炉效率产生一定影响。实际运行过程中,烟气再循环的引入会使空气流速增加,引起燃烧不稳定现象。内部烟气再循环则主要是通过燃烧器与燃烧室的结构设计,使烟气通过气体动力学产生回流。内部烟气再循环可以通过多种方式产生,包括高速射流的卷吸作用、旋流或者钝体绕流等。内部烟气再循环广泛应用于实际工业设备中,但降低氮氧化物排放的效果相对较差。

3. 预混燃烧

预混燃烧技术是有效降低氮氧化物排放的手段。相比于扩散燃烧,预混燃烧具有燃烧温度高、燃烧强度大的优点,可以通过对当量比的完全控制来实现对燃烧温度的控制,从而控制温度型 NO_x 生成。过量空气系数的不均匀性会导致对 NO_x 生成量的控制水平降低,而完全预混将减弱这一弊端。预混燃烧在降低 NO_x 生成量上有很大潜力,在有些情况下相比于非预混燃烧可减少 85%~90%。但是预混燃烧的限制因素在于其安全性控制要求高。预混气体由于其高度可燃性可能会导致回火,同时燃烧存在不稳定性,尤其对于负荷变化较大的锅炉。

4. MILD 燃烧

MILD 燃烧又称无焰燃烧,是一种容积燃烧或弥散燃烧,其特征是反应速率低、局部释热少、热流分布均匀、燃烧峰值温度低且噪声极小。该技术发展之初将空气预热到 1 600 K 以上,高速喷入燃烧室时卷吸烟气形成贫氧的高温气流,通过在空气喷口附近布置燃料喷嘴,实现燃料在贫氧(含氧 5%~10%)氛围中燃烧,抑制燃烧过程中 NO_x 的生成。该燃烧与传统小区域局部高温燃烧相比,反应在大区域甚至整个燃烧室内进行,火焰锋面消失;燃烧室整体温度提高,辐射传热增强。MILD 燃烧可以提高系统热效率 30% 以上,同时降低超过 70% 的 NO_x 排放量。该技术目前已在冶金和机械制造行业得到了广泛应用,是新一代高效低污染燃烧技术的发展方向之一。为了更广泛地应用该技术,还需要对 MILD 燃烧机理及特性做进一步的基础研究。例如,不同燃气 MILD 燃烧时烟气内部循环率与炉温的关系,烟气与空气射流交汇处的内部循环率和速度对建立 MILD 燃烧的影响,将纯氧燃烧应用于 MILD 燃烧等。

三、典型的天然气燃烧器

1. 周边供气蜗壳旋流式燃气燃烧器

该燃烧器由蜗壳和 3 层圆柱形套筒所组成,如图 4-14 所示。空气从鼓风机出来后,通过蜗壳时产生强烈旋流,然后进入内圆筒继续螺旋前进。其中一小部分空气刚刚进入内圆筒就从一排 10 个 8 mm×12 mm 的矩形孔钻入外环形夹套,直接从燃烧器头部喷出,作为二次空气,用它来冷却燃烧器并强化燃烧。天然气通过燃气导管进入中间环形套筒,经过两排孔(第一排为 4—ϕ12,第二排 22—ϕ5.5,孔径不同的天然气流在横向空气中射程不同,这样使天然气在整个空气流动的截面上分布均匀)自圆柱筒周边呈径向分成多股,以高速喷入圆柱形通道,与呈螺旋旋转前进的空气流进行强烈的湍流混合后,进入火道燃烧。火道由异形耐火砖做成,形成稳定的点火源和燃烧生成物的湍流地带,以保证燃烧表面的扩展和提高火焰亮度,从而强化燃烧。由于中心风道中空气速度为 25~30 m/s,要使天然气能穿透入空气中,就必须有较高流速,孔口的天然气出口速度为 130～140 m/s。空气压力为 1 kPa,天然气压力为 15 kPa,过量空气系数为 1.05。

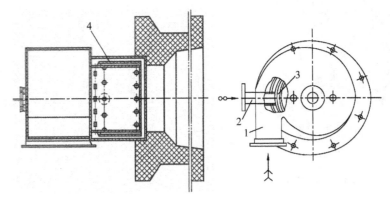

1—空气入口;2—天然气进口短管;3—中夹套;4—送风管的内套筒。

图 4-14　周边供气蜗壳旋流式燃气燃烧器

2. 部分预混燃烧和扩散燃烧相结合的天然气燃烧器

这种燃烧器把部分预混燃烧和扩散燃烧结合在一起,集两种燃烧方式的优点于一身,集中体现了既有扩散型燃烧时较强的热辐射能力,又有部分预混的燃烧较完全的燃烧效果,也在一定程度上避免了回火现象的设计思想。

从图 4-15 中可见,天然气和空气是分别引入的,空气经调风器 4 旋转进入混合空间,天然气由进口 1 进入外管,在接近出口处一部分气体从不同直径的小孔 8 高速射出,与调风器处旋转而来的空气迅速均匀混合,这种混合气体流经火口时,一经点燃,立即着火,并能产生稳定火焰,这部分气体的燃烧方式为预混燃烧,其余部分天然气以较高速度从外管经旋流叶片 6 射出,经点燃后,与空气在边扩散边混合的过程中燃烧,这部分气体的燃烧接近于扩散燃烧。

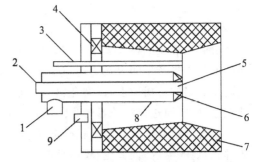

1—天然气进口;2—观察视镜;3—点火枪;
4—调风器;5—燃烧器中心管;6—旋流叶
片;7—异形耐火砖火道;8—燃气预混喷嘴;
9—熄火保护装置。

图 4-15　部分预混燃烧和扩散燃烧
相结合的天然气燃烧器

3. 水国燃烧器

该燃烧器是由韩国水国公司开发制造的,可以实现 NO_x 排放低于 30 mg/m³ 的水平。由图 4-16 可以看出,水国燃烧器采用空气/燃气双分级与烟气再循环相结合的方式降低氮氧化物的生成量。燃气除了经燃气环分配给数支燃气喷枪,实现燃气周向分级之外,另设中心燃气喷枪,喷枪头部侧壁开有小孔,实现燃气的径向分级,从小孔射出的燃气与经过旋流叶片的中心一次风混合燃烧,着火后产生稳定火焰,同时风道的渐缩喷口形成引射器,卷吸边角回流烟气经导流板与一次风混合,形成烟气的自身再循环;进风口设有调节挡板,有利于控制空燃比,实现高效率燃烧。该燃烧器结构简单,氮氧化物排放水平较低,且具有一定的创造性。

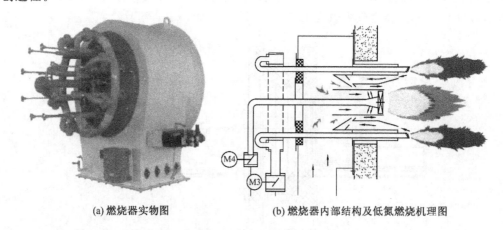

(a) 燃烧器实物图　　(b) 燃烧器内部结构及低氮燃烧机理图

图 4-16　水国燃烧器

4. 利雅路 RX 系列燃烧器

该燃烧器是由意大利利雅路燃烧器公司设计生产的全预混无焰燃烧低氮燃烧器,如图 4-17 所示。空气与燃气在风机前混合后一起进入风机,在风机的搅动下完全混合后送入燃烧头,燃烧头为表面带多个气孔的金属圆柱体,采用无焊缝技术及由无缝针织金属线制成的"织网"包裹于圆柱体表面。混合后的空气和燃气通过燃烧头表面气孔到达燃烧头外部,同时通过电极产生的火花进行点火。气孔形状设计独特,可确保空气和燃气混合气流的速度高于火焰的传播速度,以避免潜在的危险情况发生。因为燃烧在接近金属织网及燃烧头处发生,所以通过预混技术产生的火焰结构紧凑。这一特性减少了火焰与炉膛壁的接触,避免了不规则燃烧以及炉膛壁积碳或是锅炉内部产生局部沸腾现象。该燃烧器具有低污染排放、高燃烧强度、高调节比、噪声低等优点。

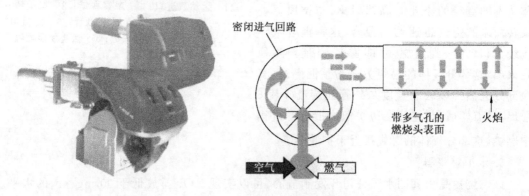

图 4-17　利雅路 RX 系列燃烧器

四、油气两用燃烧器

油气两用燃烧器,顾名思义,既适用于燃气,又适用于燃油,大大提高了产品的适用性,增强了产品的功能。图 4-18 是威索油气两用燃烧器结构图,图 4-19 是其高压供气时的燃气阀门组件安装图。

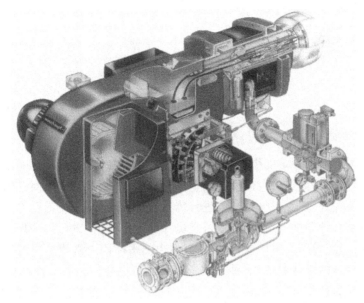

图 4-18 威索油气两用燃烧器结构图

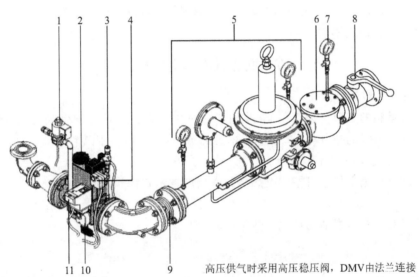

高压供气时采用高压稳压阀,DMV由法兰连接

1—点火电磁阀;2—双重电磁阀DMV;3—测试烧嘴;4—燃气压力开关(上限);5—高压稳压阀;6—过滤器;7—带按钮的压力表;8—球阀;9—补偿器;10—燃气压力开关(下限);11—VPS气密性检验装置。

图 4-19 威索油气两用燃烧器高压供气时的燃气阀门组件安装图

第五章 燃烧计算

锅炉运行时需要消耗一定的燃料,燃料的燃烧需要空气,燃烧后生成一定的烟气。在锅炉设计时,需要计算出锅炉单位时间所需的空气量和生成的烟气量,以便选用合适的风机给锅炉送入相应的空气量,以及根据烟气量进行传热计算,确定烟气与工质之间热交换所需要的面积。在确定空气量和烟气量时,先通过燃烧计算确定单位燃料(每千克燃油或每标准立方燃气)所需要的空气量和所生成的烟气量,然后由热平衡确定锅炉单位时间所需消耗的燃料量(千克燃油/秒或标准立方燃气/秒),两者相乘就可以得到锅炉单位时间所需的空气量和单位时间所生成的烟气量。

为了便于设计计算,假设空气和烟气所含有的各种组成气体,包括水蒸气都是理想气体,同时假定空气只是 O_2 和 N_2 的混合气体,即体积百分数 $O_2:N_2=21:79$。这样的假设对锅炉的设计不会造成影响。

第一节 燃烧所需的空气量计算

一、理论空气量的计算

理论空气量指的是单位燃料(1 kg 收到基燃油或标准状态下 1 m³ 燃气)完全燃烧,而又无过剩氧存在时所需的空气量,单位是 Nm³/kg(或 Nm³/Nm³),用 V_k^0 表示。

1. 燃油的燃烧理论空气量的计算

燃油的燃烧理论空气量可按完全燃烧化学反应方程式计算,即

$$V_k^0 = 0.088\,9(C_{ar}+0.375S_{ar})+0.265H_{ar}-0.033\,3O_{ar} \quad \text{Nm}^3/\text{kg} \tag{5-1}$$

也可按经验公式由燃油的低位发热量估算,即

$$V_k^0 = 0.203\frac{Q_{net,ar}}{1\,000}+2.0 \quad \text{Nm}^3/\text{kg} \tag{5-2}$$

2. 燃气的燃烧理论空气量的计算

燃气的燃烧理论空气量可按完全燃烧化学反应方程式计算,即

$$V_k^0 = \frac{1}{21}\left[0.5H_2+0.5CO+\sum\left(m+\frac{n}{4}\right)C_mH_n+1.5H_2S-O_2\right] \quad \text{Nm}^3/\text{Nm}^3 \tag{5-3}$$

也可按经验公式由燃气的低位发热量估算。

当 $Q_{net,ar} < 10\,500$ kJ/m³ 时,

$$V_k^0 = 0.209\frac{Q_{net,ar}}{1\,000} \quad \text{Nm}^3/\text{Nm}^3 \tag{5-4}$$

当 $Q_{net,ar} > 10\,500$ kJ/m³ 时,

$$V_k^0 = 0.26 \frac{Q_{net,ar}}{1\,000} - 0.25 \quad \text{Nm}^3/\text{Nm}^3 \tag{5-5}$$

对烷烃类气体燃料(天然气、油田伴生气、液化石油气),可以用下式估算。

$$V_k^0 = 0.268 \frac{Q_{net,ar}}{1\,000} \quad \text{Nm}^3/\text{Nm}^3 \tag{5-6}$$

二、过量空气系数

为了燃料能尽可能地充分燃烧,实际供给锅炉的空气量V_k往往比理论空气量V_k^0要多一些,多供的这部分空气称为过量空气($V_k - V_k^0$)。为了方便分析,引入过量空气系数的概念,用α表示,过量空气系数等于实际供给的空气量与理论空气量之比,即

$$\alpha = \frac{V_k}{V_k^0} \tag{5-7}$$

在设计时,过量空气系数根据锅炉的燃料、燃烧条件等因素凭经验选取。锅炉实际运行中的过量空气系数则应通过实测来确定。需要指出的是,由于锅炉的烟风道各处可能存在漏风,因此各处的实际空气量可能是不同的,各处的过量空气系数也就不同。对传统的锅壳式燃油燃气锅炉来说,由于烟风道的密封比较好,一般可以认为炉胆和各烟管管束及转向烟室等各处的过量空气系数是相同的。对于节能型锅壳式燃油燃气锅炉来说,节能器或烟气冷凝器的漏风系数取决于其围护结构的密封性能,对于钢板制作的围护结构,漏风系数可以取0,砖砌的围护结构的漏风系数约在0.05~0.10之间。延伸烟道如果是水平砖砌的,其漏风系数每10 m长约在0.05~0.10之间,如果是钢板制作的烟道,漏风系数可以取0。

三、燃烧所需实际空气量的计算

一旦掌握了过量空气系数和理论空气量的数据,就可以很方便地计算出实际空气量的大小。

$$V_k = \alpha V_k^0 \tag{5-8}$$

上式中,α取炉膛出口处的过量空气系数,即$\alpha = \alpha_l''$;对燃油、燃气炉,可取$\alpha_l'' = 1.05 \sim 1.20$,低氧燃烧时可取$\alpha_l'' = 1.03$。

第二节 燃烧生成的烟气量计算

烟气量计算时,先计算理论烟气量,再加上过量空气部分,得到实际烟气量。理论烟气量指的是供给燃料以理论空气量,燃料又达到完全燃烧时生成的烟气所具有的体积,用V_y^0表示,其单位对燃油来说是Nm^3/kg,对燃气则是Nm^3/Nm^3。

一、燃油燃烧生成的烟气量计算

1. 理论烟气量计算

(1) 燃油燃烧的理论烟气量可按完全燃烧化学反应方程式计算,即

$$V_y^0 = V_{RO_2} + V_{H_2O}^0 + V_{N_2}^0 \quad \text{Nm}^3/\text{kg} \tag{5-9}$$

其中,

$$V_{RO_2} = V_{CO_2} + V_{SO_2} = 0.018\,66(C_{ar} + 0.375S_{ar}) \tag{5-9-1}$$

$$V_{H_2O}^0 = 0.111 H_{ar} + 0.012\,4 M_{ar} + 0.016\,1 V_k^0 + 1.24 G_{wh} \tag{5-9-2}$$

$$V_{N_2}^0 = 0.79 V_k^0 + 0.008 N_{ar} \tag{5-9-3}$$

式(5-9-2)中,G_{wh}是燃用重油或渣油时如果用蒸汽雾化,雾化每千克燃油所消耗的蒸汽量,如果采用其他方式雾化,则该项取 0。

(2) 理论烟气量也可按经验公式根据收到基低位发热量进行估算,即

$$V_y^0 = 0.265 \frac{Q_{net,ar}}{1\,000} \qquad Nm^3/kg \tag{5-10}$$

2. 实际烟气量计算

$$V_y = V_y^0 + 1.016\,1(\alpha - 1)V_k^0 \qquad Nm^3/kg \tag{5-11}$$

式(5-11)中,系数 1.016 1 的小数部分是考虑了空气中的湿度。

将水蒸气部分去掉,可以计算得到实际干烟气量,即

$$V_{gy} = V_{RO_2} + V_{N_2} + V_{O_2} = V_{RO_2} + V_{N_2}^0 + (\alpha - 1)V_k^0 \tag{5-12}$$

二、燃气燃烧生成的烟气量计算

1. 理论烟气量计算

(1) 按完全燃烧化学反应方程式计算,即

$$V_y^0 = V_{RO_2} + V_{H_2O}^0 + V_{N_2}^0 \qquad Nm^3/Nm^3 \tag{5-13}$$

其中,

$$V_{RO_2} = V_{CO_2} + V_{SO_2} = 0.01\left(CO_2 + CO + \sum m C_m H_n + H_2 S\right) \tag{5-13-1}$$

$$V_{H_2O}^0 = 0.01\left[H_2 + H_2S + \sum \frac{n}{2} C_m H_n + 124(d_r + V_k^0 d_k)\right] \tag{5-13-2}$$

$$V_{N_2}^0 = 0.79 V_k^0 + 0.01 N_2 \tag{5-13-3}$$

式(5-13-2)中,d_r、d_k 分别是燃气和空气中的含湿量,kg/Nm^3。

设 1 kg 干空气中含有的水蒸气为 d(g/kg),则标准状态下,1 m^3 干空气中含有的水蒸气为 $1.293d/1\,000$ kg,取 $d = 10$ g/kg,则 $d_k = 0.012\,93$ kg/Nm^3。

(2) 按经验公式根据收到基低位发热量估算。

对烷烃类气体燃料,

$$V_y^0 = 0.239 \frac{Q_{net,ar}}{1\,000} + k \qquad Nm^3/Nm^3 \tag{5-14}$$

式中:k 对天然气为 2,油田伴生气为 2.2,液化石油气为 4.5。

对焦炉煤气,

$$V_y^0 = 0.272 \frac{Q_{net,ar}}{1\,000} + 0.25 \qquad Nm^3/Nm^3 \tag{5-15}$$

对 $Q_{net,ar} < 12\,600$ kJ/Nm^3 的气体燃料,

$$V_y^0 = 0.173 \frac{Q_{net,ar}}{1\,000} + 1.0 \qquad Nm^3/Nm^3 \tag{5-16}$$

2. 实际烟气量计算

$$V_y = V_{RO_2} + V_{N_2} + V_{O_2} + V_{H_2O} \qquad Nm^3/Nm^3 \tag{5-17}$$

式中,

$$V_{H_2O} = 0.01\left[H_2 + H_2S + \sum \frac{n}{2}C_mH_n + 124(d_r + \alpha V_k^0 d_k)\right]$$

$$= V_{H_2O}^0 + 1.24(\alpha-1)V_k^0 d_k = V_{H_2O}^0 + 0.016\ 1(\alpha-1)V_k^0 \quad (5\text{-}17\text{-}1)$$

$$V_{N_2} = 0.79\alpha V_k^0 + 0.01N_2 \quad (5\text{-}17\text{-}2)$$

$$V_{O_2} = 0.21(\alpha-1)V_k^0 \quad (5\text{-}17\text{-}3)$$

式(5-17)中去除水蒸气部分即为实际干烟气量 V_{gy}。

第三节 烟气和空气的焓

在对锅炉受热面进行热力计算时,需要进行烟气和工质的热量平衡计算,除了需要知道烟气的流量之外,还需要烟气在不同温度下的焓值。虽然锅壳式燃油燃气锅炉一般不采用空气预热器,但在计算烟气的焓值时需要计入空气的焓值,因此本节对烟气和空气的焓的计算作一介绍。

值得注意的是,烟气和空气的焓的计算以单位燃料(1 kg 燃油或标准状态下 1 m³ 燃气)燃烧生成的烟气量和所需的空气量为基准,代表在等压下从 0 ℃加热到 ϑ ℃所需的热量,单位是 kJ/kg 或 kJ/Nm³。

一、理论空气焓

理论空气焓指的是单位燃料(1 kg 燃油或标准状态下 1 m³ 燃气)燃烧所需的理论空气量在温度为 ϑ ℃时所具有的焓。

$$h_k^0 = V_k^0(c\vartheta)_k \quad \text{kJ/kg 或 kJ/Nm}^3 \quad (5\text{-}18)$$

式中：V_k^0——理论空气量,Nm³/kg 或 Nm³/Nm³;

$(c\vartheta)_k$——1 Nm³ 干空气连同其相应的水蒸气在温度 ϑ ℃时的焓。$(c\vartheta)_k$ 的值可查表5-1。

二、理论烟气焓

理论烟气焓指的是单位燃料(1 kg 燃油或标准状态下 1 m³ 燃气)燃烧所生成的理论烟气量所具有的焓。取 $c_{RO_2} = c_{CO_2}$,则

$$h_y^0 = V_{RO_2}(c\vartheta)_{RO_2} + V_{N_2}^0(c\vartheta)_{N_2} + V_{H_2O}^0(c\vartheta)_{H_2O}$$

$$= V_{RO_2}(c\vartheta)_{CO_2} + V_{N_2}^0(c\vartheta)_{N_2} + V_{H_2O}^0(c\vartheta)_{H_2O} \quad \text{kJ/kg 或 kJ/Nm}^3 \quad (5\text{-}19)$$

式中：$(c\vartheta)_{CO_2}$、$(c\vartheta)_{N_2}$、$(c\vartheta)_{H_2O}$ 分别是 1 Nm³ 的 CO_2、N_2、水蒸气在温度为 ϑ ℃时的焓,其数值可查表5-1。值得指出的是,由于表5-1中水蒸气的焓没有计入其汽化潜热,因此由此计算得到的烟气焓也不包含烟气中水蒸气的汽化潜热。

表 5-1　1 Nm³ 气体、空气的焓

ϑ(℃)	$(c\vartheta)_{CO_2}$ (kJ/Nm³)	$(c\vartheta)_{N_2}$ (kJ/Nm³)	$(c\vartheta)_{O_2}$ (kJ/Nm³)	$(c\vartheta)_{H_2O}$ (kJ/Nm³)	$(c\vartheta)_k$ (kJ/Nm³)
100	170	130	132	151	132
200	357	260	267	304	266
300	559	392	407	463	403
400	772	527	551	626	542

续表

$\vartheta(℃)$	$(c\vartheta)_{CO_2}$ (kJ/Nm³)	$(c\vartheta)_{N_2}$ (kJ/Nm³)	$(c\vartheta)_{O_2}$ (kJ/Nm³)	$(c\vartheta)_{H_2O}$ (kJ/Nm³)	$(c\vartheta)_k$ (kJ/Nm³)
500	994	664	699	795	684
600	1 225	804	850	969	830
700	1 462	948	1 004	1 149	978
800	1 705	1 094	1 160	1 334	1 129
900	1 952	1 242	1 318	1 526	1 282
1 000	2 204	1 392	1 478	1 723	1 437
1 100	2 458	1 544	1 638	1 925	1 595
1 200	2 717	1 697	1 801	2 132	1 753
1 300	2 977	1 853	1 964	2 344	1 914
1 400	3 239	2 009	2 128	2 559	2 076
1 500	3 503	2 166	2 294	2 779	2 239
1 600	3 769	2 325	2 460	3 002	2 403
1 700	4 036	2 484	2 629	3 229	2 567
1 800	4 305	2 644	2 797	3 458	2 731
1 900	4 574	2 804	2 967	3 690	2 899
2 000	4 844	2 965	3 138	3 926	3 066
2 100	5 115	3 127	3 309	4 163	3 234
2 200	5 387	3 289	3 483	4 402	3 402

三、实际烟气焓

实际烟气焓等于理论烟气焓加上过量空气的焓，即

$$h_y = h_y^0 + (\alpha-1)h_k^0 \quad \text{kJ/kg 或 kJ/Nm}^3 \tag{5-20}$$

实际烟气焓也可按经验公式计算，即

$$h_y = V_y c_y \vartheta_y \quad \text{kJ/kg 或 kJ/Nm}^3 \tag{5-21}$$

式中：c_y——$0 \sim \vartheta$ ℃时，烟气的定压平均体积比热，kJ/(m³·℃)；

ϑ_y——烟气的温度，℃。

在锅炉设计时，为了方便计算，通常将烟气焓与温度的对应值做成表，叫作烟气温焓表（例表5-4）。

第四节 燃烧计算举例

【**例 5-1**】 已知一 WNS15-1.25-Q 型锅炉，试计算 1 Nm³ 燃料燃烧所需的理论空气量和生成的理论烟气量，并作出该锅炉各受热面烟道中烟气特性表及烟气温焓表。已知燃料特性如下表：

例表 5-1　燃料特性表

序号	名称	符号	单位	结果
1	甲烷	CH_4	%	97.42
2	乙烷	C_2H_6	%	0.94
3	丙烷	C_3H_8	%	0.16
4	丁烷	C_4H_{10}	%	0.03
5	乙烯	C_2H_4	%	0.06
6	二氧化碳	CO_2	%	0.55
7	硫化氢	H_2S	%	0
8	氮气	N_2	%	0.76
9	氢气	H_2	%	0.08
10	氧气	O_2	%	0
11	一氧化碳	CO	%	0
12	水分	H_2O	%	0
13	收到基低位发热量	$Q_{net,ar}$	kJ/Nm^3	35 698.343

解：(1) 理论空气量和理论烟气量的计算如例表 5-2 所示。

例表 5-2　理论空气量和理论烟气量计算表

序号	名称	符号	单位	计算及说明	结果
1	理论空气量	V_k^0	Nm^3/Nm^3	$\frac{1}{21}\left[0.5H_2 + 0.5CO + \sum\left(m+\frac{n}{4}\right)C_mH_n + 1.5H_2S - O_2\right]$	9.493
2	N_2 理论容积	$V_{N_2}^0$	Nm^3/Nm^3	$0.79V_k^0 + 0.01N_2$	7.505
3	H_2O 理论容积	$V_{H_2O}^0$	Nm^3/Nm^3	$0.01\left[H_2 + H_2S + \sum\frac{n}{2}C_mH_n + 120(d_r + V_k^0 d_k)\right]$	2.139
4	RO_2 容积	V_{RO_2}	Nm^3/Nm^3	$0.01(CO_2 + CO + \sum mC_mH_n + H_2S)$	1.006
5	理论干烟气量	V_{gy}^0	Nm^3/Nm^3	$V_{RO_2} + V_{N_2}^0$	8.511
6	理论烟气量	V_y^0	Nm^3/Nm^3	$V_{gy}^0 + V_{H_2O}^0$	10.650

(2) 各受热面烟道中烟气特性计算如例表 5-3 所示。

例表 5-3　各受热面烟道中烟气特性表

序号	名称	符号	单位	公式及计算	数值
1	进口过量空气系数	α'	—		1.1
2	出口过量空气系数	α''	—		1.1
3	平均过量空气系数	α_{pj}	—	$0.5(\alpha' + \alpha'')$	1.1
4	水蒸气体积	V_{H_2O}	Nm^3/Nm^3	$V_{H_2O}^0 + 0.016\,1(\alpha_{pj}-1)V_k^0$	2.154

续表

序号	名称	符号	单位	公式及计算	数值
5	烟气体积	V_y	Nm^3/Nm^3	$V_{RO_2}+V_{N_2}^0+V_{H_2O}+(\alpha_{pj}-1)V_k^0$	11.61
6	RO_2容积份额	r_{RO_2}	—	V_{RO_2}/V_y	0.086 6
7	H_2O容积份额	r_{H_2O}	—	V_{H_2O}/V_y	0.185 5
8	三原子气体容积份额	r_q	—	$r_{RO_2}+r_{H_2O}$	0.272 1
9	烟气重量	G_y	kg/Nm^3	$1-A_{ar}/100+1.306\alpha_{pj}V_k^0$	14.637
10	烟气密度	ρ	kg/Nm^3	G_y/V_y	1.260

注：各受热面包括炉胆、烟管和节能器。由于密封良好，漏风系数均取 0，所以各受热面的进出口过量空气系数均相同。

(3) 烟气温焓表如例表 5-4 所示。

例表 5-4 烟气温焓表

温度	$V_{RO_2}=1.006$ Nm³/Nm³		$V_{N_2}^0=7.505$ Nm³/Nm³		$V_{H_2O}^0=2.139$ Nm³/Nm³		h_y^0 kJ/Nm³	$V_k^0=9.493$ Nm³/Nm³		h_k^0 kJ/Nm³	$h_y=h_y^0+(\alpha''-1)h_k^0$ (kJ/Nm³)			
											炉膛	第二回程烟管	第三回程烟管	节能器
ϑ	$(c\vartheta)_{CO_2}$	h_{CO_2}	$(c\vartheta)_{N_2}$	$h_{N_2}^0$	$(c\vartheta)_{H_2O}$	$h_{H_2O}^0$	$\sum(3+5+7)$	$(c\vartheta)_k$			α''	α''	α''	α''
℃	kJ/Nm³	kJ/Nm³	kJ/Nm³	kJ/Nm³	kJ/Nm³	kJ/Nm³	kJ/Nm³	kJ/Nm³	kJ/Nm³		1.1	1.1	1.1	1.1
1	2	3	4	5	6	7	8	9	10		11	13	14	15
100	170	170.97	130	975.68	151	322.94	1 469.59	132	1 253.03		1 594.90	1 594.90	1 594.90	1 594.90
200	357	359.03	260	1 951.36	304	650.16	2 960.56	266	2 525.04		3 213.07	3 213.07	3 213.07	3 213.07
300	559	562.19	392	2 942.06	463	990.22	4 494.46	403	3 825.53		4 877.01	4 877.01	4 877.01	4 877.01
400	772	776.40	527	3 955.27	626	1 338.82	6 070.49	542	5 145.00		6 584.99	6 584.99	6 584.99	6 584.99
500	994	999.67	664	4 983.49	795	1 700.26	7 683.42	684	6 492.95		8 332.71	8 332.71	8 332.71	8 332.71
600	1 225	1 231.98	804	6 034.22	969	2 072.40	9 338.60	830	7 878.87		10 126.49	10 126.49	10 126.49	10 126.49
700	1 462	1 470.33	948	7 114.98	1 149	2 457.36	11 042.67	978	9 283.78		11 971.05	11 971.05	11 971.05	11 971.05
800	1 705	1 714.72	1 094	8 210.74	1 334	2 853.02	12 778.48	1 129	10 717.17		13 850.20	13 850.20	13 850.20	13 850.20
900	1 952	1 963.13	1 242	9 321.52	1 526	3 263.65	14 548.30	1 282	12 169.54		15 765.25	15 765.25	15 765.25	15 765.25
1 000	2 204	2 216.56	1 392	10 447.31	1 723	3 684.98	16 348.84	1 437	13 640.89		17 712.93	17 712.93	17 712.93	17 712.93
1 100	2 458	2 472.01	1 544	11 588.10	1 925	4 116.99	18 177.11	1 595	15 140.73		19 691.18	19 691.18	19 691.18	19 691.18
1 200	2 717	2 732.49	1 697	12 736.41	2 132	4 559.70	20 028.60	1 753	16 640.56		21 692.65	21 692.65	21 692.65	21 692.65
1 300	2 977	2 993.97	1 853	13 907.23	2 344	5 013.11	21 914.30	1 914	18 168.87		23 731.19	23 731.19	23 731.19	23 731.19
1 400	3 239	3 257.46	2 009	15 078.05	2 559	5 472.93	23 808.43	2 076	19 706.68		25 779.10	25 779.10	25 779.10	25 779.10
1 500	3 503	3 522.97	2 166	16 256.37	2 779	5 943.44	25 722.78	2 239	21 253.97		27 848.17	27 848.17	27 848.17	27 848.17
1 600	3 769	3 790.48	2 325	17 449.70	3 002	6 420.37	27 660.56	2 403	22 810.76		29 941.63	29 941.63	29 941.63	29 941.63
1 700	4 036	4 059.01	2 484	18 643.04	3 229	6 905.85	29 607.90	2 567	24 367.55		32 044.65	32 044.65	32 044.65	32 044.65
1 800	4 305	4 329.54	2 644	19 843.88	3 458	7 395.61	31 569.03	2 731	25 924.34		34 161.47	34 161.47	34 161.47	34 161.47
1 900	4 574	4 600.07	2 804	21 044.72	3 690	7 891.79	33 536.58	2 899	27 519.10		36 288.49	36 288.49	36 288.49	36 288.49
2 000	4 844	4 871.61	2 965	22 253.05	3 926	8 396.52	35 521.20	3 066	29 104.37		38 431.64	38 431.64	38 431.64	38 431.64
2 100	5 115	5 144.16	3 127	23 468.91	4 163	8 903.40	37 516.47	3 234	30 699.13		40 586.38	40 586.38	40 586.38	40 586.38
2 200	5 387	5 417.71	3 289	24 684.76	4 402	9 414.54	39 517.01	3 402	32 293.89		42 746.40	42 746.40	42 746.40	42 746.40

【例 5-2】 已知 WNS4-1.25-Y 型锅炉，燃用 0# 轻柴油，试计算 1 kg 燃料燃烧所需的理论空气量和理论烟气量。已知燃料特性如下：

例表 5-5　燃料特性表

序号	名称	符号	单位	数值
1	碳	C_{ar}	%	85.55
2	氢	H_{ar}	%	13.49
3	氧	O_{ar}	%	0.66
4	氮	N_{ar}	%	0.04
5	硫	S_{ar}	%	0.25
6	灰分	A_{ar}	%	0.01
7	水分	M_{ar}	%	0
8	收到基低位发热量	$Q_{net,ar}$	kJ/kg	42 900

解： 理论空气量和理论烟气量的计算如例表 5-6 所示。

例表 5-6　理论空气量和理论烟气量计算表

序号	名称	符号	单位	计算及说明	结果
1	理论空气量	V_k^0	Nm³/kg	$0.088\,9(C_{ar}+0.375S_{ar})+0.265H_{ar}-0.033\,3O_{ar}$	11.167
2	RO_2 的容量	V_{RO_2}	Nm³/kg	$0.018\,66(C_{ar}+0.375S_{ar})$	1.598
3	N_2 理论容积	$V_{N_2}^0$	Nm³/kg	$0.79V_k^0+0.8N_{ar}/100$	8.822
4	H_2O 理论容积	$V_{H_2O}^0$	Nm³/kg	$0.111H_{ar}+0.012\,4M_{ar}+0.016\,1$	1.677
5	理论烟气量	V_y^0	Nm³/kg	$V_{RO_2}+V_{H_2O}^0+V_{N_2}^0$	11.881
6	理论干烟气容积	V_{gy}^0	Nm³/kg	$V_{RO_2}+V_{N_2}^0$	10.420

第六章

热 平 衡

第一节 热平衡的概念

前一章通过燃烧计算确定了单位燃料（每千克燃油或每标准立方燃气）所需要的空气量和所生成的烟气量，本章介绍通过热平衡计算确定锅炉单位时间所需消耗的燃料量（千克燃油/秒或标准立方燃气/秒），这样两者相乘就可以得到锅炉单位时间所需的空气量和单位时间所生成的烟气量。

锅炉的热平衡，即送入锅炉机组的热量与有效利用热及各项热损失的总和相平衡，通过锅炉热平衡计算，不仅能确定锅炉的热效率和燃料消耗量，而且也能通过了解各项热损失的大小，提出如何减小损失，提高锅炉热效率的途径。

热平衡计算是按锅炉机组处于稳定的热力工况下进行的。锅炉热平衡方程的普遍形式为

$$Q_r = Q_1 + Q_2 + Q_3 + Q_4 + Q_5 + Q_6 \quad \text{kJ/kg 或 kJ/Nm}^3 \tag{6-1}$$

式中：Q_r——输入锅炉系统的热量；

Q_1——锅炉系统的有效利用热量；

Q_2——排烟带走的热量；

Q_3——气体不完全燃烧（又称化学不完全燃烧）损失的热量；

Q_4——固体不完全燃烧（又称机械不完全燃烧）损失的热量；

Q_5——锅炉系统向周围散失的热量；

Q_6——灰渣及冷却水带走的热量。

对于气体燃料，上述各热量均相对于 1 Nm³ 燃气，单位为 kJ/Nm³；对于液体燃料，则相对于 1 kg 燃料油，单位为 kJ/kg。

因为油、气燃料含灰量很小，Q_6 中灰渣带走的热量可以忽略。如果燃烧器没有采用水冷却，或者采用水冷却但冷却水进入锅炉系统或者冷却水带走的热量很小，则 Q_6 中冷却水带走的热量也可以忽略。在设计时，认为液体、气体燃料燃烧时，没有固体不完全燃烧现象，即使发生热裂解或热分解现象而析出部分固体物质，质量也极少，可以忽略不计，所以 $Q_4=0$。因此，对燃油燃气锅炉，热平衡方程式可以简化为

$$Q_r = Q_1 + Q_2 + Q_3 + Q_5 \quad \text{kJ/kg 或 kJ/Nm}^3 \tag{6-2}$$

若各项热量用其占输入热量的百分数表示，则热平衡方程式可表示为

$$q_1 + q_2 + q_3 + q_4 + q_5 + q_6 = 100\% \tag{6-3}$$

式中：$q_i = \dfrac{Q_i}{Q_r} \times 100\%$，其中 Q_i 为每一项热量；

q_1——锅炉利用的热量,%;
q_2——排烟热损失,%;
q_3——气体不完全燃烧热损失,%;
q_4——固体不完全燃烧热损失,%;
q_5——散热损失,%;
q_6——灰渣及冷却水热损失,%。

锅炉总热损失为

$$\sum q = q_2 + q_3 + q_4 + q_5 + q_6 \quad \% \tag{6-4}$$

第二节 输入锅炉系统的热量

相对于1 kg 燃料油或 1 Nm³ 燃气输入锅炉系统的热量 Q_r(kJ/kg 或 kJ/Nm³)是指锅炉范围以外输入的热量,可按下式计算:

$$Q_r = Q_{net,ar} + h_r + Q_{zq} + Q_{wl} \quad \text{kJ/kg 或 kJ/Nm}^3 \tag{6-5}$$

式中:$Q_{net,ar}$——燃料的收到基低位发热量,kJ/kg 或 kJ/Nm³;
  Q_{wl}——用锅炉系统以外的热量加热送入锅炉的空气时,相应于每千克燃料油或每标准立方燃气所具有的热量,kJ/kg 或 kJ/Nm³;
  h_r——燃油或燃气的物理显热,kJ/kg 或 kJ/Nm³;
  Q_{zq}——雾化燃油所用蒸汽带入的热量,kJ/kg。

用锅炉系统以外的热量加热空气时,随这些空气带入锅炉(进入空气预热器或直接进入锅炉炉膛)的热量,按下式计算:

$$Q_{wl} = \beta'(h_k^0 - h_{lk}^0) \tag{6-6}$$

式中:β'——空气预热器前过量空气系数[①],若没有空气预热器,β'用 α_1' 代替;
  h_k^0——按理论空气量计算的锅炉系统进口处空气的焓,kJ/kg 或 kJ/Nm³;
  h_{lk}^0——按理论空气量计算的冷空气的焓。在没有规定时,冷空气温度可取 20 ℃。h_k^0 和 h_{lk}^0 用加热后的热空气温度和冷空气温度从烟气、空气的温焓表中查得。

由于锅壳式燃油燃气锅炉全部通风阻力损失一般远小于 9.8 kPa,不需要考虑空气在送风机里被加热造成温度升高而带入的热量。对锅壳式燃油燃气锅炉来说,Q_{wl} 这一项通常为零。

燃料的物理显热 h_r(kJ/kg 或 kJ/m³),只在燃料用外界热源预热时才计算,其值为

$$h_r = c_r t_r \tag{6-7}$$

式中:c_r——液体燃料和气体燃料的比热,kJ/(kg·℃)或 kJ/(m³·℃)。对于重油,

$$c_r = 1.738 + 0.002\,5 t_r \quad \text{kJ/(kg·℃)} \tag{6-8}$$

  t_r——用外界热源预热后燃料的温度,℃。

当不用外界热源预热空气和燃料,也没有燃油雾化蒸汽带入锅炉热量时,1 kg 燃料油或 1 Nm³ 燃气送入锅炉系统的热量为

---

① 由于空气预热器中既有烟气又有空气,为了避免混淆,风道的过量空气系数不用 α,而用 β 表示。

$$Q_r = Q_{net,ar} \quad \text{kJ/kg 或 kJ/Nm}^3 \tag{6-9}$$

第三节 热损失

一、固体不完全燃烧热损失

在锅炉的实际运行中,油气在火焰高温缺氧的情况下会发生热分解析出碳黑,碳黑很细,直径只有 $0.01 \sim 0.15\ \mu m$。对燃油锅炉来说,油滴燃烧后剩下的焦粒,直径可以达到几十个微米甚至更大。无论是碳黑还是焦粒,都是固体,如果在炉内不能被燃烧掉,就造成固体不完全燃烧热损失 q_4。

q_4 的大小取决于单位燃料量在烟气中形成的碳黑和焦粒的质量多少。一般来说,由于碳黑很细,每 1 kg 碳黑的表面积可达几万平方米,因此当肉眼上看到某台锅炉冒黑烟时,固体不完全燃烧热损失可能并不大,甚至可能不到 0.1%。当燃油雾化质量不好时,或者当采用的喷嘴油滴平均直径较粗时,焦粒的平均直径也较粗,这时固体不完全燃烧热损失会显著增加。

在锅壳式燃油燃气锅炉设计时,取 $q_4=0$。

二、排烟热损失

当烟气离开锅炉的最后一个受热面时,烟气温度比进入锅炉的空气温度要高,因而造成的热量损失,称为排烟热损失。排烟热损失 q_2 在锅壳式燃油燃气锅炉中通常是最主要的一项热损失。

排烟热损失 q_2 可用锅炉的排烟和冷空气的焓差计算:

$$q_2 = \frac{Q_2}{Q_r} \times 100 = \frac{(h_{py} - \alpha_{py} h_{lk}^0)(100 - q_4)}{Q_r} \quad \% \tag{6-10}$$

式中:h_{py}——在排烟过量空气系数及排烟温度下,相应于 1 kg 燃油或 1 Nm³ 燃气的排烟的焓,kJ/kg 或 kJ/Nm³;

α_{py}——排烟的过量空气系数;

h_{lk}^0——在送入锅炉的空气温度下,1 kg 燃油或 1 Nm³ 燃气所需要的理论空气的焓,kJ/kg 或 kJ/Nm³。h_{py} 和 h_{lk}^0 可由烟气温焓表查得。

在热平衡试验时,燃用重油并且采用机械雾化的锅炉的排烟热损失也可以用下列经验公式来估算:

$$q_2 = (0.5 + 3.45\alpha_{py}) \frac{\vartheta_{py} - t_{lk}}{100} \tag{6-11}$$

式中:ϑ_{py}——排烟温度,℃;

t_{lk}——冷空气温度,℃。

从式(6-11)可知,排烟热损失随着排烟温度的升高和排烟过量空气系数的增大而增加。假定冷空气温度为 30 ℃,当排烟温度为 150 ℃时,过量空气系数从 1.1 增加到 1.25(增加 0.15),排烟热损失将从 5.2% 增加到 5.8%(增加 0.6%);排烟温度越高,增加得也越多;当排烟过量空气系数为 1.1 时,排烟温度从 150 ℃增加到 160 ℃(增加 10.0 ℃),排烟热损失将从 5.2% 增加到 5.6%(增加 0.4%);排烟过量空气系数越大,增加得也越多。对锅壳式锅炉来说,如果燃料是重油或渣油,为了防止低温腐蚀,排烟温度往往不能降得很低,这时应从降低排烟的过量空气系数的方面下更大的工夫；而如果燃料是天然气，则首先应该尽量降低排烟温度，同时尽可能降低过量空气系数。

对于锅壳式燃油燃气锅炉来说，由于烟道的密封较好，烟道的漏风系数一般可以取零，因此要降低排烟的过量空气系数，就是要降低炉膛入口处的过量空气系数，也就意味着要降低燃烧空气的过量空气系数，这对燃烧提出了更高的要求，涉及低氧燃烧技术的研究和应用。

顺便提一下，排烟温度指的是烟气离开锅炉最后一级受热面时的温度，而不是在烟囱出口处烟气的温度，在锅炉运行中对排烟温度进行实测时，测点离最后一级受热面出口的距离不应超过 1 米[15]。

三、气体不完全燃烧热损失

气体不完全燃烧热损失 q_3 系指排烟中未完全燃烧或燃尽的可燃气体（如 CO、H_2、CH_4 等）所带走的热量占进入锅炉输入热的份额。对于锅壳式燃油燃气锅炉来说，q_3 是反映燃烧水平和燃烧效率的主要指标。在设计计算时，对燃油锅炉 q_3 可取 1%～1.5%，对燃用天然气、油田伴生气和焦炉煤气的锅炉，可取 $q_3=0.5\%$；对燃用高炉煤气的锅炉，取 $q_3=1\%$[16]。对于运行中的锅炉，借助排烟处烟气成分的分析，可按下述公式进行计算：

$$q_3 = \frac{V_{gy}}{Q_r}(126.36CO + 107.98H_2 + 358.18CH_4)(100-q_4) \quad \% \quad (6-12)$$

式中：CO, H_2, CH_4——干烟气中一氧化碳、氢气和甲烷的容积百分比，在热平衡试验中通过烟气分析仪测得；

V_{gy}——1 kg 燃油或 1 Nm^3 燃气燃烧后生成的实际干烟气体积，Nm^3/kg 或 Nm^3/Nm^3，按第五章第二节确定。

对于运行中的燃油燃气锅炉，也可以用下列经验公式估算气体不完全燃烧热损失：

$$q_3 = 0.11(\alpha_{py}-0.06)(30.2CO + 25.8H_2 + 85.8CH_4) \quad \% \quad (6-13)$$

通常，在燃烧正常的情况下，气体不完全燃烧热损失 q_3 值很小，不少锅炉往往接近于零。但是，在燃烧不良的情况下此项热损失也可能很高，甚至高达 10%。而且和燃煤燃油锅炉不同，燃气锅炉即使 q_3 的值很大，往往也不冒黑烟，所以直观上较难判断燃烧是否恶化。正因为如此，在运行中这项热损失常常得不到重视。

当过量空气系数低于临界值时，烟囱开始冒黑烟，q_3、q_4 很快增加，而且几乎是同时增加。因此，当烟囱冒黑烟时，不仅有固体不完全燃烧损失，必然同时有较大的气体不完全燃烧损失。

除了过量空气系数之外，气体不完全燃烧热损失的大小还取决于燃料成分、所用燃烧器、燃烧器与炉膛匹配是否适当及运行操作是否合理等。对于一台运行中的锅炉，此项热损失究竟有多大，要靠烟气分析的结果确定。

四、散热损失

散热损失 q_5 是指锅炉围护结构和锅炉机组范围内的汽、水管道及烟风管道，受外部大气对流冷却和向外热辐射所散失的热量。它与周围大气的温度（露天布置时的室外温度，室内布置时的室内温度）、风速、围护结构的保温情况及散热表面的大小、形状等有关，同时还与锅炉的额定容量和运行负荷的大小有关，可见，要精确计算散热损失是比较困难的，目前主要根据经验数据和近似计算的办法来确定。

按照《工业锅炉热工性能试验规程》[15]附录 D.4，快、组装燃油燃气锅炉的散热损失可以近似地按下式计算。

$$q_5 = \frac{1670F}{BQ_r} \times 100 \qquad \% \tag{6-14}$$

式中：F——锅炉的散热表面积，m^2；

B——燃料消耗量，kg/h 或 Nm^3/h；

Q_r——输入锅炉系统的热量，kJ/kg 或 kJ/Nm^3。

锅壳式锅炉属于快装锅炉，因此可以用上式来计算散热损失。

式(6-14)是按每平方米炉墙表面积的散热量为 0.465 kW 来计算的。显然，上述方法没有考虑环境温度和炉体外表面温度的变化对锅炉散热损失的影响，比较粗糙。特别对锅壳式燃油燃气锅炉，散热损失在各项热损失中所占份额比较大，往往仅次于排烟损失，因此这项热损失的大小对锅炉热效率的影响不可低估，应探求比较准确的计算和测试方法。文献[17]提出了一种基于传热学经典数学模型的锅炉散热损失简化计算方法，该方法假设锅炉的外表面为以下三种几何形状的组合（图 6-1）：

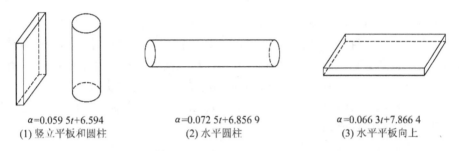

$\alpha=0.0595t+6.594$　　　　$\alpha=0.0725t+6.8569$　　　　$\alpha=0.0663t+7.8664$
(1) 竖立平板和圆柱　　　　(2) 水平圆柱　　　　(3) 水平平板向上

图 6-1　锅炉外表面的三种几何形状及其对流换热系数计算公式

根据炉体外表面结构特点及温度梯度，把外表面分成若干区域，则锅炉散热损失计算公式为

$$q_5 = \frac{\sum \alpha_{ij} F_{ij}(t_{ij} - t_{lk})}{BQ_{net,ar}} \times 360 \qquad \% \tag{6-15}$$

式中：t_{ij}——某 i 结构形式 j 区域的炉体外表面平均温度，℃；

t_{lk}——环境温度，℃；

α_{ij}——某 i 结构形式 j 区域的外表面换热系数，$W/(m^2 \cdot ℃)$；

B——燃料消耗量，kg/h 或 Nm^3/h；

$Q_{net,ar}$——燃料低位发热量，kJ/kg 或 kJ/Nm^3；

F_{ij}——某 i 结构形式 j 区域的炉体外表面面积，m^2。

文献[17]将公式(6-15)与 ASME PTC4 标准中的计算方法做了比对分析，结果发现该方法在锅炉常见环境温度(5～35 ℃)及炉体外表面温度(30～80 ℃)下的计算结果与 ASME PTC4 标准中的计算方法的计算结果高度吻合，最大绝对误差仅为 0.07%。由于该方法与公式(6-14)相比，考虑了环境温度和炉体表面温度的变化等实际因素对散热损失的影响，同时计算也没有 ASME PTC4 标准中的计算方法繁杂，所以值得在锅炉的设计和能效测试时予以借鉴。

采用以上方法确定散热损失 q_5 时，需要已知锅炉的燃料消耗量和锅炉外表面积。在锅炉设计中进行热平衡计算时，q_5 可以由图 6-2 查得。图 6-2 是砖砌锅炉的散热曲线，建议在设计计算得到燃料消耗量和锅炉外表面积的数据后采用前述方法对 q_5 进行校核。

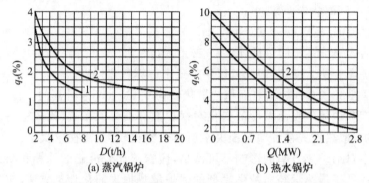

(a) 蒸汽锅炉　　　　(b) 热水锅炉

1—锅炉本体（无尾部受热面）；2—锅炉本体（包括尾部受热面）。

图 6-2　锅炉系统散热损失

从散热损失的性质来看，要减少散热损失，关键是要在锅炉的保温隔热上下功夫，从而降低锅炉的表面温度。目前，一些设计较好的小型传统型锅壳式燃油燃气锅炉，在额定工况下的散热损失已达到1%以下。节能型锅壳式燃油燃气锅炉由于采用外部节能器，散热面积增大，其散热损失要大一些，但应该还是低于相同容量和参数的散装锅炉。

必须注意的是，上述计算得到的是锅炉在额定工况下的散热损失。在非额定工况下，散热损失与锅炉的负荷成反比，即

$$q_5' = q_5 \frac{D}{D'} \tag{6-16}$$

式中：q_5'——非额定工况下的散热损失，%；

q_5——额定工况下的散热损失，%；

D——额定工况下的蒸发量，t/h；

D'——非额定工况下的蒸发量，t/h。

表 6-1 是根据公式（6-16）计算得到的。从表中可以更加直观地看出低负荷运行对锅炉散热损失的影响。可见，负荷越低，散热损失越大，锅炉运行的热效率就越低。

表 6-1　散热损失与锅炉负荷变化的关系

额定工况下的 q_5 (%)	在下列非额定工况(%)下的 q_5(%)		
	80	50	20
2.0	2.5	4	10
1.0	1.25	2	5
0.5	0.625	1	2.5

而锅壳式燃油燃气锅炉作为工业锅炉，难免会在较低的负荷下运行，因此除了锅炉厂要做好保温隔热外，对于锅炉用户来说，根据用热负荷的需要选取合适的锅炉容量和锅炉数量，使锅炉尽量不要长期在低负荷下运行，对于提高锅炉运行的经济性具有重要的意义。

在锅炉热力计算中为了方便起见,假定各烟道的散热量和该烟道中烟气放出热量成正比,也就是各烟道中受热面的吸热量与该烟道中烟气放出热量成正比,这个比例系数称为保热系数 φ,这样,烟气在烟道中的放热量和保热系数 φ 的乘积就等于该烟道受热面的吸热量。进一步假定各段烟道和整台锅炉的保热系数是相等的,则保热系数可按下列公式计算

$$\varphi = 1 - \frac{q_5}{\eta_{gl} + q_5} \tag{6-17}$$

式中:η_{gl}——锅炉热效率。

五、最佳过量空气系数

q_2、q_3、q_4 和过量空气系数的关系如图 6-3 所示。根据前面的分析,当过量空气系数低于临界值时,q_3、q_4 很快增加,随着过量空气系数的增加,q_3、q_4 将逐步减小到一个平稳的数值。而 q_2 随着过量空气系数的增大而增大,因此,对于 $q_2 + q_3 + q_4$ 来说,存在一个最佳的过量空气系数。这个过量空气系数也就是我们设计时选定的炉膛出口处的过量空气系数的值。

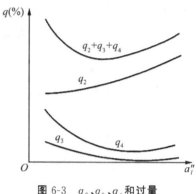

图 6-3　q_2、q_3、q_4 和过量空气系数的关系

第四节　锅炉系统的有效利用热量

锅炉每小时有效吸热量 Q_{gl},对于饱和蒸汽锅炉为

$$Q_{gl} = \left[(D + D_{zy})\left(h_{bq} - h_{gs} - \frac{rW}{100}\right) + D_{pw}(h_{bs} - h_{gs})\right] \times 10^3 \quad \text{kJ/h} \tag{6-18}$$

对于过热蒸汽锅炉为

$$Q_{gl} = [D(h_{gq} - h_{gs}) + D_{zy}(h_{zy} - h_{gs}) + D_{pw}(h_{bs} - h_{gs})] \times 10^3 \quad \text{kJ/h} \tag{6-19}$$

式中:D——锅炉蒸发量,t/h;

D_{zy}——锅炉自用蒸汽量,t/h;

D_{pw}——锅炉排污量,t/h,当锅炉只有定期排污或者其连续排污量小于 2% 时,排污水的热耗可以忽略不计,值得指出的是,对于锅壳式锅炉来说,有时候并不采取措施回收排污水的热量,而是直接排放掉,对于这种情况,把这部分热量计入锅炉有效利用热中其实是不恰当的;

h_{bq}——饱和蒸汽焓,kJ/kg;

h_{gq}——过热蒸汽焓,kJ/kg;

h_{bs}——饱和水焓,kJ/kg;

h_{gs}——给水焓,kJ/kg;

r——蒸汽的汽化潜热,kJ/kg;

W——蒸汽湿度,%。按饱和蒸汽的质量标准规定,对于有过热器的锅壳式锅炉,饱和蒸汽的蒸汽湿度不大于 3%;对于没有过热器的锅壳式锅炉,饱和蒸汽的蒸汽湿度不大于 5%。

对于热水锅炉为

$$Q_{gl} = G c_s (t''_{rs} - t'_{rs}) \times 10^3 \quad \text{kJ/h} \tag{6-20}$$

式中：G——循环水流量，t/h；
　　　t''_{rs}——出水温度，℃；
　　　t'_{rs}——进水温度，℃；
　　　c_s——水的比热，kJ/(kg·℃)，此处取 4.186 kJ/(kg·℃)。
锅炉系统的有效利用热量为

$$Q_l = \frac{Q_{gl}}{B} \quad \text{kJ/kg 或 kJ/Nm}^3 \tag{6-21}$$

式中：B——燃料消耗量，kg/h 或 Nm³/h。

第五节　热效率和燃料消耗量

一、锅炉的热效率

锅炉的热效率可以通过正平衡法或反平衡法来确定，用公式表示为

$$\eta_{gl} = q_1 = 100 - \sum q \tag{6-22}$$

二、燃料消耗量

锅炉的燃料消耗量为

$$B = \frac{Q_{gl}}{\eta_{gl} Q_r} \quad \text{kg/h 或 Nm}^3/\text{h} \tag{6-23}$$

考虑到燃料消耗量 B 中固体不完全燃烧部分没有产生烟气，引入计算燃料消耗量：

$$B_j = B \frac{100 - q_4}{100} \quad \text{kg/h 或 Nm}^3/\text{h} \tag{6-24}$$

所谓计算燃料消耗量，指的是单位时间内实际参加燃烧产生烟气的燃料量，对燃油燃气锅炉来讲，设计时 q_4 取 0，因此 $B = B_j$。

燃料消耗量算出后，就可以在燃烧计算的基础上计算出锅炉所需的空气及所产生的烟气的容积流量了。

第六节　锅炉的热效率和燃料消耗量计算举例

【例 6-1】 计算 WNS15-1.25-Q 型锅炉的热效率和燃料消耗量。

(1) 锅炉的基本数据如下表：

例表 6-1　锅炉的基本数据表

序号	项目	符号	单位	数值
1	锅炉额定蒸发量	D	t/h	15
2	锅炉额定蒸汽压力(表压)	p	MPa	1.25
3	饱和蒸汽温度	t_{bq}	℃	193.4
4	给水温度	t_{gs}	℃	104
5	排污率	ρ	%	2
6	蒸汽湿度	W	%	4
7	冷空气温度	t_{lk}	℃	20

续表

序号	项目	符号	单位	数值
8	自用蒸汽流量	D_{zy}	t/h	0.7
9	燃料类型			天然气
10	锅炉型式			卧式锅壳式湿背三回程燃气锅炉加外置节能器

（2）燃料特性、理论空气量、理论烟气量、烟气特性表和烟气温焓表见例5-1。

解：锅炉的热效率和燃料消耗量计算如例表6-2所示。

例表6-2 热效率和燃料消耗量计算表

序号	名称	符号	单位	计算及说明	结果
1	燃料低位发热量	$Q_{net,ar}$	kJ/Nm³		35 698.343
2	锅炉输入热量	Q_r	kJ/Nm³	$Q_{net,ar}$	35 698.343
3	排烟温度	ϑ_{py}	℃	先假定再通过热力计算进行校核	140
4	排烟焓	h_{py}	kJ/Nm³	温焓表	2 242.17
5	气体不完全燃烧损失	q_3	%	选取	0.5
6	固体不完全燃烧损失	q_4	%	选取	0
7	散热损失	q_5	%	图6-2	1.50
8	灰渣物理热损失	q_6	%	选取	0
9	冷空气温度	t_{lk}	℃		20
10	理论冷空气焓	h^0_{lk}	kJ/Nm³	$t_{lk}=20$ ℃	250.61
11	排烟处过量空气系数	α_{py}	—		1.1
12	排烟热损失	q_2	%	$(h_{py}-\alpha_{py}h^0_{lk})(100-q_4)/Q_{net,ar}$	5.51
13	总热损失	Σq	%	$q_2+q_3+q_4+q_5+q_6$	7.51
14	锅炉热效率	η_{gl}	%	$1-\Sigma q$	92.49
15	保热系数	φ		$1-q_5/(q_5+\eta_{gl})$	0.984
16	饱和蒸汽压力	p_{bq}	MPa	绝对压力	1.350
17	饱和温度	t_{bq}	℃	按$p=1.35$ MPa（绝对压力）查水蒸气表	193.4
18	饱和蒸汽焓	h_{bq}	kJ/kg	按$p=1.35$ MPa（绝对压力）查水蒸气表	2 788.22
19	饱和水焓	h_{bs}	kJ/kg	按$p=1.35$ MPa（绝对压力）查水蒸气表	822.67
20	汽化潜热	r	kJ/kg	按$p=1.35$ MPa（绝对压力）查水蒸气表	1 965.50
21	给水温度	t_{gs}	℃		104.0
22	给水压力	p_{gs}	MPa	绝对压力	1.37
23	给水焓	h_{gs}	kJ/kg	按$p=1.37$ MPa（绝对压力）查水蒸气表	436.9
24	排污率	ρ	%		2
25	锅炉每小时有效吸热量	Q_{gl}	kJ/h	$10^3[(D+D_{zy})(h_{bq}-h_{gs}-rW/100)+\rho D/100(h_{bs}-h_{gs})]$	35 796 961
26	燃料消耗量	B	Nm³/h	$100Q_{gl}/(Q_r\eta_{gl})$	1 084
27	计算燃料消耗量	B_j	Nm³/h	$B(100-q_4)/100$	1 084

由计算结果可见，锅炉热效率η_{gl}满足表1-1的规定。

第七章 炉膛的传热计算

传统的锅壳式燃油燃气锅炉的受热面主要包括炉膛(炉胆,有回燃室时,可将回燃室与炉胆合并考虑)和烟管,节能型锅壳式燃油燃气锅炉的受热面还有节能器,天然气锅炉还可以采用烟气冷凝器。其中,炉膛以辐射换热为主,其换热量占锅炉总换热量的比例一般超过50%,甚至可能达到70%。通过炉膛换热计算,确定炉膛的传热量和炉膛出口烟气温度,而炉膛出口烟气温度是锅炉的一个重要参数,它不仅影响到后续受热面的布置和传热,还直接影响管板能否安全运行,因此炉膛的换热计算十分重要,但由于炉膛内既有燃烧反应的化学过程,又有能量交换的物理过程,因此炉膛的传热十分复杂。

第一节 炉膛的结构设计

锅壳式燃油燃气锅炉炉膛的传热计算通常按照校核计算来进行,即在已知炉膛的结构条件下,计算炉膛的出口烟气温度,然而根据炉膛出口烟气温度的目标值,调整炉膛的结构。由于炉膛同时承担燃烧和换热的任务,良好的燃烧又是换热的先决条件,因此炉膛的结构不仅要满足获得理想的炉膛出口烟气温度,还要满足燃烧对空间的要求。

为了避免烟管和管板的连接处在热应力和流体压力的共同作用下产生管板裂纹,三回程锅壳式蒸汽锅炉的炉膛(包括回燃室)出口烟气温度应适当控制,不宜过高;对热水锅炉除了应对烟管和管板的连接焊缝进行耐火保护,以防止出现过冷沸腾导致管板裂纹外,更应适当降低进入管子和管板处的烟气温度。但炉膛出口温度也不能过低,否则炉温太低,会影响炉内燃烧及换热强度,甚至会烧不起来。显然,通过改变炉壁面积可以改变炉膛出口烟气温度,而炉壁面积主要受炉胆长度和直径的影响。

炉胆的结构设计可以参考以下过程。

一、燃烧器选型

燃烧器选型应遵循以下原则:

(1) 根据燃料来选择。要考虑燃料的种类和特性(压力、组分、热值、杂质、腐蚀性介质含量等)。

(2) 燃烧器出力应与锅炉容量相匹配。燃烧器出力也称为燃烧器热功率,是指燃烧器单位时间输入锅炉的热量。单台燃烧器的热功率按下式计算:

$$G = \beta \times \frac{BQ_{net,ar}}{3\,600n} \quad \text{kW} \tag{7-1}$$

式中:B——额定负荷下锅炉燃料消耗量,kg/h 或 Nm^3/h。

$Q_{net,ar}$——燃料收到基低位发热量,kJ/kg 或 kJ/Nm^3。

n——燃烧器数量。每个炉胆配备一个燃烧器。蒸发量不超过 15 t/h 或供热量不超过 12 W 的锅炉一般采用单炉胆布置,蒸发量在 15~30 t/h 之间或供热量在 12~24 MW 之间的锅炉一般采用双炉胆布置。

β——余量系数,取 1.1。

需要指出的是,目前燃油燃气锅炉一般多选用国外品牌的燃烧器,而国外品牌燃烧器的热功率范围是按照国外锅炉容量系列进行匹配的,与我国锅炉容量系列不太匹配。在选择燃烧器时应尽量匹配。

(3) 燃烧器背压足以克服锅炉烟风阻力。

(4) 火焰形状与锅炉燃烧室相匹配。

(5) 考虑不同地域、不同环境对燃烧器要求的影响。例如,随着海拔高度的增加,空气密度降低,会使空气中的氧含量和风机压力减小,从而影响燃烧器出力与锅炉的匹配性。

(6) 选择符合国家环保标准的烟气污染物排放量和噪声水平。

二、确定火焰的直径和长度

向生产厂家或代理商索要燃烧器火焰的直径和长度与燃料消耗量或所需的燃烧器热功率的关系曲线,根据燃料消耗量或燃烧器热功率确定火焰的直径和长度。例如,某厂设计 8 t/h 燃油蒸汽锅炉,其计算燃料消耗量为 500 kg/h 左右。在关系曲线上可以查到,此时对应的火焰直径为 $\phi=0.85\sim1.025$ m,火焰长度为 $L=3.85\sim4.75$ m。一般燃用轻油时取中间值,燃用重油时取上限;燃用天然气时,长度取上限,直径取中间值,如图 7-1 所示。

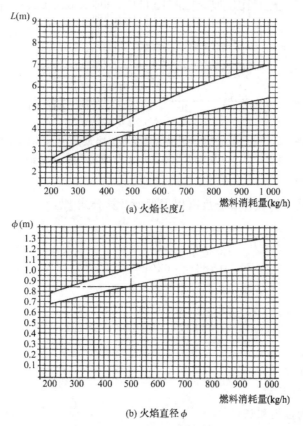

图 7-1 某燃烧器火焰长度、火焰直径和燃料消耗量之间的关系曲线

威索(WeiShaup)公司提供的 1～10 t/h 锅炉油燃烧器火焰直径、长度实测数据如图 7-2 所示。

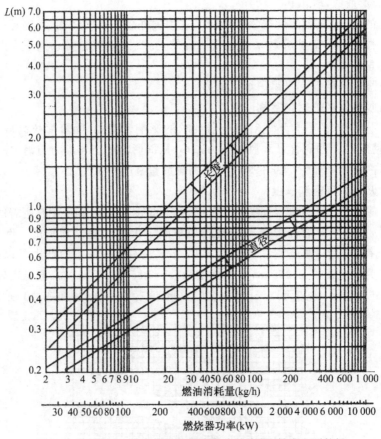

图 7-2 WeiShaup 公司提供的燃烧器火焰直径、长度实测数据

注：图中数据均为近似值，很大程度上取决于燃烧室的压力及烟气系统，燃重油时直径、长度取最大值；燃轻油时直径、长度均取中间值；燃气时长度取最大值，直径取中间值。

燃油燃气燃烧器火焰直径和长度有以下近似计算公式[18]：

油燃烧器：

$$d_f = B^{0.31}[0.147-0.02(1-e^{-20(\alpha-1)})] \quad \text{m} \quad (7\text{-}2)$$

$$L_f = B^{0.5}[0.182-0.02(1-e^{-16(\alpha-1)})] \quad \text{m} \quad (7\text{-}3)$$

燃气燃烧器：

$$d_f = N^{0.31}[0.069-0.009(1-e^{-20(\alpha-1)})] \quad \text{m} \quad (7\text{-}4)$$

$$L_f = N^{0.38}[0.126-0.01(1-e^{-16(\alpha-1)})] \quad \text{m} \quad (7\text{-}5)$$

式中：B——燃料消耗量，kg/h；

N——功率，kW；

α——过量空气系数。

三、确定炉胆的直径和长度

炉胆的直径应该稍大于最大火焰直径尺寸，炉胆的长度应该大于最大火焰长度尺寸，且要求有50～100 mm的余量[19]。燃烧应该在炉胆内完成。否则,如果燃烧空间不足,不仅会影响充分燃烧,而且还会造成火焰直接冲刷受热面,造成受热面结焦和积炭;相反,如果燃烧空间过大,则会造成火焰充满度差、炉内温度低的现象。如果炉胆的直径过大,则会加大管板和锅壳筒体的直径。

欧盟标准EN12953(对应的英文版本是BS EN12953[18])对炉胆内的截面热负荷的上限做了规定,即规定了一定的热负荷对应的炉胆最小内径,如图7-3所示。并且规定,对于热负荷超过1 MW的炉胆,不应使用固定燃烧率的单级燃烧器。我国虽然没有类似的规定,但建议在设计时可以作为参考。

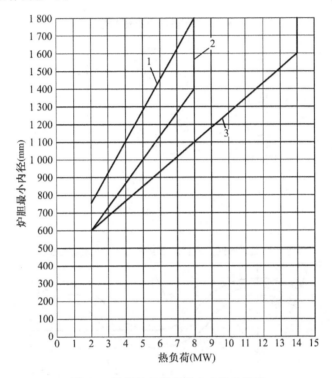

图7-3 炉胆热负荷与最小内径关系图

图7-3中,曲线2适用于材料为P265GH的燃油锅炉炉胆,曲线3适用于材料为P295GH和P355GH的燃油锅炉炉胆。P265GH对应国内牌号是25MnG,P295GH与国内Q295R比较接近,P355GH相当于国内的Q345R。对于波形炉胆,最小内径d_i可以减去波深。燃气锅炉的热负荷可以比燃油锅炉增大30%。

四、确定炉胆的型式

根据GB/T16508.3—2013[21]的规定,平直炉胆计算长度一般不宜超过2 m,两端扳边时,可放至3 m。超过上述限制后,则应根据需要采用膨胀环(图7-4)或波形炉胆(图7-5),以提高整个炉胆的柔性,防止炉胆在较高温度下受约膨胀产生较大的热应力破坏结构的完整性,增大受热面积和干扰流动虽不是膨胀环或波形炉胆的主要目的,但确实会产生有利于换热的功效。

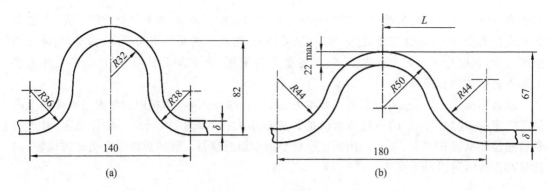

图 7-4 膨胀环结构参考图

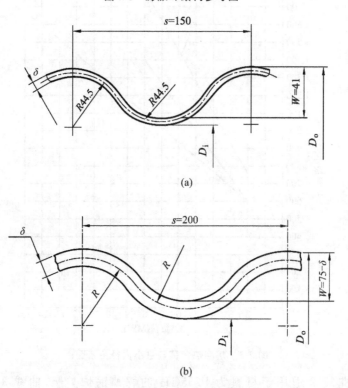

图 7-5 波形炉胆结构参考图

五、考虑是否采用锥形炉胆

对于热水锅炉来说,采用锥形炉胆可以缩小回燃室和锅炉的整体尺寸并布置较多的烟管,一般情况下筒体尺寸可以缩小 100～200 mm。但若为蒸汽锅炉,由于锅壳内需要蒸汽空间,那么采用锥形炉胆就没有必要。

六、考虑炉胆在管板上的位置

炉胆在管板上的位置变化较多,图 7-6 中采用偏置炉胆,但偏置炉胆存在如下缺点:① 锅内水循环差,易结垢,容易出现烟管烧坏的情况;② 给水直接进入整个筒体,不利于烟气对水的加热,烟气排出时温度仍比较高,传热效率偏低。文献[22]建议通过加装隔板来改善水循环,见图 7-7。目前较多地采用轴对称的炉胆结构,如图 7-8(b)所示。

第七章　炉膛的传热计算

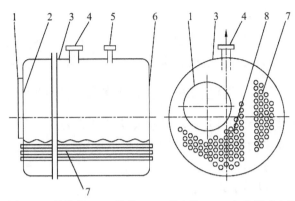

1—炉胆；2—前管板；3—筒体；4—进水管；5—出水管或出汽管；
6—后管板；7—第三回程烟管束；8—第二回程烟管束。

图 7-6　现有偏置炉胆卧式内燃锅壳式锅炉

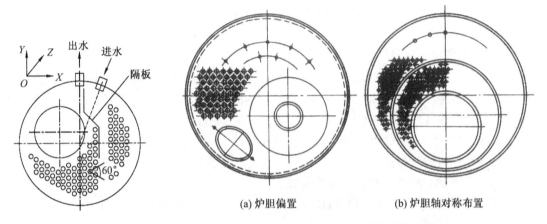

图 7-7　带隔板偏置炉胆锅炉结构　　　图 7-8　炉胆在管板上的位置

如果是双炉胆,在管板上的位置一般如图 7-9 所示。

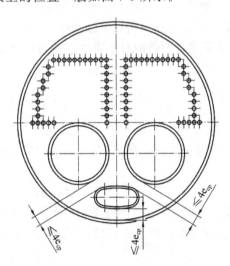

图 7-9　双炉胆在管板上的位置

七、确定回燃室尺寸

回燃室的直径主要取决于第一回程烟管的数量和布置,应该通过作图法来确定,长度则以转弯处烟气流速介于炉胆出口处烟气流速与第一回程烟管进口处烟气流速之间为宜。

第二节　借鉴标准方法的炉膛传热计算方法

锅壳式燃油燃气锅炉炉膛的传热计算没有公认的计算公式,不少锅炉厂采用的是苏联1973年出版的《锅炉机组热力计算标准方法》[13](以下简称《标准》)里介绍的经典方法,本节先对《标准》中的方法作一介绍。

炉膛出口烟气温度可以用下式计算:

$$\vartheta_l'' = T_l'' - 273 = \frac{T_{ll}}{M\left(\dfrac{5.67\times10^{-11}\psi F_l a_l T_{ll}^3}{\varphi B_j \overline{Vc_p}}\right)^{0.6} + 1} - 273 \quad \text{℃} \tag{7-6}$$

式中:ϑ_l''——炉膛出口烟气温度,当有回燃室时,为回燃室出口烟气温度,℃;

T_l''——炉膛出口烟气温度,K;

T_{ll}——理论燃烧温度,K;

$\overline{Vc_p}$——在 T_{ll} 和 T_l'' 的温度区间内,每千克燃油或每标准立方燃气燃烧所产生烟气的平均热容量,kJ/(kg·K) 或 kJ/(Nm³·K),其中的 c_p 是烟气的定压容积比热,kJ/(m³·K);

B_j——每秒的计算燃料耗量,kg/s 或 Nm³/s;

ψ——热有效系数;

φ——考虑炉膛散热损失的保热系数;

F_l——炉膛包覆面积,当有回燃室时,应包括回燃室的包覆面积,m²;

a_l——炉膛黑度;

M——经验系数。

一、炉膛有效放热量 Q_l、理论燃烧温度 T_{ll} 与烟气的平均热容量 $\overline{Vc_p}$

炉膛有效放热量和理论燃烧温度分别代表炉膛内燃烧放热的数量和质量两个方面。

炉膛有效放热量 Q_l 对实际参与燃烧的每千克燃油或每标准立方燃气而言,将加入炉膛的各种热量计入,即

$$Q_l = Q_r \frac{100 - q_3 - q_4 - q_6}{100 - q_4} + Q_k \quad \text{kJ/kg 或 kJ/Nm}^3 \tag{7-7}$$

式中:Q_r、q_3、q_4、q_6——见第六章第一节;

Q_k——燃烧需要的空气带进炉膛的热量,锅壳式燃油燃气锅炉一般不配置空气预热器,因此

$$Q_k = \alpha_l'' V_k^0 (ct)_{lk} \quad \text{kJ/kg 或 kJ/Nm}^3 \tag{7-8}$$

理论燃烧温度 ϑ_{ll} 指的是绝热燃烧温度,即假设燃料燃烧后生成高温烟气,但烟气不向四周放热,这种情况下烟气的温度是最高的。由式(7-7)求得 Q_l 后,根据 α_l'' 可方便地从烟气温焓表中求得 ϑ_{ll},于是

$$T_{ll} = \vartheta_{ll} + 273 \quad \text{K} \tag{7-9}$$

显然 ϑ_{ll} 越高,反映了炉膛温度水平越高,越有利于改善燃烧和增强传热。对发热量高的燃料 ϑ_{ll} 也较高。对一定燃料而言,减少 α''_{ll} 也有利于 ϑ_{ll} 的提高。不过应当指出,由于炉膛内传热过程的存在,燃料燃烧并不是在绝热条件下进行,故实际上炉膛烟气达不到理论燃烧温度,理论燃烧温度仅作为炉膛传热计算的一个参数。

在 T_{ll} 和 T''_l 的温度区间内,每千克燃油或每标准立方燃气燃烧所产生烟气的平均热容量为

$$\overline{Vc_p} = \frac{Q_l - h''_l}{T_{ll} - T''_l} \quad \text{kJ/(kg·K) 或 kJ/(Nm}^3\text{·K)} \tag{7-10}$$

式中:h''_l——炉膛出口处烟气的焓,kJ/kg 或 kJ/Nm³。

二、热有效系数 ψ

热有效系数是炉膛的吸热量与投射到炉膛壁面上的热量的比值。

$$\psi = \xi x \tag{7-11}$$

式中:ξ——炉膛壁面的沾污系数;

x——有效角系数。

由于炉胆和回燃室壁面都是受热面,所以 $x=1$,因此 $\psi=\xi$。沾污系数 ξ 的数值列于表 7-1 中。

表 7-1　炉胆和回燃室壁面沾污系数 ξ

炉壁表面涂覆情况	燃料种类	ξ 值
无涂覆	燃气	0.65
	重油	0.55
有耐火涂料	所有燃料	0.20
覆盖耐火砖	所有燃料	0.10

由于炉膛壁面不是绝对黑体,火焰和高温烟气投射到炉膛壁面的热量,其中有一部分又被炉膛壁面反射给火焰。此外,炉膛壁面由于沾污,表面温度升高,本身具有相当的辐射能力。ψ 值愈大,表示受热面吸收的热量相对越多。

三、炉膛黑度 a_l

炉膛黑度可以用下式计算:

$$a_l = \frac{a_{hy}}{a_{hy} + \psi(1 - a_{hy})} \tag{7-12}$$

式中:a_{hy}——火焰黑度。

在燃用气体或液体燃料的火焰中,主要辐射介质是三原子气体 CO_2 和 H_2O 及悬浮在火焰中细微的碳黑粒子,火焰的黑度可认为由火焰中的发光部分的黑度 a_{fg} 和不发光部分的黑度 a_{bfg} 所合成,即

$$a_{hy} = m a_{fg} + (1-m) a_{bfg} \tag{7-13}$$

式中:m——发光部分在火焰中所占份额,它取决于炉膛容积热负荷 q_v。当 $q_v \leqslant 406$ kW/m³ 时,对气体燃料,$m=0.1$;对液体燃料,$m=0.55$;当 $q_v \geqslant 1163$ kW/m³ 时,对气体燃料,$m=0.6$;对重油,$m=1$。在上述两容积热负荷之间的 m 值,可用直线

内插法确定。

火焰发光部分的黑度用下式计算：

$$a_{fg}=1-e^{-(k_q r_q+k_{th})ps} \tag{7-14}$$

火焰不发光部分即三原子气体的黑度用下式计算：

$$a_{bfg}=a_q=1-e^{-k_q r_q ps} \tag{7-15}$$

以上两式中：r_q——火焰中三原子气体总的容积份额，$r_q=r_{RO_2}+r_{H_2O}$；

k_q——三原子气体的辐射减弱系数，$1/(m \cdot MPa)$。按以下经验公式进行计算：

$$k_q=10\left(\frac{0.78+1.6r_{H_2O}}{\sqrt{10p_q s}}-0.1\right)\left(1-0.37\frac{T_l''}{1\,000}\right) \quad 1/(m \cdot MPa) \tag{7-16}$$

式中：p_q——火焰中三原子气体总的分压力，$p_q=p \cdot r_q$ MPa；

k_{th}——火焰中碳黑粒子的辐射减弱系数，按下式计算：

$$k_{th}=0.3(2-\alpha_l'')\left(1.6\frac{T_l''}{1\,000}-0.5\right)\frac{C_{ar}}{H_{ar}} \quad 1/(m \cdot MPa) \tag{7-17}$$

式中：$\frac{C_{ar}}{H_{ar}}$——收到基燃料中碳与氢含量的比值，若$\frac{C_{ar}}{H_{ar}}$值越大，则火焰中碳黑粒子的浓度越大，k_{th}就越高。对气体燃料，

$$\frac{C_{ar}}{H_{ar}}=0.12\sum\frac{m}{n}C_m H_n \tag{7-18}$$

α_l''——炉膛出口处的过量空气系数，α_l''越小，火焰中碳黑粒子浓度越高。当$\alpha_l''=2$时，碳黑浓度较小，不再对辐射有减弱作用，此时$k_{th}=0$。

T_l''——炉膛出口烟温，T_l''越高，相应的炉内温度也越高，炉内碳氢化合物分解就强烈，火焰中碳黑浓度变大，使k_{th}增大。

p——炉膛内介质压力，可以取$p=0.1$ MPa。

s——有效辐射层厚度，可由下式计算：

$$s=3.6\frac{V_l}{F_l} \quad m \tag{7-19}$$

式中：V_l——炉膛有效容积，当有回燃室时，应包括回燃室的有效容积，m^3；

F_l——炉膛包覆面积，当有回燃室时，应包括回燃室的包覆面积，m^2。

四、经验系数 M

M 和燃料的性质、燃烧方法、燃烧器布置的位置、炉内火焰温度平均值与绝热温度的关系等因素有关。对于燃油燃气锅炉，

$$M=0.54-0.2x_h \tag{7-20}$$

式中：x_h——火焰中心相对高度，$x_h=\frac{h_r}{h_l}+\Delta x$。$h_r$是燃烧器高度，$h_l$是炉膛高度，$\Delta x$是修正系数。

《标准》针对的是燃烧器水平喷射、烟气上行的室燃炉，即火焰喷射方向与烟气流向是垂直的，因此上式中h_r是燃烧器的布置高度，h_l是炉膛的高度。而锅壳式燃油燃气锅炉的燃

烧器射流方向与烟气流动方向是平行的,对于卧式锅壳式锅炉来说也不存在炉膛高度的问题,因此火焰中心的相对位置应该用火焰最高温度点离燃烧器喷口距离与炉膛长度之比来表示,即

$$x_h = \frac{l_{max}}{l} \tag{7-21}$$

式中:l_{max}——火焰温度最高点到燃烧器喷口的距离;

l——炉膛的长度,当有回燃室时,l 取炉胆长度与回燃室的长度之和。

火焰最高温度点至燃烧器喷口的距离一般是火焰长度的 28%～36%[18]。因此,如果能够确定火焰最高温度点的相对位置,就能解决采用《标准》中公式时的参数对应问题。当然,还应该注意到传统室燃炉与锅壳式锅炉炉内传热之间还有以下不同:

(1) 式(7-20)适用于渣油和重质重油,这两种燃油雾化后的油滴直径大,燃油析碳倾向大,残碳燃尽时间长,炉膛容积热负荷和截面热负荷均低。而锅壳式燃油燃气锅炉使用的燃料通常为柴油和 60 号以下的中质重油,轻烃蒸发快,燃尽时间短,炉膛容积热负荷大。

(2) 锅壳式锅炉的炉膛内火炬平直冲刷,火焰充满度远较传统室燃炉好,炉膛内温度场特别是横向温度场分布比较均匀。

(3) 传统室燃炉炉膛内烟气速度低,对流换热量一般不超过 5%,热力计算时忽略不计。而锅壳式锅炉炉膛内烟速高,对流换热约占整个炉膛吸热量的 8%～16%。因此用公式(7-20)计算得到的 M 是偏小的。有的锅炉厂设计时通过取较小的 x_h 来补偿。

炉膛内烟速随着锅炉容量增加而增大,烟速增大使火焰中心有后移的趋势,同时考虑到火焰的长度对炉膛出口烟温也有一定的影响(图 7-10),一种变通的办法是用火焰长度代替火焰中心位置进行修正,并把对流换热及回燃室结构因素一并考虑进去,则

$$M = a - b x_d \tag{7-22}$$

上式中,$x_d = \dfrac{l_{火焰}}{l_{炉胆} + l_{回燃室}}$;$a$、$b$ 是系数,根据衡阳锅炉厂实测数据的数学计算结果:$a = 1.01$,$b = 0.49$。

文献[18]对张家口三北-拉法克锅炉有限公司的 WNS 系列 1～10 t/h 燃油(气)锅炉进行了计算,得到的炉膛出口烟温的计算值与实测值有很好的相符性,误差小于 50 ℃。

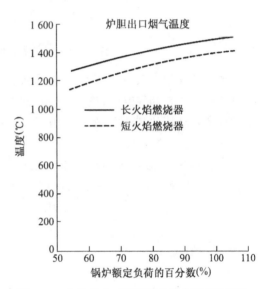

图 7-10 火焰长度对炉膛出口烟气温度的影响

五、炉膛传热计算的步骤

炉膛传热计算是在燃料燃烧计算和热平衡计算之后进行的,炉膛传热计算(校核计算)的步骤如下:

(1) 根据已有炉膛的结构尺寸(对原有锅炉因燃料变化等原因需要进行校核计算时)或者根据预先拟定好的炉膛大致尺寸的布置草图(设计新锅炉时)确定炉膛(当有回燃室时包

括回燃室）的结构特性。计算炉膛换热壁面积 F_b、炉膛包覆面积 F_l 和炉膛容积 V_l；确定炉膛壁面的结构特性并计算炉内有效辐射受热面积 H_f、炉膛的平均热有效系数 ψ 及炉膛的辐射层厚度 s。

（2）计算燃料在炉内的有效放热量 Q_l，在选定炉膛过量空气系数 α_l'' 和 $\Delta\alpha_l$ 的情况下，由温焓表求得理论燃烧温度 ϑ_{ll}。

（3）先假定一个炉膛出口烟气温度 ϑ_l''，在温焓表中求得相应的 h_l''，从而可求得烟气的平均热容量 $\overline{Vc_p}$。

（4）计算火焰黑度 a_{hy} 和炉膛黑度 a_l。

（5）计算炉膛出口烟气温度 ϑ_l''，其结果应当与求烟气平均热容时所假定的温度值基本相同。若误差大于 100 ℃，则须再假定 ϑ_l'' 并重新计算，直到误差小于 100 ℃ 为止，最后以计算所得的 ϑ_l'' 为准。

（6）判断 ϑ_l'' 值是否合理。对于新设计的锅炉，不合理则回到步骤(1)调整炉膛的结构后重新计算，合理则进一步计算辐射受热面平均热强度 q_f 和容积平均热强度 q_v。

$$q_f = \frac{Q_f}{H_f} \quad \text{kW/m}^2 \tag{7-23-1}$$

$$q_v = \frac{Q_f}{V_l} \quad \text{kW/m}^3 \tag{7-23-2}$$

上面两式中：Q_f——炉内辐射换热量，按下式计算

$$Q_f = \varphi B_j (Q_l - h_l'') \quad \text{kW} \tag{7-24}$$

第三节 其他炉膛传热计算方法简介

前一节介绍了采用苏联 1973 年出版的《锅炉机组热力计算标准方法》提供的设计公式来计算炉膛出口烟气温度，该方法应用较多，但涉及的参数较多，计算较复杂。本节简要介绍炉膛传热计算的其他方法，这些方法具有更多经验性，供读者参考。

一、四次方温差公式

根据传热学原理，火焰与炉膛壁面之间的辐射换热量为

$$Q = \frac{a_{xt} \sigma_0 H_f (T_{hy}^4 - T_b^4)}{B_j} \quad \text{kJ/kg 或 kJ/Nm}^3 \tag{7-25}$$

而

$$a_{xt} = \frac{1}{\dfrac{1}{a_{hy}} + \dfrac{1}{a_b}} \tag{7-26}$$

式中：Q——辐射换热量；

σ_0——绝对黑体的辐射常数，其值为 5.67×10^{-11} kW/(m²·K⁴)；

T_{hy}——火焰的平均温度，K；

T_b——炉膛壁面灰污层表面温度，K；

H_f——有效辐射受热面积；

B_j——计算燃料消耗量，kg/s 或 Nm³/s；

a_{xt}——炉膛的系统黑度；

a_{hy}——火焰的黑度；

a_b——炉膛壁面的黑度。

将炉膛的系统黑度 a_{xt} 简化为常数，这样公式(7-25)可改写为

$$Q=\frac{CH_f}{B_j}\left[\left(\frac{T_{hy}}{100}\right)^4-\left(\frac{T_b}{100}\right)^4\right] \quad \text{kJ/kg 或 kJ/Nm}^3 \tag{7-27}$$

式中：C——辐射换热系数，$kW/(m^2 \cdot K)$。C 值只能根据经验来确定，一般对小容量的工业燃油燃气锅炉的炉膛，C 取 11～17；计算烟气辐射时取下限[16]。

T_{hy}——火焰的平均温度。T_{hy} 的计算方法有以下几种：

1. 算术差值法

$$T_{hy}=T_l''+\frac{1}{4}(T_{ll}-T_l'') \quad \text{K} \tag{7-28}$$

式中：T_l''——设计计算时假定的炉膛出口烟气温度，K；

T_{ll}——按入炉热量确定的理论燃烧温度，K。

这种计算方法是基于经验公式，和式(7-27)确定的参数相对应，该式计算比较简单，在实际计算时应用较多。

2. 几何平均法

$$T_{hy}=0.9T_{ll}^{(1-n)}T_l''^n \quad \text{K} \tag{7-29}$$

该公式类似于求解锅炉炉内烟气平均温度常用的卜略克-肖林公式，n 反映了燃烧工况对炉内温度场的影响，对燃油燃气锅炉而言，可取 $n=0.5$。

3. 参数法

$$T_{hy}=\tau T_l'' \quad \text{K} \tag{7-30}$$

式中：τ——参数，用下式计算

$$\tau=[0.44\times\theta^4+0.14(\theta^3+\theta^2+\theta+1)]^{0.25} \tag{7-31}$$

$$\theta=1+\frac{1}{3}\left(\frac{T_{ll}}{T_l''}-1\right) \tag{7-32}$$

4. 几何参数法

$$T_{hy}=T_l''[\tau'(1-X_{max})]^{0.25} \quad \text{K} \tag{7-33}$$

式中：τ'——参数，用下式计算

$$\tau'=\frac{1}{\left(\frac{T_l''}{T_{ll}}\right)^3+\left(\frac{T_l''}{T_{ll}}\right)^2+\left(\frac{T_l''}{T_{ll}}\right)} \tag{7-34}$$

炉膛壁面灰污层表面温度 T_b 按下式计算：

$$T_b=1000\varepsilon q_f+T_{gb} \quad \text{K} \tag{7-35}$$

式中：T_{gb}——炉膛壁面的金属表面温度，取为锅炉工作压力下水的饱和温度，K；

ε——炉膛壁面灰污层的热阻，其值取决于燃料性质和炉内的燃烧工况，一般取 $\varepsilon=0.0026(m^2 \cdot ℃)/W$；

q_f——辐射受热面的平均热负荷，其值为

$$q_{\mathrm{f}} = \frac{B_{\mathrm{j}}Q}{H_{\mathrm{f}}} = \frac{\varphi B_{\mathrm{j}}\overline{Vc_{\mathrm{p}}}}{H_{\mathrm{f}}}(T_{\mathrm{ll}} - T''_l) \qquad \mathrm{kW/m^2} \tag{7-36}$$

实际设计中,T_b通常用下式简化计算:

$$T_{\mathrm{b}} = T_{\mathrm{gb}} + 90 \qquad \mathrm{K} \tag{7-37}$$

式(7-37)采用的是传热学中火焰和炉壁传热的基本方程式,简单易用,比较适合中小型燃油燃气锅炉的炉内传热计算。关键是针对具体锅炉要选择合适的 C 值,如果选择不当,将造成较大的误差。

二、波形炉胆理论传热公式

文献[23]认为锅壳式燃油燃气锅炉的炉膛结构已经模型化,非常接近理论分析的模型,而且油气燃料的燃烧条件、燃烧过程及完全燃烧的时间不同于固体燃料,燃尽时间相对很短;据多次观察和分析,在燃烧器和炉型匹配且燃烧良好的情况下,从时间和空间的利用份额来看,这种模型化的炉膛内燃烧化学过程几乎可以忽略不计,炉内过程基本仅为高温烟气(发光火焰和不发光火焰)和灰体壁面之间的辐射换热过程。因此,可以应用热辐射理论公式进行锅壳式燃油燃气锅炉炉膛内的辐射换热量计算。

文献[23]提出的 WNS 型锅壳式燃油燃气锅炉波形炉胆内可以应用的理论传热公式如下:

$$Q_{1,2}^{\mathrm{cr}} = \frac{5.67 \times 10^{-11} A_1 (\varepsilon_1^{T_y} T_y^4 - \varepsilon_1^{T_w} T_w^4)}{1 + 0.042 \varepsilon_1^{T_w}} \tag{7-38}$$

式中:A_1——波形炉胆的内表面积,$\mathrm{m^2}$;

T_{w}——附着在炉胆受热面上烟灰烟炱层内表面热力学温度,K。T_{w} 通过图 7-11 所示的导热机理按导热方程式准确地计算出来。设炉胆金属导热系数为 λ_{j},W/(m·K),烟灰烟炱导热系数为 λ_{yt},W/(m·K),炉胆内半径为 r_2,m,外半径为 r_3,m,烟灰烟炱层厚度为 $\delta_{\mathrm{yt}} = r_2 - r_1$,m,则根据传热学[24]中多层圆筒壁的导热公式可得

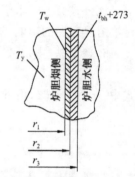

图 7-11 固体导热计算图

$$T_{\mathrm{w}} = t_{\mathrm{bh}} + 273 + q_{1,2} \cdot r_3 \left(\frac{\ln \frac{r_3}{r_2}}{\lambda_{\mathrm{j}}} + \frac{\ln \frac{r_2}{r_1}}{\lambda_{\mathrm{yt}}} \right) \tag{7-39}$$

T_y——炉胆内高温烟气的平均热力学温度,K。燃料燃烧后产生的高温烟气在恒定流向炉胆出口的过程中,随着辐射换热的进行,理论的绝热燃烧温度 T_{jr} 逐渐降低直至炉胆出口处的 T''_l。然而作为换热的炉胆壁面上的烟灰烟炱层内表面温度 T_{w} 按运行要求却保持不变。这样,炉胆内的烟气温度和 T_{w} 的温差 $\Delta T = T_{\mathrm{x}}$ 沿程将按某一曲线变化,采用微分、积分数学处理后,平均温差 ΔT 就是常说的对数平均温差。

$$\Delta T = T_{\mathrm{y}} - T_{\mathrm{w}} = \frac{\Delta T_{\max} - \Delta T_{\min}}{\ln \frac{\Delta T_{\max}}{\Delta T_{\min}}} = \frac{T_{\mathrm{jr}} - T''_l}{\ln \frac{T_{\mathrm{jr}} - T_{\mathrm{w}}}{T''_l - T_{\mathrm{w}}}} \tag{7-40}$$

于是

$$T_y = T_w + \frac{T_{jr} - T_l''}{\ln\dfrac{T_{jr} - T_w}{T_l'' - T_w}} \quad (7\text{-}41)$$

上式中：T_{jr}——绝热燃烧温度，即理论燃烧温度，K。

$\varepsilon_1^{T_y}$、$\varepsilon_1^{T_w}$——分别为烟气在温度 T_y 和 T_w 时的黑度，按照标准计算方法[13]中的有关公式确定，只是其中的烟气温度不是炉胆出口温度，而是 T_y 或 T_w。

上述方法假设烟灰烟炱层为灰体，并且不考虑温度变化对其热辐射特性的影响，黑度值直接取 0.96。由于燃料的性质和燃烧情况的不同都会影响烟灰烟炱层的成分和烟灰烟炱层厚度，这样的处理是不够严谨的，烟灰烟炱层厚度也难以精确确定。

另外需要指出的是，文献[23]的作者用排烟温度接近实测值的方法来证明该公式的准确性的做法是有问题的。因为炉膛出口烟气温度的偏差，会造成下游对流受热面传热温差同向变化，从而对流受热面计算换热量的同向变化，两者相抵后，排烟温度的偏差会减小。

文献[25]以 WNS10-1.25-YZ 锅炉为例，利用 Excel 对上述三种方法分别计算，将其结果进行了比较，见表 7-2。

表 7-2 三种计算方法的比较

计算方法	炉膛出口烟气温度(℃)	第二回程进口温差(℃)	第二回程出口温差(℃)	第二回程对数平均温差(℃)	第三回程对数平均温压(℃)	排烟温度(℃)
标准公式	1 036	842	234	475	144	274
四次方温差公式	919	725	213	418	131	267
波形炉胆理论传热公式	917	723	214	418	132	268

从表 7-2 可以看出，三个公式在炉膛出口温度上均不相同，"标准公式"的计算结果最高，与其他两个公式相差较多，达到 119 ℃，但三个公式最后计算的排烟温度却基本一致，相差最大者不到 10 ℃。分析其原因，从表 7-2 可以看出在其他条件相同的情况下，当炉膛出口烟温由低到高时，其后面对流部分的对数平均温差亦随之升高，但是随着回程数增加，三个公式的对数温压开始趋于一致，所以三个公式计算的排烟温度也就相差不大。

由于排烟温度三者计算值相差不大，炉膛出口烟温与炉膛的结构型式、尺寸、沾污系数选取、选用的燃烧器等多种因素有关，因此在无权威和公认准确实测值的情况下，判断哪个炉膛出口烟气温度更符合实际比较困难。这个问题还有待于进一步的研究和试验。

三、卧式内燃三回程燃油锅炉炉膛出口烟温的经验公式

文献[26]提出了卧式内燃三回程燃油锅炉炉膛出口烟温的经验公式，即

$$\vartheta_l'' = k \cdot \sqrt[4]{\frac{\sqrt{D} B Q_{net,ar}}{dF}} - 273 \quad (7\text{-}42)$$

式中：k——系数，柴油为 38.5，重油为 38.9；

D——锅炉蒸发量，t/h；

d——炉胆直径，m；

B——燃料消耗量，kg/h；

$Q_{net,ar}$——燃料收到基低位发热量，kJ/kg；

F——辐射受热面积，m^2。

该公式的应用条件如下：

(1) 使用的燃料为柴油和 60 号以下的中质重油；

(2) 使用机械压力雾化，雾化油滴直径小，约为 40 μm；

(3) 高温烟气冲刷辐射受热面流速 6~16 m/s，对流换热量占炉内总换热量的 8%~16%；

(4) 微正压燃烧，空气无预热；

(5) 锅炉蒸发量为 0.5~6 t/h。

四、简易计算公式

文献[27]提供了锅壳式燃油燃气锅炉炉膛出口烟气温度的简易计算公式：

$$\vartheta_l'' = \left[C \cdot \left(\frac{Q_l}{H_f} \right)^{0.25} - 32 \right] / 1.8 \quad \text{℃} \tag{7-43}$$

式中：ϑ_l''——炉膛出口第一烟管管束进口的烟气温度，℃；

H_f——炉膛的辐射受热面积，m^2，包括炉胆的内表面积和受炉胆出口烟气辐射的管板面积(不应扣除烟管孔所占据的管板面积)，当炉胆出口带有水冷的烟气转向室(如湿背式燃油燃气锅炉的回燃室)或具有用水冷壁管构成的水冷后烟箱时，还应将其水冷面积计算在内，计算炉胆的辐射受热面积时，不必考虑灰污系数；

C——系数，重油取 $C=55.3$，天然气取 $C=67.1$；

Q_l——进入锅炉的热量，kJ/h，对于饱和蒸汽锅炉，

$$Q_l = \frac{D \cdot (h_{bq} - h_{gs})}{\eta} \quad \text{kJ/h} \tag{7-44}$$

式中：D——锅炉的蒸发量，kg/h；

h_{bq}——设计压力下的饱和蒸汽焓，kJ/kg；

h_{gs}——锅炉给水焓，kJ/kg；

η——以燃料低位发热量计算的锅炉热效率，%。

对于热水锅炉，

$$Q_l = \frac{Q}{\eta} \quad \text{kJ/h} \tag{7-45}$$

式中：Q——热水锅炉的供热量，kJ/h。

第四节 炉膛传热计算举例

【例 7-1】 以 WNS15-1.25-Q 锅壳式锅炉为对象，以例 6-1 为基础，对锅炉的炉膛进行热力计算。炉膛的结构尺寸如例图 7-1 所示。

第七章 炉膛的传热计算

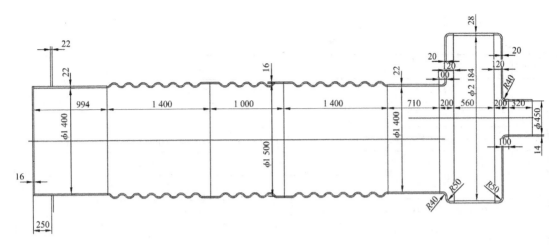

例图 7-1

解：(1) 炉膛结构特性计算。

例表 7-1 炉膛结构特性计算表

序号	名称	符号	单位	计算及说明	结果
1	平炉胆直径	d_{zl}	m		1.400
2	波纹炉胆直径	d_{wl}	m		1.500
3	平炉胆长度	l_{zl}	m	$994-(250-16)-22+710+100=1\,548$	1.548
4	波纹炉胆长度	l_{wl}	m	$1\,400+1\,000+1\,400=3\,800$，厚度 16	3.800
5	回燃室直径	d_h	m		2.184
6	回燃室长度	l_h	m	$560+120+120-20-20=760$	0.760
7	检查门直径	d_j	m		0.450
8	炉壁总包覆面积	F_l	m²	$\pi(d_{wl}l_{wl}+d_{zl}l_{zl}+d_h l_h)+\dfrac{\pi d_h^2}{4}$	37.42
9	炉膛容积	V_l	m³	$\dfrac{\pi(d_{wl}^2 l_{wl}+d_{zl}^2 l_{zl})}{4}+\dfrac{\pi d_h^2}{4}l_h$	11.95
10	未覆盖受热面积	H	m²	角系数 $x=1$； $\pi[d_{wl}(l_{wl}-0.15)+d_{zl}l_{zl}+d_h l_h]+\dfrac{\pi d_h^2}{4}\times 2-\dfrac{\pi(d_{zl}^2+d_j^2)}{4}$	35.02
11	被覆盖的受热面积		m²		0.00
12	未覆盖受热面沾污系数	ζ_1	—	重油取 0.55，轻油暂取 0.6，气体取 0.65	0.65
13	被覆盖的沾污系数	ζ_2	—	耐火砖覆盖	0.1
14	总有效辐射受热面积	H_l	m²		35.02
15	炉膛平均热有效系数	ψ	—		0.65
16	炉膛有效辐射层厚度	s	m	$3.6 V_l/F_l$	1.149
17	炉胆横截面积	F_d	m²	$\dfrac{\pi d_{wl}^2}{4}$	1.767

(2) 炉膛传热计算。

例表 7-2 炉膛传热计算表

序号	名称	符号	单位	计算及说明	结果
1	炉膛容积	V_l	m³	结构特性计算	11.95
2	炉膛有效辐射面积	H_f	m²	结构特性计算	35.02
3	炉膛包覆面积	F_l	m²	结构特性计算	37.42
4	炉膛出口温度	ϑ_l''	℃	先假设后校核	1 243.4
5	炉膛出口烟焓	h_l''	kJ/Nm³	温焓表	22 577.4
6	有效辐射层厚度	s	m	$3.6 V_l / F_l$	1.149
7	三原子气体总容积份额	r_q	—	烟气特征	0.272 1
8	三原子气体总分压力	p_q	MPa	$p r_q$, p 取 0.1 MPa	0.027 2
9	水蒸气容积份额	r_{H_2O}	—	烟气特征	0.185 5
10	炉膛出口烟气绝对温度	T_l''	K	$\vartheta_l'' + 273$	1 516
11	三原子气体辐射减弱系数	k_q	1/(m·MPa)	$10\left(\dfrac{0.78+1.6 r_{H_2O}}{\sqrt{10 p_q s}} - 0.1\right)\left(1 - 0.37 \dfrac{T_l''}{1\,000}\right)$	8.013 8
12	碳黑辐射减弱系数	k_{th}	1/(m·MPa)	$0.3(2-\alpha_l'')\left(1.6\dfrac{T_l''}{1\,000} - 0.5\right)\dfrac{C_{ar}}{H_{ar}}$	1.546
13	不发光火焰黑度	a_{bfg}	—	$1 - e^{-k_q r_q p s}$	0.222
14	发光火焰黑度	a_{fg}	—	$1 - e^{-(k_q r_q + k_{th}) p s}$	0.348
15	炉膛容积热负荷	q_v	kW/m³	$Q_r B_j / (V_l * 3\,600)$	900.010
16	发光火焰份额	m	—	$(q_v - 400) * (0.6 - 0.1)/(1\,200 - 400) + 0.1$	0.413
17	火焰有效黑度	a_{hy}	—	$m a_{fg} + (1-m) a_{bfg}$	0.274
18	平均热有效系数	ψ	—	结构特性计算	0.65
19	炉膛黑度	a_l	—	$\dfrac{a_{hy}}{a_{hy} + \psi(1 - a_{hy})}$	0.367
20	冷空气温度	t_{lk}	℃	给定	20
21	冷空气焓	h_{lk}	kJ/Nm³	温焓表	250.61
22	热空气温度	t_{rk}	℃	给定	20
23	热空气焓	h_{rk}	kJ/Nm³	温焓表	250.61
24	炉膛漏风系数	$\Delta \alpha_l$	—	给定	0.00
25	炉膛出口过量空气系数	α_l''	—	给定	1.1
26	空气带入炉膛的热量	Q_k	kJ/Nm³	$(\alpha_l'' - \Delta \alpha_l) h_{rk} + \Delta \alpha_l h_{lk}$	275.7
27	炉膛有效发热量	Q_l	kJ/Nm³	$Q_r \dfrac{100 - q_3 - q_4 - q_6}{100 - q_4} + Q_k$	35 795.5

续表

序号	名称	符号	单位	计算及说明	结果
28	理论燃烧温度	ϑ_{ll}	℃	温焓表	1 876.8
29	理论燃烧绝对温度	T_{ll}	K	$\vartheta_{ll}+273$	2 149.8
30	烟气平均热容量	$\overline{Vc_p}$	kJ/(Nm³·℃)	$\dfrac{Q_l-h_l''}{T_{ll}-T_l''}$	20.87
31	火焰中心相对位置	x_h	—		0.30
32	M 值	M	—	$M=0.54-0.2x_h$，最大取 0.48	0.48
33	炉膛出口温度	ϑ_l''	℃	$\dfrac{T_{ll}}{M\left(\dfrac{5.67\times10^{-11}\varphi F_l a_l T_{ll}^3}{\varphi B_j \overline{Vc_p}}\right)^{0.6}+1}-273$	1 236.6
34	炉膛出口烟焓	h_l''	kJ/Nm³	温焓表	22 437.9
35	炉膛有效辐射吸热量	Q_f	kJ/Nm³	$\varphi(Q_l-h_l'')$	13 144.4
36	炉膛容积热负荷	q_v	kJ/(m³·h)	$B_j Q_r/V_l$	3 240 035
37	炉胆横截面积	F_r	m²	结构特性计算	1.77
38	断面热负荷	q_f	kJ/(m²·h)	$B_j Q_r/F_r$	21 901 668

第八章

对流受热面的传热计算

第一节 对流受热面的结构

锅壳式锅炉一般不专门布置空气预热器,传统型锅壳式锅炉的对流受热面主要是烟管,节能型锅壳式锅炉还采用外置式节能器以进一步降低排烟温度,天然气锅炉甚至还配置烟气冷凝器以回收烟气中部分水蒸气的汽化潜热。对于生产饱和蒸汽或热水的锅壳式锅炉,无须布置过热器,对于生产过热蒸汽的锅炉,过热度一般不高,通常只需要布置一级过热器。

在上述这些对流受热面中,烟气主要以对流的方式进行放热。但由于烟气中含有三原子气体,还或多或少含有少量碳黑和飞灰等固体颗粒,它们都具有一定的辐射能力,因此除了对流放热外,还要考虑烟气的辐射放热。为了简化计算,把辐射换热部分折算到对流换热。烟气冷凝器的计算一般不考虑辐射换热,但烟气中既有可凝气体(水蒸气),又有不凝气体,其对流换热比较特殊,将在第十二章中专门进行介绍。

一、烟管

烟管是锅壳式燃油燃气锅炉的主要对流蒸发和加热受热面。烟管的特点是烟气在管内纵向冲刷受热面。光管是普通烟管(plain tube),传热效果比较差,为了强化传热,通常采用螺纹管(图8-1)。

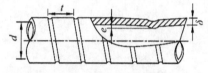

图 8-1 螺纹管及其结构参数

螺纹管是一种由光管加工而成的变截面管子,管子内壁有凸起,烟气流经那些凸起时,烟管内壁的层流边界层被破坏,同时气流产生一定的旋转,使传热得到强化,一般情况下可使烟气侧的放热系数比光管提高 1.23~2.2 倍。越是在低雷诺数的区域,强化效果往往越明显。在其他条件相同时,这种强化效果主要与螺纹管的凹槽的深度 e 和螺纹的节距 t 有关。试验表明,随着槽深 e 的增大,放热系数增大(图8-2);随着节距 t 的增大,放热系数减小(图8-3)。螺纹管优化的结构参数推荐为 $e/d=0.054$,$t/d=0.5\sim0.7$,单头螺纹槽,d 是烟气侧管子直径,即螺纹管内直径(不考虑螺纹)。

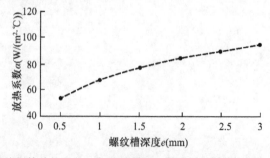

图 8-2 螺纹烟管放热系数 α 与螺纹槽深 e 的关系曲线图(节距 $t=35$ mm)

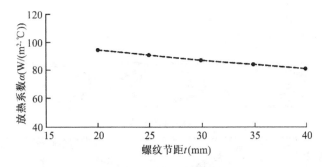

图 8-3　螺纹烟管放热系数 α 与螺纹节距 t 的关系曲线图（槽深 $e=2\,\mathrm{mm}$）

除了螺纹管之外，还有另外两种变截面管，即横纹管和凹窝管（图 8-4）。横纹管增强传热的原理与螺纹管基本上是相同的，但横纹管缺少沿管长方向的螺旋流动。从强化传热的效果来看，螺纹管最好，横纹管次之，凹窝管最差。同时，螺纹管和横纹管比凹窝管具有更好的柔性，在受约膨胀时产生的热应力较小。但在其他条件相同的情况下，烟气流经螺纹管和横纹管时的流动阻力较大。凹窝管可以用于要求阻力较低的场合。

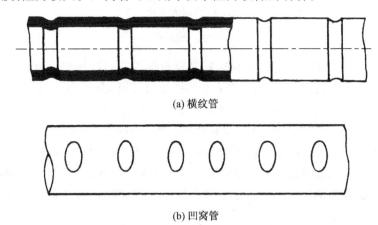

(a) 横纹管

(b) 凹窝管

图 8-4　横纹管和凹窝管

除了采用变截面管强化传热外，另一种强化传热的方法是在光管内插入扰流子。常用的扰流子有螺旋麻花带、螺旋弹簧丝和大空隙率绕花丝等（图 8-5）。顾名思义，扰流子对烟气的流动产生干扰，增加流动的紊流度，实现强化传热。尤其是内插大空隙率绕花丝，可使管内流体产生三维弥散流动，在低雷诺数（$Re\leqslant 200$）的情况下就会产生径向流动和螺旋流，从而使流体的主流不断变化方向沿传热方向流动。计算结果表明：强化传热最主要靠的是径向混合作用，占总强化效果的 $60\%\sim70\%$，螺旋流引起的强化效果占总强化效果的 $20\%\sim25\%$，而粗糙表面和扩展受热面的影响占 $10\%\sim15\%$，和光管相比，努谢尔数 Nu 提高 $2.5\sim6$ 倍。

与变截面管相比，采用扰流子的优点：一是加工简单，尤其是螺旋麻花带和螺旋弹簧丝，可用土法加工，大空隙率绕花丝的加工工艺类似于钢丝清洁球的生产；二是可以根据实际情况对换热系数和阻力进行调整，而变截面管一旦加工好以后，阻力就不再变化，很难再作调整，这一点对设计者尤其具有吸引力。

麻花带和弹簧丝在燃油燃气锅炉烟管受热面中获得了较广泛的应用。一般当烟温低于 500 ℃时，可采用碳钢制作，当烟温大于 500 ℃时，应采用低合金钢制造。

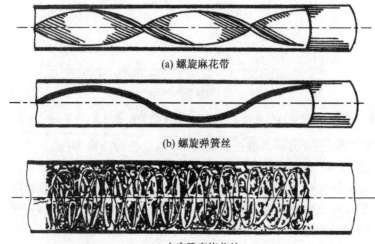

(a) 螺旋麻花带

(b) 螺旋弹簧丝

(c) 大空隙率绕花丝

图 8-5　扰流子

烟管的管径主要与锅炉容量、燃料类型、管板布位的空间及烟管强化的类型等有关，外径通常在 25～133 mm 之间变化，管壁厚度根据强度计算确定（见第十章第三节第四部分）。一般来说，随着锅炉容量的增加，管子外径和壁厚有增大的趋势。当锅炉燃用比较清洁的气体燃料时可以比燃用液体油，特别是重油时的管径适当减小。当管板布位的空间比较紧张时，应选用小口径管。当采用变截面烟管时，可以比采用内插扰流子时的管径适当减小。

烟管在管板上的管排节距主要和管板的空间、管板的强度、管子与管板的连接方式、焊缝形式、管孔焊缝热影响区、焊后热处理等有关，管子的规格为 $\phi d \times \delta$ 时，最小节距可按表 8-1 列出的公式确定。

表 8-1　烟管在管板上的最小管排节距

单位：mm

管子与管板的连接方式	胀接连接	焊接连接			
		坡口焊缝		角焊缝	
		焊后热处理	无焊后热处理	焊后热处理	无焊后热处理
节距	$1.125d+12.5$	$d+2\delta$	$d+2\delta+6$	$d+2(\delta+3)$	$d+2(\delta+3)+6$

二、过热器

锅壳式燃油燃气锅炉的过热器主要有盘旋管式和蛇形管束过热器两种类型。其中的工质质量流速以保证管壁金属有足够良好的冷却，流动阻力又不宜过大的原则来选取，锅壳式锅炉属于低压锅炉，其过热器中工质质量流速一般不超过 250 kg/(m²·s)。

三、节能器

锅壳式燃油燃气锅炉一般可采用蛇形管式节能器或带扩展受热面的蛇形管式节能器。

蛇形管式节能器的结构如图 8-6 所示。

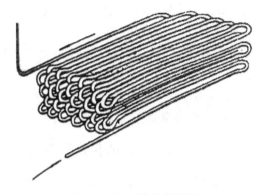

图 8-6　蛇形管式节能器

蛇形管束一般错列布置,管子外径通常为 25～42 mm,管子横向节距和管径之比为 2.0～3.0,管子纵向节距和管外径之比为 1.5～2.0,管子通常水平放置。蛇形管式节能器体积小、重量轻、价格便宜、不易泄漏且能在任何压力下应用。

燃油燃气锅炉中也可以采用带扩展表面受热面的节能器,因为节能器中两侧工质的换热强度相差比较悬殊,增加换热强度低的一侧的换热能力可以有效地强化传热。带扩展表面受热面就是通过增加烟气侧受热面积达到强化传热的目的。节能器常用的带扩展表面受热面型式有肋片管、鳍片管、膜式受热面等。其中肋片管的肋片又可以分为圆环形、方形和螺旋肋片等,如图 8-7 所示。

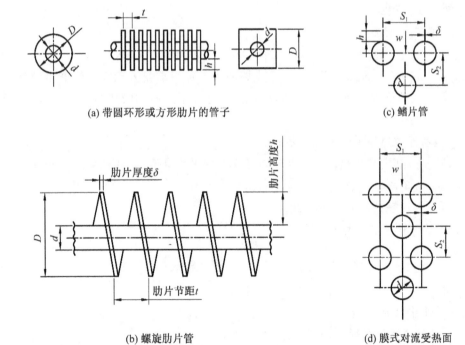

图 8-7　带扩展表面的换热管

根据国内外的使用经验,螺旋肋片管和光管相比,在同样的工况下,重量减轻 60% 左右,节能器尺寸可减少 35% 以上,节约了金属,减小了体积,通风阻力一般也不太增大,因此得到了较多的应用。螺旋肋片一般为高肋,肋高为 5~24 mm。

节能器管中水流速度不仅影响传热,而且对金属的腐蚀也有一定的影响。不管烟气是自下向上还是自上向下流动,节能器中的水总是设计成由下向上流,因为这样流动能把水在受热时所产生的气泡带走,不会使管壁因气泡停滞而腐蚀或烧坏。运行经验表明,对于水平管子,当水的速度大于 0.5 m/s 时,可以避免金属的局部氧腐蚀。

第二节 对流受热面的传热计算方程

对流受热面的传热计算,都是以燃烧 1 kg 燃油或者 1 Nm³ 燃气时烟气的放热量或者工质的吸热量为计算基准,由此可得出对流受热面的传热方程式和热平衡方程式。

一、对流传热方程式

$$Q_{cr} = \frac{KH\Delta t}{B_j} \quad \text{kJ/kg 或 kJ/Nm}^3 \tag{8-1}$$

式中:H——某一对流受热面的计算传热面积,m²。对于带扩展表面的换热管,按烟气侧全部受热面计算。

Δt——传热温差,℃。

K——由管子一侧的烟气至管子另一侧的工质的传热系数,kW/(m²·℃)。

B_j——计算燃料消耗量,kg/s 或 Nm³/s。

二、热平衡方程式

1. 烟气侧热平衡方程式

$$Q_{rp} = \varphi(h'_y - h''_y + \Delta\alpha h^0_{lk}) \quad \text{kJ/kg 或 kJ/Nm}^3 \tag{8-2}$$

式中:Q_{rp}——在某一对流受热面中,每千克燃油或者每标准立方燃气燃烧产生的烟气放给受热面的热量,在稳定传热情况下,它等于工质的吸热量,也就是经过受热面的传热量 Q_{cr},kJ/kg 或 kJ/Nm³;

φ——考虑散热损失的保热系数;

h'_y、h''_y——烟气在受热面入口及出口截面上的平均焓值,kJ/kg 或 kJ/Nm³;

h^0_{lk}——理论冷空气焓,kJ/kg 或 kJ/Nm³;

$\Delta\alpha$——在该受热面的漏风系数。

2. 工质侧热平衡方程式

$$Q_{rp} = \frac{D(h'' - h')}{B_j} \quad \text{kJ/kg 或 kJ/Nm}^3 \tag{8-3}$$

式中:h' 和 h''——工质在受热面进口和出口处的焓,kJ/kg;

D——每秒工质的流量,kg/s;

B_j——计算燃料消耗量,kg/s 或 Nm³/s。

式(8-1)—(8-3)是对流受热面计算的基本方程式,在已知对流受热面的传热面积情况下,需要确定烟气经放热后的焓及相应的温度,这时计算的关键在于确定传热系数 K。

第三节 传热系数的计算

锅壳式燃油燃气锅炉采用的是间壁式对流受热面,换热管的一侧是烟气,另一侧是作为工质的水蒸气、水或者汽水混合物。在使用过程中管子的两侧表面上不可避免地都会产生污垢,这将增加传热热阻,根据传热学的基本原理,将圆管简化为平壁处理,传热系数可用下式表示:

$$K = \frac{1}{\frac{1}{\alpha_{1h}} + \frac{\delta_h}{\lambda_h} + \frac{\delta_b}{\lambda_b} + \frac{\delta_{sg}}{\lambda_{sg}} + \frac{1}{\alpha_{2sg}}} \quad kW/(m^2 \cdot ℃) \quad (8\text{-}4)$$

式中:α_{1h}——烟气对有灰污层管壁的放热系数,$kW/(m^2 \cdot ℃)$;

$\dfrac{\delta_h}{\lambda_h}$——灰污层的热阻,$(m^2 \cdot ℃)/kW$;

$\dfrac{\delta_b}{\lambda_b}$——金属管壁的热阻,在传热计算中往往可以忽略不计;

$\dfrac{\delta_{sg}}{\lambda_{sg}}$——管壁工质侧表面水垢层的热阻,在锅炉正常工作时,不允许有较厚的水垢存在,因此在传热计算中可不计算;

$\dfrac{1}{\alpha_{2sg}}$——水垢层对内部工质的放热系数,由于锅炉正常工作时,不允许有较厚水垢层,因此可采用干净管壁对工质的放热系数 α_2 来代替 α_{2sg}。

因此,式(8-4)可简化为

$$K = \frac{1}{\frac{1}{\alpha_{1h}} + \frac{\delta_h}{\lambda_h} + \frac{1}{\alpha_2}} \quad kW/(m^2 \cdot ℃) \quad (8\text{-}5)$$

由于烟气对灰污层的放热热阻 $\dfrac{1}{\alpha_{1h}}$ 及灰污层的热阻 $\dfrac{\delta_h}{\lambda_h}$ 都很难单独测定,因此计算时用热有效系数 ψ 来考虑灰污对传热的影响。

热有效系数 ψ 表示有灰污和无灰污时传热系数的比值,即

$$\psi = \frac{K}{K_0} \quad (8\text{-}6)$$

所以

$$K = \psi K_0 = \psi \frac{1}{\frac{1}{\alpha_1} + \frac{1}{\alpha_2}} = \frac{\psi \alpha_1}{1 + \frac{\alpha_1}{\alpha_2}} \quad kW/(m^2 \cdot ℃) \quad (8\text{-}7)$$

对于烟管(蒸汽锅炉)和节能器来说,由于 α_2 很大,$\dfrac{1}{\alpha_2}$ 可忽略不计,故可简化为

$$K = \psi \alpha_1 \quad kW/(m^2 \cdot ℃) \quad (8\text{-}8)$$

热有效系数 ψ 是个小于等于 1 的数值,其与燃料性质、受热面结构型式、布置方式、冲刷情况等因素有关,主要由设计者根据锅炉的情况凭经验选择。从上面的公式可以看出,ψ 的选择对计算传热系数 K 非常重要,如果选取的 ψ 的值不合理,那么 α 计算得再准确,得到的

传热系数 K 也会有很大的误差。锅壳式燃油燃气锅炉的节能器和过热器的热有效系数可以按表 8-2 选取。

表 8-2　过热器和节能器的热有效系数[13]

燃料	受热面	工作条件	ψ[①]
重油[②][③] ($\alpha''_l>1.03$)	节能器[④]	采用钢珠除灰,烟速 4～12 m/s	0.7～0.65
		采用钢珠除灰,烟速 12～20 m/s	0.65～0.6
		进口水温≤100 ℃,烟速 4～12 m/s	0.55～0.5
	过热器	烟速 4～12 m/s	0.65～0.6
		烟速 12～20 m/s	0.6
燃气	节能器/ 过热器	烟温 ϑ'≤400 ℃	0.9
		烟温 ϑ'>400 ℃	0.85

注：① 较低的速度对应较大的 ψ 值。
　　② 当 α''_l≤1.03 且采用钢珠除灰时,ψ 增加 0.05。
　　③ 若重油中加入一些固态添加剂(如菱苦土、白云石等)以减轻受热面腐蚀,则过热器的 ψ 减小 0.05；如果添加的是液态物,则对于进口水温≤100 ℃ 的节能器,ψ 增加 0.05。

螺纹烟管的 ψ 值,对于燃用天然气、焦炉煤气或清洁的工业废气时,建议取 0.85,对于燃油锅炉,可以在 0.65～0.75 之间取值[16]。

光管烟管的 ψ,国内外的热力计算中均无推荐值,建议选取比螺纹烟管的 ψ 值略低的数值。

当燃用混合燃料时,应按照污染程度严重的燃料计算。锅炉燃用重油之后改燃气体燃料,ψ 应取两者的平均值。

烟气对光管管壁的放热系数为 α_1,由对流放热系数 α_d 和辐射换热系数 α_f 两部分组成。由于烟气冲刷不均匀,或者气流通过受热面时有一部分短路和存在部分死滞区,造成烟气放热量的减少,因而引入了利用系数 ξ。

$$\alpha_1=\xi(\alpha_d+\alpha_f) \tag{8-9}$$

对横向冲刷受热面,$\xi=1.0$；对既有横向又有纵向的混合冲刷受热面,$\xi=0.85\sim0.95$。

灰污对带扩展表面受热面传热的影响不用热有效系数 ψ 考虑,而是将扩展表面和灰污层的热阻一起考虑,传热系数用下式表示：

$$k=\cfrac{1}{\cfrac{1}{\alpha_1}+\cfrac{1}{\alpha_2}\cfrac{H}{H_2}} \tag{8-10}$$

式中：H——烟气侧全部表面积,m²；
　　　H_2——工质侧全部表面积,m²；

烟气对鳍片管和膜式节能器管壁(图 8-8)的放热系数 α_1 由下式计算：

$$\alpha_1=\left(\frac{H_f}{H}E\mu+\frac{H'_o}{H}\right)\frac{(\psi_f\alpha_d+\alpha_f)}{1+\varepsilon(\psi_f\alpha_d+\alpha_f)} \tag{8-11-1}$$

对于肋片式受热面(图 8-8),烟气的辐射放热可以不考虑,故 $\alpha_f=0$,则烟气对肋片管节能器管壁的放热系数 α_1 由下式计算:

$$\alpha_1 = \left(\frac{H_f}{H}E\mu + \frac{H_o'}{H}\right)\frac{\psi_f \alpha_d}{1+\varepsilon\psi_f\alpha_d} \quad (8\text{-}11\text{-}2)$$

上面两式中:$\frac{H_f}{H}$——烟气侧肋片表面积与烟气侧全部表面积之比。对于带圆环形肋片的圆管,

$$\frac{H_f}{H} = \frac{\left(\frac{D}{d}\right)^2 - 1}{\left(\frac{D}{d}\right)^2 - 1 + 2\left(\frac{t}{d} - \frac{\delta}{d}\right)} \quad (8\text{-}12)$$

对于带方形肋片的圆管,

$$\frac{H_f}{H} = \frac{2\left[\left(\frac{D}{d}\right)^2 - 0.785\right]}{2\left[\left(\frac{D}{d}\right)^2 - 0.785\right] + \pi\left(\frac{t}{d} - \frac{\delta}{d}\right)} \quad (8\text{-}13)$$

对于鳍片管和膜式节能器,

$$\frac{H_f}{H} = \frac{4h}{4h + \pi d - 2\delta} \quad (8\text{-}14)$$

式(8-12)—(8-14)中:D——圆形肋片的直径或方形肋片的边长,m;

d——烟气侧管子直径,即管子外径,m;

h,δ——肋片(鳍片)的高度及平均厚度,m;

t——肋片的节距,m;

$\frac{H_o'}{H} = \frac{H - H_f}{H}$——管子无肋片部分的面积与烟气侧全部表面积之比;

E——考虑肋片材料的热阻对传热影响的系数,称为肋片的有效系数,它取决于肋片的形状、厚度及导热系数。对于圆柱形底部的圆环形和方形肋片,按图 8-8 所示查取。

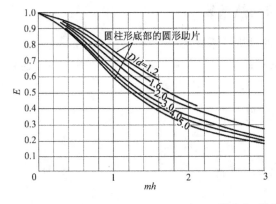
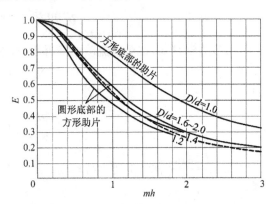

图 8-8 肋片的有效系数

图 8-8 中,参数 m 按下式计算:

$$m=\sqrt{\frac{2(\psi_f \alpha_d+\alpha_f)}{\delta \lambda_f [1+\varepsilon(\psi_f \alpha_d+\alpha_f)]}} \tag{8-15}$$

式中:ε——污染系数,当燃用重油时,$\varepsilon=0.006(m^2 \cdot ℃)/kW$;燃用气体燃料时,$\varepsilon=0$,不过,当炉内燃用过重油再燃用气体燃料时,应取燃用重油与气体燃料之间的平均值。

λ_f——肋片金属的导热系数,$kW/(m \cdot ℃)$。

对于鳍片管束,

$$E=\frac{th\left[m\left(h+\dfrac{\delta}{2}\right)\right]}{m\left(h+\dfrac{\delta}{2}\right)} \tag{8-16}$$

对于膜式节能器,

$$E=\frac{th[mh]}{mh} \tag{8-17}$$

μ——考虑肋片厚度沿高度变化影响的系数,按图 8-9 所示查取。

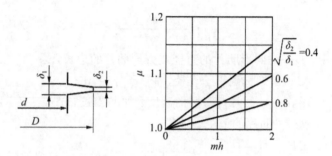

图 8-9 考虑肋片厚度沿高度变化影响的系数

ψ_f——考虑沿肋片表面放热不均匀的修正系数,对圆管上的肋片,$\psi_f=0.85$;对鳍片管和膜式节能器,$\psi_f=1.0$。

第四节 对流换热系数

由传热学得知,在受迫流动的情况下,放热的准则关系式为

$$Nu=f(Re,Pr) \tag{8-18}$$

即

$$\frac{\alpha_d d}{\lambda}=f\left(\frac{wd}{\nu},\frac{\mu g c_p}{\lambda}\right) \tag{8-19}$$

式中:$Nu=\dfrac{\alpha_d d}{\lambda}$,称为努谢尔特准则;

$Re=\dfrac{wd}{\nu}$,称为雷诺准则;

$Pr = \dfrac{\mu g c_p}{\lambda}$，称为普朗特准则。

根据相似原理，通过大量试验研究，可以得到各种不同冲刷换热条件下准则之间的关系式，从而可以求出相应的对流放热系数 α_d。

从上述函数式可以看出，影响的因素有：受热面的特性尺寸 d，介质的流速 w 及其物理性质（如导热系数 λ、黏性系数 μ、定压比热 c_p 等）。

现在就锅壳式燃油燃气锅炉中常见冲刷情况的 α_d 及与计算 α_d 有关的一些数据的确定方法介绍如下。

一、横向冲刷光管管束时的对流放热系数

锅壳式燃油燃气锅炉受热面中，介质横向冲刷光管管束的情况，主要发生在烟气横向冲刷光管节能器和过热器时。

1. 横向冲刷管束错列布置

对流放热系数用下式来计算：

$$\alpha_d = c_s c_c \dfrac{\lambda}{d} \left(\dfrac{wd}{\nu}\right)^{0.6} Pr^{0.33} \quad \text{kW/(m}^2 \cdot \text{℃)} \tag{8-20}$$

式中：λ——介质在平均温度下的导热系数，kW/(m·℃)；
ν——介质在平均温度下的运动黏度，m²/s；
d——管子外径，m；
w——介质在最窄断面处的平均流速，m/s；
Pr——介质在平均温度下的普朗特数；
c_s——管束结构特性 $\left(\dfrac{S_1}{d}, \dfrac{S_2}{d}\right)$ 修正系数；
c_c——管束的排数(z_2)修正系数。

试验研究表明：c_s 值取决于横向管间流通断面 AB 与斜向管间流通断面 CD 之比值 φ_σ（图8-10），即

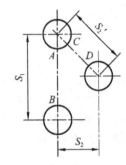

图8-10 错列布置结构

$$\varphi_\sigma = \dfrac{AB}{CD} = \dfrac{S_1 - d}{S'_2 - d} = \dfrac{\dfrac{S_1}{d} - 1}{\dfrac{S'_2}{d} - 1} = \dfrac{\sigma_1 - 1}{\sigma'_2 - 1} \tag{8-21}$$

而

$$\sigma'_2 = \dfrac{S'_2}{d} = \dfrac{\sqrt{\left(\dfrac{S_1}{2}\right)^2 + S_2^2}}{d} = \sqrt{\dfrac{1}{4}\left(\dfrac{S_1}{d}\right)^2 + \left(\dfrac{S_2}{d}\right)^2} = \sqrt{\dfrac{1}{4}\sigma_1^2 + \sigma_2^2} \tag{8-22}$$

式中：σ_1、σ_2 和 σ'_2 分别是横向、纵向和对角线方向的相对节距。

当 $0.1 < \varphi_\sigma \leq 1.7$ 时，

$$c_s = 0.34 \varphi_\sigma^{0.1} \tag{8-23}$$

当 $1.7 < \varphi_\sigma \leq 4.5$ 时，

$$c_s = 0.275 \varphi_\sigma^{0.5} \quad (\sigma_1 < 3 \text{ 时}) \tag{8-24}$$

$$c_s = 0.34 \varphi_\sigma^{0.1} \quad (\sigma_1 \geq 3 \text{ 时}) \tag{8-25}$$

至于排数修正系数 c_c，最初几排放热较弱，以后逐渐增强。

当 $z_2 < 10$ 时，

$$c_c = 3.12 z_2^{0.05} - 2.5 \quad (\sigma_1 < 3 \text{ 时}) \tag{8-26}$$

$$c_c = 4 z_2^{0.02} - 3.2 \quad (\sigma_1 \geqslant 3 \text{ 时}) \tag{8-27}$$

当 $z_2 \geqslant 10$ 时，$c_c = 1$。

烟气横向冲刷单排管束时的放热系数，按横向冲刷错列管束计算。

2. 横向冲刷管束为顺列布置

对流放热系数利用下式来计算：

$$\alpha_d = 0.2 c_s c_c \frac{\lambda}{d} \left(\frac{wd}{\nu} \right)^{0.65} Pr^{0.33} \quad \text{kW/(m}^2 \cdot ℃) \tag{8-28}$$

式中符号的意义同式(8-20)。

沿气流深度方向管排数的修正系数 c_c 按如下方式确定：

当 $z_2 < 10$ 时，

$$c_c = 0.91 + 0.0125(z_2 - 2) \tag{8-29}$$

当 $z_2 \geqslant 10$ 时，$c_c = 1$。

顺列管束的结构特性修正系数 c_s 按如下方式确定：

当 $\sigma_2 \geqslant 2$ 或 $\sigma_1 \leqslant 1$ 时，$c_s = 1$；

否则，

$$c_s = \left[1 + (2\sigma_1 - 3)\left(1 - \frac{\sigma_2}{2}\right)^3 \right]^{-2} \tag{8-30}$$

按式(8-30)计算时，如果 $\sigma_1 > 3$，取 $\sigma_1 = 3$。

如果管束中一部分管子为错列布置，另一部分为顺列布置时，则应按照整个管束的平均温度及速度，先求出各部分的对流放热系统，然后再按各部分受热面积的大小比例计算平均对流放热系数，即

$$\alpha_{d,pj} = \frac{\alpha_{dc} H_c + \alpha_{ds} H_s}{H_c + H_s} \quad \text{kW/(m}^2 \cdot ℃) \tag{8-31}$$

上式中，α_{dc} 和 α_{ds} 分别为错列和顺列布置时的对流放热系数，它们的受热面积分别为 H_c 和 H_s。

如果错列(或顺列)布置的管子受热面超过总面积的 85%，则整个管束可按错列(或顺列)计算。

二、横向冲刷带扩展受热面的管束时的对流放热系数

1. 对于带圆环形肋片管子的顺列管束

$$\alpha_d = 0.105 c_z c_s \frac{\lambda}{t} \left(\frac{d}{t} \right)^{-0.54} \left(\frac{h}{t} \right)^{-0.14} \left(\frac{wt}{v} \right)^{0.72} \quad \text{kW/(m}^2 \cdot ℃) \tag{8-32}$$

式中：c_z——沿气流方向管子排数的修正系数，当 $z_2 < 4$ 时，按图 8-11 确定；当 $z_2 \geqslant 4$ 时，取 $c_z = 1$。

c_s——考虑管束相对节距影响的修正系数，当 $\sigma_2 \leqslant 2$ 时，按图 8-11 确定；当 $\sigma_2 > 2$ 时，取 $c_s = 1$。

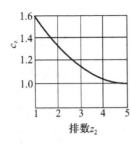
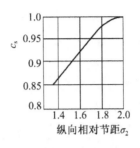

图 8-11 顺列管束修正系数 c_z 和 c_s

2. 对于带圆环形肋片管子的错列管束

$$\alpha_d = 0.23 c_z \varphi_\sigma^{0.2} \frac{\lambda}{t} \left(\frac{d}{t}\right)^{-0.54} \left(\frac{h}{t}\right)^{-0.14} \left(\frac{wt}{\nu}\right)^{0.65} \quad \text{kW}/(\text{m}^2 \cdot \text{℃}) \quad (8\text{-}33)$$

式中：c_z——沿气流方向管子排数的修正系数，按图 8-12 所示确定。

对于螺旋肋片管束，螺旋肋片的肋片平面与垂直于管轴的平面之间成一定夹角 β。试验研究表明，当 $\beta \leqslant 9°$ 时，螺旋肋片管束的换热特性与圆环状肋片管束相同。因此，对于 $\beta \leqslant 9°$ 的螺旋肋片管束，上述肋片的计算公式仍然适用。

对于方形肋片的管子，其对流放热系数等于 $0.92\alpha_d$，其中 α_d 为按方形肋片边长作为直径计算的圆环形肋片的对流放热系数。

3. 对于鳍片管错列管束

$$\alpha_d = 0.14 c_z \varphi_\sigma^{0.24} \frac{\lambda}{d} \left(\frac{wd}{\nu}\right)^{0.68} \quad \text{kW}/(\text{m}^2 \cdot \text{℃}) \quad (8\text{-}34)$$

式中：c_z——沿气流方向管子排数的修正系数，按图 8-13 确定。

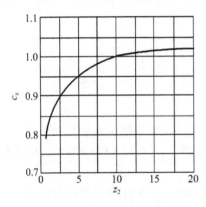

图 8-12 错列管束管排修正系数 c_z

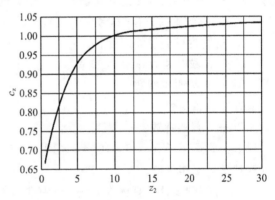

图 8-13 鳍片管错列管束管排修正系数 c_z

4. 对于膜式对流受热面顺列管束

$$\alpha_d = 0.051 \frac{\lambda}{d} \left(\frac{wd}{\nu}\right)^{0.75} \quad \text{kW}/(\text{m}^2 \cdot \text{℃}) \quad (8\text{-}35)$$

5. 对于膜式对流受热面错列管束

$$\alpha_d = c_z c_s \frac{\lambda}{d} \left(\frac{wd}{\nu}\right)^{0.7} \quad \text{kW}/(\text{m}^2 \cdot \text{℃}) \quad (8\text{-}36)$$

式中：c_z——沿气流方向管子排数的修正系数，按图 8-14 所示确定；

c_s——考虑管束中相对节距影响的修正系数。

当 $0.6 \leqslant \varphi_\sigma \leqslant 1.2$ 及所有的 S_1/d,
$$c_s = 0.108\varphi_\sigma^{0.1} \tag{8-37}$$

当 $1.2 < \varphi_\sigma \leqslant 2.2$ 及所有的 $S_1/d \leqslant 3$,
$$c_s = 0.1\varphi_\sigma^{0.5} \tag{8-38}$$

当 $1.2 < \varphi_\sigma \leqslant 2.2$ 及所有的 $S_1/d > 3$,
$$c_s = 0.108\varphi_\sigma^{0.1} \tag{8-39}$$

三、烟气在管内纵向冲刷螺纹管的对流放热系数

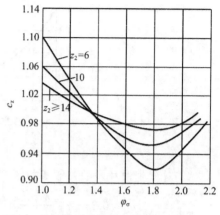

图 8-14 膜式对流受热面管排修正系数 c_z

哈尔滨工业大学试验研究给出的螺纹管换热系数计算公式:

$$Nu = RePr\left(\frac{\lambda'}{8}\right)^{0.5} \Big/ \left\{ 2.5\ln\left(\frac{d}{2e}\right) + 10.77\left(\frac{e}{d}\right)^{0.33}\left(\frac{t}{e}\right)^{0.096} \times \left[\frac{e}{d}Re\left(\frac{\lambda'}{8}\right)^{0.5}\right]^{0.273} Pr^{0.5} - 3.75 \right\} \tag{8-40}$$

重庆锅炉厂和重庆大学试验研究得出的螺纹管换热系数计算公式[16]:

$$Nu = StRePr = 0.02127 PrRe^{0.9206}\left(\frac{t}{d}\right)^{-0.08}\left(\frac{e}{d}\right)^{0.112} \tag{8-41}$$

将 $Pr = 0.677$ 代入式(8-41),得

$$Nu = 0.0144 Re^{0.9206}\left(\frac{t}{d}\right)^{-0.08}\left(\frac{e}{d}\right)^{0.112} \tag{8-42}$$

式中:λ'——流阻系数,参见第九章第二节中 λ 的计算公式(9-5)和(9-6);

d——螺纹管内直径(不考虑螺纹),m;

e——管内壁的螺纹深度,m;

t——螺纹节距,m;

Nu——努谢尔特数;

Re——雷诺数;

Pr——普朗特数。

以上公式适用于 $Re = 6 \times 10^3 \sim 3 \times 10^4$, $e/d = 0.0196 \sim 0.0682$, $t/d = 0.324 \sim 0.92$ 及锅壳式锅炉常见工作条件。

在《工业锅炉设计计算标准方法》[28]中推荐了公式(8-42)。但文献[29]经过以上三个公式进行研究分析,指出公式(8-41)和(8-42)虽然计算较为简单,但准确度较差。而公式(8-40)虽然计算较繁,但大量工业锅炉试验(0.7~7.0 MW 热水锅炉,1~10 t/h 蒸汽锅炉)及锅壳式锅炉传热试验证实该式较为准确,可以满足工程计算的要求,故建议选用公式(8-40)进行相关计算。

四、纵向冲刷内插扰流子的强化传热管的对流放热系数

由于内插扰流子的型式及结构多种多样,纵向冲刷内插扰流子的强化传热管对流放热系数的计算没有统一的公式。图 8-15 给出了内插圆形截面弹簧条的管内传热特性试验结果[57]。试验管径 $D_i = 13.81$ mm,弹簧条直径 $h = 0.8 \sim 3$ mm,试验是在空气加热情况下进

行的,因此可以作为烟管计算的参考。图 8-16 是弹簧条插入物的结构图。

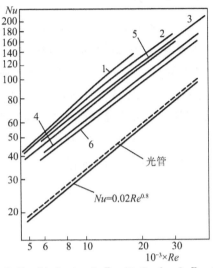

1—$h=3, P=20$;2—$h=3, P=30$;3—$h=3, P=43$;
4—$h=3, P=60$;5—$h=2, P=28$;6—$h=2, P=43$。
h 和 P 的单位都是 mm。

图 8-15 弹簧条插入物换热系数试验结果

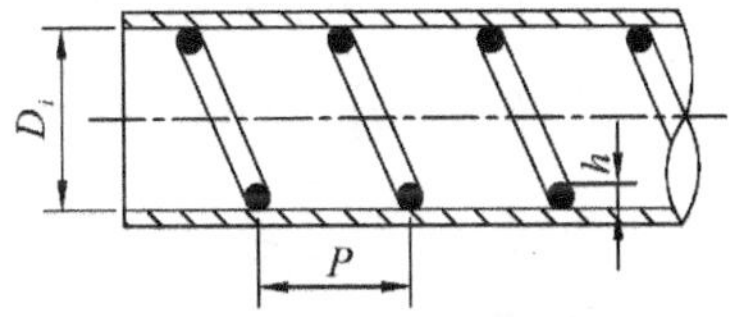

图 8-16 弹簧条插入物的结构图

五、管内纵向冲刷光滑管壁的对流换热系数

锅壳式燃油燃气锅炉中介质纵向冲刷光滑管壁的情况,主要发生在烟气纵向冲刷光管烟管和拉撑管,以及节能器中水在管内冲刷和过热器管内蒸汽对管壁的冲刷时。管内对流换热系数按下式计算:

$$\alpha_d = 0.023 \frac{\lambda}{d_{dl}} \left(\frac{w d_{dl}}{\nu}\right)^{0.8} Pr^{0.4} c_t c_d c_l \quad \text{kW/(m}^2 \cdot \text{℃)} \quad (8\text{-}43)$$

式中:λ—— 介质在平均温度下的导热系数,kW/(m·℃);

ν——介质在平均温度下的运动黏度,m²/s;

d_{dl}——管子当量直径,对于圆管取内径,m;

w——介质在管内的平均流速,m/s;

Pr——介质在平均温度下的普朗特数;

c_t——考虑气流及壁温的修正系数,对锅壳式燃油燃气锅炉来说可取 1;

c_d——考虑环缝通道及受热的修正系数,对锅壳式燃油燃气锅炉来说取 1;

c_l——考虑受热管相对长度的修正系数,当 $l/d_{dl} \geqslant 50$ 时,$c_l=1$;当 $l/d_{dl} < 50$ 时,c_l 按图 8-17 确定。

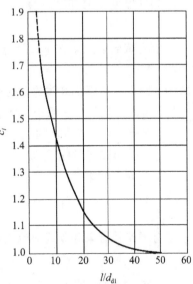

图 8-17 管子长度修正系数

第五节 辐射换热系数

对流受热面虽然以对流换热为主,但烟气仍有一定的辐射能力。为了简化计算,将与四次方温差成正比的辐射放热折算成与一次方温差成正比,得到所谓的辐射换热系数 α_f,然后与对流放热系数 α_d 相合并,得到烟气对管壁的综合放热系数 α_1。但如果受热面所处烟气温度很低,或者有效辐射层厚度很小且烟气温度也不高,烟气的辐射放热可以不予考虑,如肋片管节能器、烟气冷凝器等。第一烟管管束和过热器等受热面通常必须计入辐射放热。

辐射换热系数为

$$\alpha_f = 5.1\times 10^{-11} a_y T_y^3 \frac{1-\tau^{3.6}}{1-\tau} \quad \text{kW/(m}^2 \cdot \text{℃)} \tag{8-44}$$

式中:a_y——烟气黑度;

T_y——烟气平均温度,K;

τ——管壁外表面灰污层的外表温度 T_b 与烟气温度 T_y 之比。

对于蒸汽过热器,当燃用液体燃料时,

$$T_b = T + q\left(2.6 + \frac{1}{\alpha_2}\right) \quad \text{K} \tag{8-45}$$

式中:T——工质温度,K;

q——蒸汽过热器受热面热流密度,kW/m²,要先估取,待求出 q_f 后再校核,允许与假设值有不超过±15%的误差。

对于烟管管束和节能器,当燃用液体燃料时,

$$T_b = T + \Delta T \quad \text{K} \tag{8-46}$$

上式中,烟管管束的 ΔT 取 60 K,节能器的 ΔT 取 25 K。

当燃用气体燃料时,对所有的受热面均取 $\Delta T = 25$ K。

烟气黑度 a_y 按下式计算:

$$a_y = 1 - e^{-kps} \tag{8-47}$$

辐射减弱系数 k 按下式计算:

$$k = k_q r_q \tag{8-48}$$

式中:k_q——三原子气体的辐射减弱系数,用烟气平均温度 T_y 代入式(7-16)计算;

r_q——烟气中三原子气体总的容积份额;

p——烟气压力,可取 $p = 0.1$ MPa;

s——有效辐射层厚度,m。

对于光管管束,

$$s = 0.9d\left(\frac{4}{\pi}\frac{S_1 S_2}{d^2} - 1\right) \quad \text{m} \tag{8-49}$$

对于鳍片管束和膜式对流受热面(图8-7),

$$s = \frac{0.9(4S_1 S_2 - \pi d^2 - 8\delta h)}{\pi d + 4h} \quad \text{m} \tag{8-50}$$

对于烟管,

$$s = 0.9 d_n \quad \text{m} \tag{8-51}$$

式中：d_n——烟管内径，m。

位于对流受热面管束前或管束之间的气室辐射，可以近似地用加大计算管束的辐射换热系数来考虑，即

$$\alpha''_f = \alpha_f \left[1 + 0.3 \left(\frac{T_{qs}}{1\,000}\right)^{0.25} \left(\frac{l_{qs}}{l_{gs}}\right)^{0.07}\right] \quad \text{kW/(m}^2 \cdot \text{℃)} \tag{8-52}$$

式中：T_{qs}——计算管束前气室中的烟气温度，K；

l_{qs}——气室在烟气流动方向上的深度，m；

l_{gs}——管束在烟气流动方向上的深度，m。

位于管束后面的气室对管束的辐射是很小的，可以不计。

第六节　流体流速的计算和烟气流速的选择

一、流速计算

水和蒸汽的流速为

$$w = \frac{D V_{pj}}{f} \quad \text{m/s} \tag{8-53}$$

式中：D——流量，kg/s；

V_{pj}——平均比容，m³/kg；

f——流通截面积，m²。

烟气的流速为

$$w_y = \frac{B_j V_y}{F} \cdot \frac{\vartheta + 273}{273} \quad \text{m/s} \tag{8-54}$$

式中：V_y——相对于单位燃料的烟气量，m³/kg 或 m³/Nm³，其值随受热面平均过量空气系数 α 而异。

ϑ——烟气流的计算温度，℃。

$$\vartheta = t + \Delta t \quad \text{℃} \tag{8-55}$$

即烟气流的计算温度为受热工质平均温度 t 与传热平均温差 Δt 之和。只有当烟气的入口温度与出口温度相差在 300 ℃ 以内时，才允许将入口烟温与出口烟温的算术平均值作为烟气流的计算温度。

F——烟气流通截面积，m²，按最小流通面积的原则来确定。

(1) 烟气横向冲刷光管管束时，

$$F = ab - z_1 l d \quad \text{m}^2 \tag{8-56}$$

式中：a、b——烟道的横截面尺寸，m；

z_1——烟道横截面上最多的管子根数；

l——管子的计算长度，若是弯管，取管子在直管上的投影作为管长，m；

d——管子的外径，m。

(2) 烟气横向冲刷带横向肋片的管束时，

$$F = \left[1 - \frac{1}{S_1/d}\left(1 + 2\frac{h}{t}\frac{\delta}{d}\right)\right] ab \quad \text{m}^2 \tag{8-57}$$

式中：S_1——管子的横向节距，m；
d——无肋片部分管子的外径，m；
h——肋片的高度，m；
δ——肋片的平均厚度，m；
t——肋片的节距，m。

（3）烟气在管外纵向冲刷光管管束时，

$$F = ab - z\frac{\pi d^2}{4} \quad \text{m}^2 \tag{8-58}$$

式中：z——并联管子根数；
d——管子的外径，m。

（4）烟气在管内纵向冲刷管束时，

$$F = z\frac{\pi d_n^2}{4} \quad \text{m}^2 \tag{8-59}$$

式中：d_n——管子的内径，m。

当烟气流通截面积在受热面的不同部分为不同值时，则总的平均流通截面积 F 可按不同部分受热面的份额加权平均来计算[图 8-18(a)]，即

$$F = \frac{H_1 + H_2 + \cdots}{\frac{H_1}{F_1} + \frac{H_2}{F_2} + \cdots} \quad \text{m}^2 \tag{8-60}$$

如果流通截面是渐变的[图 8-18(b)]，则

$$F = \frac{2F'F''}{F' + F''} \tag{8-61}$$

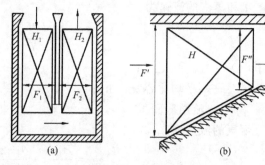

图 8-18　变截面流动

二、烟气流速的选择

提高烟气流速可以增强传热，减少受热面，节省钢材，但此时烟道阻力增加，将使通风能量消耗增加。最经济烟气流速是指按此速度设计对流受热面时，投资和运行费用的总和最为节省。可见，确定最经济烟气流速需要综合分析。由于在市场经济中，材料和能源的价格不是一成不变的，因此，最经济烟气流速也应是动态的。由于未来的能源价格难以预测，看起来这似乎是个不可能完成的任务。作为设计者，应基于当前的钢材价格、锅炉的使用寿命和市场对未来能源价格的预期，确定并选用最经济的烟气流速。当确实难以完成这样的计算时，可以参考推荐值。螺纹管内烟气流速可以参考表 8-3。过热器管束中烟气流速推荐为 12～15 m/s，对错列管束取下限，顺列管束取上限。节能器中烟气的推荐流速为 12～14 m/s，当管束错列布置时取下限，顺列布置时取上限。如果为了降低锅炉制造成本，不负责任地选用太高的烟气流速，使用户运行成本大大增加，必将损害用户的利益。从这个意义上来说，烟气流速的选择也是一个职业道德问题。

表 8-3　螺纹管内烟气流速推荐表

燃料种类和螺纹管安装部位		流速(m/s)	燃料种类和螺纹管安装部位		流速(m/s)
天然气、焦炉煤气、清洁的工业废气	第一管束	22	重油、柴油、轻油	第一管束	18
	第二管束	16		第二管束	14
	单回程	18		单回程	16

不过需要指出的是，锅壳式燃油燃气锅炉大多为正压通风，在这种通风方式下，由燃烧器的鼓风系统克服全部烟风阻力，各对流受热面流速的高低最终决定于燃烧器风机压头的大小，设计者必须根据燃烧器的背压来选择适当的烟气流速。

第七节　对流传热温差

在对流受热面的传热计算中，除了需要确定传热系数 K 以外，还须确定传热温差 Δt。由于换热介质沿受热面有温度变化，因此它们之间的温差是不等的，在实际计算中，就需要确定平均温差。从传热学中我们知道，平均温差和受热面两侧介质的相对流向有关，只有当其中一种介质的温度在受热面中保持不变时，平均温差才与相对流向无关。

冷热流体彼此反向平行流动为逆流，彼此同向平行流动为顺流，如图 8-19 所示。

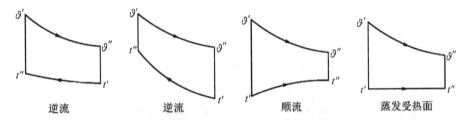

图 8-19　顺流、逆流系统中冷、热介质温度变化情况

对于单纯的顺流或逆流，可采用对数平均温差：

$$\Delta t = \frac{\Delta t_{\max} - \Delta t_{\min}}{\ln \dfrac{\Delta t_{\max}}{\Delta t_{\min}}} \quad \text{℃} \tag{8-62}$$

式中：$\Delta t_{\max}$、$\Delta t_{\min}$——受热面进、出口处温差的最大值和最小值。

当 $\dfrac{\Delta t_{\max}}{\Delta t_{\min}} \leqslant 1.7$ 时，采用算术平均值已足够精确了，此时

$$\Delta t = \frac{\Delta t_{\max} + \Delta t_{\min}}{2} = \vartheta - t \quad \text{℃} \tag{8-63}$$

式中：ϑ、t——分别为两种介质的平均温度，℃。

在相同的进出口温度条件下，逆流具有最大的平均温差，而顺流的平均温差最小。在实际的对流受热面布置中，不一定是纯逆流，而可能是混合流动系统，比如交叉混合流——烟气流向与受热介质流向垂直交叉，可以一次或多次交叉(图 8-20)，一般交叉 4 次以上的可以看作纯逆流或顺流。

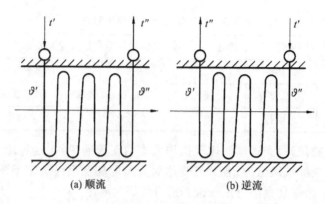

图 8-20　多次交叉

混合流动系统的平均温差介于逆流与顺流之间。因此，可以写出各种混合流动系统的平均温差为

$$\Delta t = \psi_t \Delta t_{nl} \quad ℃ \tag{8-64}$$

式中：Δt_{nl}——把计算系统看作逆流时的平均温差，℃；

ψ_t——考虑到系统不是逆流的温差修正系数。

对于任何系统，如能符合下列条件：

$$\Delta t_{sl} \geqslant 0.92 \Delta t_{nl} \quad ℃ \tag{8-65}$$

则可用下式计算平均温差：

$$\Delta t = \frac{\Delta t_{nl} + \Delta t_{sl}}{2} \quad ℃ \tag{8-66}$$

式中：Δt_{sl}——把系统看作顺流时的平均温差，℃。

如果不符合式(8-65)的条件，则必须根据具体的流动系统用式(8-64)计算平均温差。有关 ψ_t 值的确定请读者查阅相关书籍。

第八节　对流受热面传热计算步骤

对流受热面的传热计算通常采用校核计算的方法，即已知受热面的结构特性、工质的入口温度（对过热器、节能器等）、烟气入口温度等，需要确定的是受热面的传热量和烟气、工质的出口温度。计算的步骤大致如下：

(1) 先假定受热面的烟气出口温度 ϑ''，并由温熵表查得出口烟焓 h_y''，然后按烟气侧的热平衡方程式算出烟气放热量 Q_{rp}。

(2) 按工质侧的热平衡方程式求得工质出口焓 h''，并查得相应出口温度 t''（对过热器和节能器）。

(3) 求得烟气流的计算温度 ϑ 和工质平均温度 t，以及烟气平均流速 w_y 和工质平均流速 w。必要时先完成步骤(9)。

(4) 确定 α_d。

(5) 确定 α_f。

(6) 确定烟气侧的放热系数 α_1，并在需要时求取工质侧的放热系数 α_2。

(7) 需要时确定热有效系数 ψ。

(8) 确定传热系数 K。

(9) 按烟气和工质的进出口温度 ϑ'、ϑ''、t'、t'' 及它们的相对流向,确定平均温差 Δt。

(10) 按传热方程式求得受热面的传热量 Q_{cr}。

(11) 检验某受热面的烟气出口温度的原假定值是否合理,可按下式计算烟气放热量 Q_{rp} 和传热量 Q_{cr} 的误差百分数,即

$$\Delta q = \left| \frac{Q_{rp} - Q_{cr}}{Q_{rp}} \right| \times 100\%$$

对于无减温器的过热器 $\Delta q \leqslant 3\%$,其他受热面当 $\Delta q \leqslant 2\%$ 时,则可认为假定的烟气出口温度是合理的,该部分受热面的传热计算可告结束;此时,温度和焓的最终数值应以热平衡方程式中的值为准。当 Δq 不符合上述要求时,必须重新假定烟气出口温度;再次进行计算,如果 ϑ'' 和第一次假定的 ϑ'' 相差不到 50 ℃,则传热系数可不必重算,只需重算平均温差及 Q_{rp} 和 Q_{cr},然后再校核 Δq,直到符合要求为止[28]。

第九节 烟管(光管)传热的简易计算方法[27]

先求出烟管中烟气的质量流速 $w\rho$,如下式所示:

$$w\rho = \frac{Q_l}{Q_{net,ar}} G_y / F \qquad \text{kg/(m}^2 \cdot \text{h)} \tag{8-67}$$

式中:Q_l——进入锅炉的热量,kJ/h,按第七章中的公式(7-44)或(7-45)计算;

F——烟气流通截面积,m^2;

$Q_{net,ar}$——燃料收到基低位发热量,kJ/kg;

G_y——每千克燃料生成的烟气质量,kg/kg。

$$G_y = 1 - \frac{A_{ar}}{100} + 1.306 \alpha V_k^0 \qquad \text{kg/kg} \tag{8-68}$$

式中:A_{ar}——燃料的收到基灰分;

α——烟管中平均过量空气系数,可取 1.15;

V_k^0——理论空气量,Nm^3/kg。

对于重油,在无详尽的油质分析资料时,可取 $Q_{net,ar} = 40\,600$ kJ/kg,$G_y = 16.96$ kg/kg (100% 负荷时);对于天然气,可取 $Q_{net,ar} = 47\,800$ kJ/kg,$G_y = 19.48$ kg/kg(100% 负荷时)。

烟管出口的烟气温度 ϑ'' 由下式计算:

$$\vartheta'' = t_b + \frac{\vartheta' - t_b}{10^{0.0357B}} \qquad \text{℃} \tag{8-69}$$

$$B = \frac{\dfrac{L}{d_n}}{(w\rho \cdot d_n)^{0.2}} \tag{8-70}$$

式中:ϑ'——烟管进口的烟气温度,℃;

t_b——工质在设计压力下的饱和温度,℃,对于热水锅炉,t_b = (热水温度+回水温度)/2;

L——烟管的长度,m;

d_n——烟管的内径,m;

$w\rho$——烟气的质量流速，kg/($m^2 \cdot$ h)。

第十节　对流受热面传热计算举例

【例 8-1】 以 WNS15-1.25-Q 锅壳式锅炉为对象，以前面章节中的例题为基础，对锅炉的第一烟管管束进行传热计算。第一烟管管束及其拉撑管的结构尺寸如例图 8-1 所示。

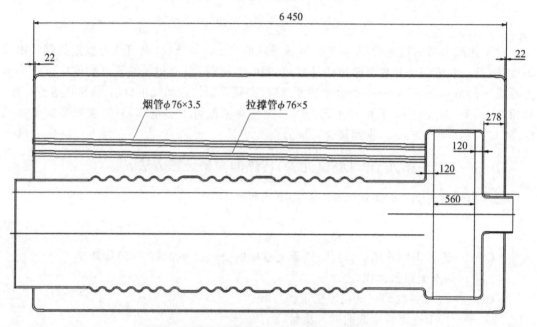

例图 8-1　第一烟管管束及其拉撑管的结构尺寸

解：(1) 第一烟管管束结构特性计算。

第一烟管管束结构特性计算如下表所示：

例表 8-1　第一烟管管束结构特性计算表

序号	名称	符号	单位	计算及说明	结果
1	螺纹烟管节距	t	m		0.045
2	螺纹烟管槽深	e	m		0.003
3	螺纹烟管内径	d_r	m	$\phi 76 \times 3.5$	0.069
4	螺纹烟管数量	n_r			108.0
5	拉撑管内径	d_l	m	$\phi 76 \times 5$	0.066
6	拉撑管数量	n_l			4.0
7	管子长度	L	m	6 450－22－278－120－560－120－22＝5 328	5.328
8	螺纹烟管传热面积	H_r	m^2		124.73
9	拉撑管传热面积	H_l	m^2		4.4
10	总传热面积	H	m^2		129.2

续表

序号	名称	符号	单位	计算及说明	结果
11	螺纹烟管流通截面积	F_r	m^2		0.40
12	拉撑管流通截面积	F_l	m^2		0.01
13	烟气总流通截面积	F	m^2		0.42
14	有效辐射层厚度	s	m	$0.9d$	0.062
15	管束深度	l_{gs}	m		5.328
16	管束前空间深度	l_{qs}	m		0.760
17	比值	l_{qs}/l_{gs}			0.143

（2）第一烟管管束传热计算。

第一烟管管束传热计算如下表所示：

例表 8-2　第一烟管管束传热计算表

序号	名称	符号	单位	计算及说明	结果
1	进口烟温	ϑ'	℃		1 236.6
2	进口烟焓	h_y'	kJ/Nm^3	温焓表	22 437.9
3	出口烟温	ϑ''	℃	假设后校核	314
4	出口烟焓	h_y''	kJ/Nm^3		5 109.97
5	漏风系数	$\Delta\alpha$	—		0
6	冷空气温度	t_{lk}	℃		20
7	冷空气焓	h_{lk}	kJ/Nm^3	温焓表	250.61
8	热平衡热量	Q_{rp}	kJ/Nm^3	$\varphi(h_y'-h_y''+\Delta\alpha h_{lk}^0)$	17 051.42
9	管外工质温度	t_{bh}	℃	按 $p=1.35$ MPa（绝对压力）查水蒸气表	193.4
10	平均温差	Δt	℃	$(\vartheta'-\vartheta'')/\ln\dfrac{\vartheta'-t_{bh}}{\vartheta''-t_{bh}}$	427.6
11	计算烟温	ϑ	℃	$\Delta t+t_{bh}$	621.0
12	烟气容积	V_y	Nm^3/Nm^3	烟气特性	11.614
13	平均烟气流速	w_y	m/s	$\dfrac{B_j}{3\,600}\cdot\dfrac{V_y}{F}\cdot\dfrac{\vartheta+273}{273}$	27.43
14	拉撑管当量直径	$d_{l,dl}$	m		0.066
15	螺纹管当量直径	$d_{r,dl}$	m		0.069
16	拉撑管长度与直径比	$L/d_{l,dl}$			80.73
17	水蒸气容积份额	r_{H_2O}	—	烟气特性	0.185
18	平均烟气温度	ϑ_{pj}	℃	$(\vartheta'+\vartheta'')/2$	775.3

续表

序号	名称	符号	单位	计算及说明	结果
19	烟气的导热系数	λ	W/(m·℃)	$M_\lambda \lambda_r$, $\vartheta_{pj}=775$ ℃,查附表 4-1 和附图 4-1	0.092 3
20	烟气的运动黏度系数	ν	10^6 m²/s	$M_\nu \nu_r$, $\vartheta_{pj}=775$ ℃,查附表 4-1 和附图 4-1	123.729
21	烟气的普朗特数	Pr	—	$M_{Pr} Pr_r$, $\vartheta_{pj}=775$ ℃,查附表 4-1 和附图 4-1	0.619 1
22	拉撑管雷诺数	Re_l		$w_y d_{l,dl}/\nu$	14 633.6
23	螺纹管雷诺数	Re_r		$w_y d_{r,dl}/\nu$	15 298.7
24	系数	c_t			1.00
25	系数	c_d			1.00
26	系数	c_l		$L/d_{l,dl} \geqslant 50$	1.00
27	拉撑管内烟气放热系数	α_l	kW/(m²·℃)	$0.023 \dfrac{\lambda}{d_{dl}} \left(\dfrac{wd_{dl}}{\nu}\right)^{0.8} Pr^{0.4} c_t c_d c_l$	0.057 5
	—		W/(m²·℃)		57.5
28	螺纹管流阻系数	λ'		公式(9-5)	0.112
29	螺纹管内烟气 Nu 数	Nu		公式(8-40)	73.555
30	螺纹管内烟气放热系数	α_r	W/(m²·℃)	$\lambda Nu/d_{r,dl}$	98.415
31	总对流换热系数	α_d	W/(m²·℃)	$\dfrac{\alpha_r H_r + \alpha_l H_l}{H}$	95.050
32	三原子气体容积份额	r_q	—		0.272 1
33	三原子气体总分压力	p_q	MPa	pr_q, p 取 0.1 MPa	0.027 2
34	气体减弱系数	k_q	1/(m·MPa)	$10\left(\dfrac{0.78+1.6r_{H_2O}}{\sqrt{10p_q s}}-0.1\right)\left(1-0.37\dfrac{\vartheta_{pj}+273}{1\,000}\right)$	54.769
35	烟气黑度	a_y	—	$1-e^{-k_q r_q ps}$	0.088 4
36	管束壁面温度	t_b	℃	$t_{bh}+60$	253
37	温度比	τ		$(t_b+273)/(\vartheta_{pj}+273)$	0.502
38	辐射换热系数	α_f	kW/(m²·℃)	$5.1\times10^{-11} a_y T_y^3 \dfrac{1-\tau^{3.6}}{1-\tau}$	0.009 6
39	管束前空间深度与管束深度比	$\dfrac{l_{qs}}{l_{gs}}$			0.143
40	修正后的辐射换热系数	α_f'	kW/(m²·℃)	$\alpha_f\left[1+0.3\left(\dfrac{T_{qs}}{1\,000}\right)^{0.25}\left(\dfrac{l_{qs}}{l_{gs}}\right)^{0.07}\right]$	0.012 3
41	冲刷系数	ζ	—		1

续表

序号	名称	符号	单位	计算及说明	结果
42	管束热有效系数	ψ	—	取 0.85	0.85
43	烟气对管壁的放热系数	α_1	kW/(m² · ℃)	$\zeta(\alpha_d/1\,000+\alpha'_f)$	0.107
44	传热系数	K	kW/(m² · ℃)	$\psi\alpha_1$	0.091 3
45	传热量	Q_{cr}	kJ/Nm³	$KH\Delta t/(B_j/3\,600)$	16 735.4
46	计算误差	$\Delta Q/Q$	%	$(Q_{rp}-Q_{cr})/Q_{rp}*100$	1.85

【例 8-2】 以 WNS15-1.25-Q 锅壳式锅炉为对象,以前面章节中的例题为基础,对锅炉的第二烟管管束进行传热计算。第二烟管管束及其拉撑管的结构尺寸如例图 8-2 所示。

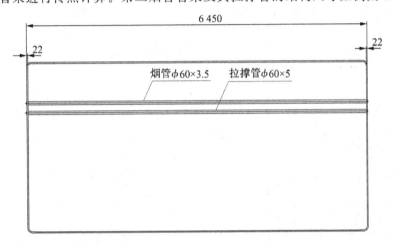

例图 8-2 第二烟管管束及其拉撑管的结构尺寸

解:(1) 第二烟管管束结构特性计算。

第二烟管管束结构特性计算如下表所示。

例表 8-3 第二烟管管束结构特性计算表

序号	名称	符号	单位	计算及说明	结果
1	烟管内径	d_g	m	普通光管	0.053
2	拉撑管内径	d_l	m		0.050
3	管子长度	L	m	6 450−22−22=6 406	6.406
4	烟管数量	n_g			130.0
5	拉撑管数量	n_l			10.0
6	烟管传热面积	H_g	m²		138.66
7	拉撑管传热面积	H_l	m²		10.1
8	总传热面积	H	m²		148.7
9	烟气流通截面积	F	m²		0.306
10	管子长度与直径比	L/d_g			120.868

(2) 第二烟管管束传热计算。

第二烟管管束传热计算如下表所示:

例表 8-4　第二烟管管束传热计算表

序号	名称	符号	单位	计算及说明	结果
1	管束进口烟温	ϑ'	℃		314
2	管束进口烟焓	h_y'	kJ/Nm³	温焓表	5 110.0
3	管束出口烟温	ϑ''	℃	假设后校核	214
4	管束出口烟焓	h_y''	kJ/Nm³		3 446.02
5	漏风系数	$\Delta\alpha$	—		0.00
6	冷空气温度	t_{lk}	℃		20
7	冷空气焓	h_{lk}	kJ/Nm³	温焓表	250.61
8	热平衡传热量	Q_{rp}	kJ/Nm³	$\varphi(h_y'-h_y''+\Delta\alpha h_{lk}^0)$	1 637.39
9	管外工质温度	t_{bh}	℃	按 $p=1.35$ MPa(绝对压力)查水蒸气表	193.4
10	平均温差	Δt	℃	$(\vartheta'-\vartheta'')/\ln\dfrac{\vartheta'-t_{bh}}{\vartheta''-t_{bh}}$	56.6
11	计算烟温	ϑ	℃	$\Delta t+t_{bh}$	250.0
12	烟气容积	V_y	m³/kg	烟气特性	11.614
13	水蒸气容积份额	r_{H_2O}	—	烟气特性	0.185
14	烟气流速	w_y	m/s	$\dfrac{B_j}{3\,600}\cdot\dfrac{V_y}{F}\cdot\dfrac{\vartheta+273}{273}$	21.87
15	管子当量直径	d_{dl}	m	烟管内直径	0.053
16	烟气平均温度	ϑ_{pj}	℃	$(\vartheta'+\vartheta'')/2$	264
17	烟气的导热系数	λ	W/(m·℃)	$M_\lambda\lambda_r,\vartheta_{pj}=264$ ℃，查附表 4-1 和附图 4-1	0.046 7
18	烟气的运动黏度系数	ν	10⁶ m²/s	$M_\nu\nu_r,\vartheta_{pj}=264$ ℃，查附表 4-1 和附图 4-1	37.498
19	烟气的普朗特数	Pr	—	$M_{Pr}Pr_r,\vartheta_{pj}=264$ ℃，查附表 4-1 和附图 4-1	0.686 8
20	雷诺数	Re	—	w_yd_{dl}/ν	30 905
21	系数	c_t			1.00
22	系数	c_d			1.00
23	系数	c_l		$L/d_{dl}\geqslant 50$	1.00
24	纵向冲刷放热系数	α_d	kW/(m²·℃)	$0.023\dfrac{\lambda}{d_{dl}}\left(\dfrac{wd_{dl}}{\nu}\right)^{0.8}Pr^{0.4}c_tc_dc_l$	0.068 2
25	冲刷系数	ζ			1
26	管束热有效系数	ψ		取 0.85	0.85
27	传热系数	K	kW/(m²·℃)	$\zeta\psi(\alpha_d+\alpha_f)$	0.057 9
28	传热量	Q_{cr}	kJ/Nm³	$kH\Delta t/(B_j/3\,600)$	1 618.8
29	计算误差	$\Delta Q/Q$	%	$(Q_{rp}-Q_{cr})/Q_{rp}*100$	1.14

上表中没有计入烟气辐射，如果考虑烟气辐射，计算结果会有多大的不同？如果将光管

换成螺纹烟管,结果又会如何?读者可以自行计算后分析对比。

【**例 8-3**】 以 WNS15-1.25-Q 锅壳式锅炉为对象,以前面章节中的例题为基础,对锅炉的节能器进行传热计算。节能器的结构尺寸如例图 8-3 所示。

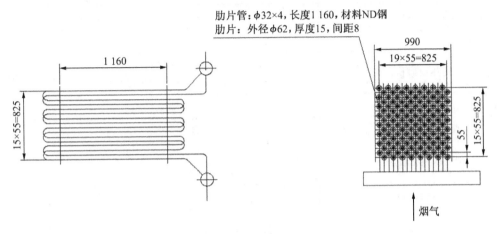

例图 8-3 节能器的结构尺寸

解:(1) 节能器结构特性计算。

节能器结构特性计算如下表所示:

例表 8-5 节能器结构特性计算表

序号	名称	符号	单位	计算及说明	结果
1	管子外径	d	m	$\delta=4$	0.032
2	管子内径	d_n	m		0.024
3	管子排列形式		—		错列
4	横向节距	S_1	m		0.110
5	纵向节距	S_2	m		0.055
6	横向相对管节距	σ_1	—	S_1/d	3.4
7	纵向相对管节距	σ_2	—	S_2/d	1.7
8	斜向相对管节距	σ_2'		$\sqrt{(\sigma_1^2/4+\sigma_2^2)}$	2.4
9	系数	φ_σ		$(\sigma_1-1)/(\sigma_2'-1)$	1.7
10	横向管排数	z_1	—		8
11	纵向管排数	z_2	—		16
12	圆肋片的外径	D	m		0.062
13	肋片高度	h	m		0.015
14	肋片厚度	δ	m		0.0015
15	肋片节距	t	m		0.008
16	肋片相对节距	d/t	—		4.000

续表

序号	名称	符号	单位	计算及说明	结果
17	比值	h/t	—		1.875
18	肋片管长度	L	m		1.160
19	每根管子上的肋片数	n	—	$L/t-1$	144
20	受热面面积	H	m²	$[2\pi n(D^2-d^2)/4+d\pi(L-n\delta)+\pi D\delta n]z_1 z_2$	99.2
21	烟道截面长度	a	m	取 L	1.160
22	烟道截面宽度	b	m	$S_1*(z_1+1)$	0.990
23	烟气流通截面积	F	m²	$\left[1-\dfrac{1}{S_1/d}\left(1+2\dfrac{h}{t}\dfrac{\delta}{d}\right)\right]ab$	0.756
24	水流通截面积	f	m²	$2z_1\pi d_n^2/4$	0.007 2
25	圆肋片管肋片外表面积与全部外表面积之比	H_f/H	—	$[(D/d)^2-1]/[(D/d)^2-1+2(t/d-\delta/d)]$	0.871
26	无肋片部分与全部外表面积之比	H_0'/H	—	$1-H_f/H$	0.129

(2) 节能器传热计算。

节能器传热计算如下表所示:

例表 8-6 节能器传热计算表

序号	名称	符号	单位	计算及说明	结果
1	进口烟温	ϑ'	℃		214
2	进口烟焓	h_y'	kJ/Nm³		3 446.02
3	进水温度	t'	℃	额定给水温度	104
4	进口水焓	h'	kJ/kg	按 $p=1.37$ MPa(绝对压力)查水蒸气表	436.9
5	出口烟温	ϑ''	℃	先假定后校核	140
6	出口烟焓	h_y''	kJ/Nm³	温焓表	2 242.17
7	漏风系数	$\Delta\alpha$	—		0.0
8	冷空气温度	t_{lk}	℃		20
9	冷空气焓	h_{lk}	kJ/Nm³	温焓表	250.61
10	热平衡传热量	Q_{rp}	kJ/Nm³	$\varphi(h_y'-h_y''+\Delta\alpha h_{lk}^0)$	1 184.64
11	出口水焓	h''	kJ/kg	$h'+Q_{rp}B_j/(D+D_{pw}+D_{zy})$	517.2
12	出口水温	t''	℃	按 $p=1.35$ MPa(绝对压力)查水蒸气表	122.8
13	平均烟温	ϑ_{pj}	℃	$(\vartheta'+\vartheta'')/2$	177.0

续表

序号	名称	符号	单位	计算及说明	结果
14	平均水温	t_{pj}	℃	$(t'+t'')/2$	113.4
15	水流速	w	m/s	$1\,000[D(1+\rho/100)+D_{zy}]v_{pj}/(3\,600f)$	0.61
16	烟气容积	V_y	Nm³/Nm³		11.614
17	烟气流速	w_y	m/s	$\dfrac{B_j}{3\,600} \cdot \dfrac{V_y}{F_y} \cdot \dfrac{\vartheta_{pj}+273}{273}$	7.63
18	烟气的导热系数	λ	W/(m·℃)	$M_\lambda \lambda_r, \vartheta_{pj}=177\ ℃$ 查附表 4-1 和附图 4-1	0.039 2
19	烟气的运动黏度系数	ν	10^6 m²/s	$M_\nu \nu_r, \vartheta_{pj}=177\ ℃$ 查附表 4-1 和附图 4-1	27.369
20	烟气的普朗特数	Pr	—	$M_{Pr} Pr_r, \vartheta_{pj}=177\ ℃$ 查附表 4-1 和附图 4-1	0.707
21	管排修正系数	c_c	—	$z_2=16$,取 1.02	1.02
22	系数	φ_σ	—		1.70
23	错列对流放热系数	α_d	W/(m²·℃)	$0.23 c_c \varphi_\sigma^{0.2} \dfrac{\lambda}{t} \left(\dfrac{d}{t}\right)^{-0.54} \left(\dfrac{h}{t}\right)^{-0.14} \left(\dfrac{wt}{\nu}\right)^{0.65}$	83.096
24	肋片金属的导热系数	λ_f	kW/(m·℃)	碳钢	0.05
25	肋片表面放热不均匀系数	ψ_f	—	圆管上的肋片	0.85
26	横向肋片管的污染系数	ε	(m²·℃)/kW	选取	0
27	参数	m	—	$\sqrt{\dfrac{2(\psi_f \alpha_d+\alpha_f)}{\delta \lambda_f[1+\varepsilon(\psi_f \alpha_d+\alpha_f)]}}$	41.991
28	乘积	mh	m		0.63
29	比值	D/d	—		1.938
30	肋片有效系数	E	—	查图 8-8	0.84
31	考虑肋片厚度沿高度变化影响的系数	μ	—	$\delta_1=\delta_2$,查图 8-9	1.00
32	烟气侧放热系数	α_1	W/(m²·℃)	$\left(\dfrac{H_f}{H}E\mu+\dfrac{H'_o}{H}\right)\dfrac{\psi_f \alpha_d}{1+\varepsilon \psi_f \alpha_d}$	60.783
33	传热系数	K	W/(m²·℃)	α_1	60.783
34	实际吸热量	Q_{cr}	kJ/Nm³	$KH\Delta t/B_j$	1 188.56
35	相对误差	Δq	%	$100(Q_{rp}-Q_{cr})/Q_{rp}$	−0.33

第九章 烟风阻力计算

第一节 概　述

锅炉运行时需要不断地送入空气,燃烧产生的烟气需要不断地被排出。空气和烟气在烟风道中的流动会产生阻力,需要靠风机来克服这些阻力。传统的锅壳式燃油燃气锅炉的受热面主要由炉胆和烟管组成,一般不采用空气预热器,风道的阻力很小,烟道的总阻力大约为几百帕,一般不超过 3 kPa,烟道阻力一般由燃烧器的风机余压来克服。这种通风方式被称为微正压通风(图 9-1)。节能型锅壳式燃油燃气锅炉除了炉胆和烟管之外,还包含节能器,烟道的总阻力比较大,如果再安装烟气冷凝器的话,阻力将进一步增加,这种情况下,如果采用正压通风,对燃烧器风机余压要求比较高,必要时可以考虑平衡通风方式,即炉胆和烟管的阻力由燃烧器风机克服,节能器和烟气冷凝器的阻力由引风机克服(图 9-2)。对于已经运行的传统锅壳式燃油燃气锅炉进行节能改造时,需要增加节能器甚至烟气冷凝器,则必须考虑增加引风机,以保证燃烧器的工作不受影响。由于锅壳式燃油燃气锅炉燃烧器中包含送风机,因此通常只需计算烟气流的阻力,根据计算结果校核燃烧器风机的余压是否足够,以及必要时据此选择合适的引风机。

烟囱也是烟道的组成部分,其作用主要是将烟气排放到锅炉之外的环境中去,并满足环保的要求。烟气在烟囱中的流动阻力一般由烟囱的自升通风力克服。

本章主要依据苏联"锅炉设备空气动力计算"标准方法[30],并参考国内外阻力计算方面的最新经验和成果,对锅壳式燃油燃气锅炉中主要受热面的烟气阻力计算方法做介绍。

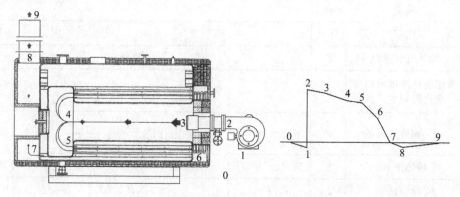

图 9-1　微正压通风沿程的烟风压力变化图

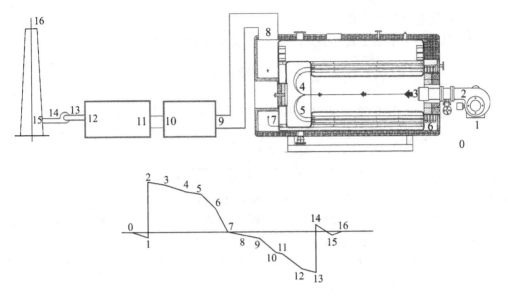

图 9-2 平衡通风沿程的烟风压力变化图

第二节 烟管的阻力计算

一、普通烟管(光管)的阻力计算

由于烟管存在热交换,其摩擦阻力按下式计算:

$$\Delta h_{mc} = \lambda \frac{l}{d_n} \frac{\rho w^2}{2} \left(\frac{2}{\sqrt{\frac{T_b}{T_y}} + 1} \right)^2 \quad \text{Pa} \tag{9-1}$$

式中:λ——沿程摩擦阻力系数,与雷诺数 Re 和管壁的相对粗糙度 K/d_{dl} 有关。

当 $Re < 2 \times 10^3$ 时,

$$\lambda = \frac{64}{Re} \tag{9-2}$$

当 $K/d_n = 0.00008 \sim 0.0125$ 和 $Re \geqslant 4 \times 10^3$ 时,

$$\lambda = 0.11 \left(\frac{K}{d_n} + \frac{68}{Re} \right)^{0.25} \tag{9-3}$$

对于内径在 20~60 mm 之间的烟管,λ 值也可以采用下式计算:

$$\lambda = 0.335 \left(\frac{K}{d_n} \right)^{0.17} Re^{-0.14} \tag{9-4}$$

式中:l——烟管长度,m;

d_n——烟管的内径,m;

w——烟气的速度,m/s;

ρ——烟气的密度,kg/m³;

T_y、T_b——分别表示烟气及管壁的平均温度,K。

二、螺纹烟管的阻力计算

螺纹烟管的阻力系数比光管的大得多,以下是比较常用的两个公式:

$$\lambda = 8 / \left\{ 2.5\ln\left(\frac{d}{2e}\right) + 0.868\left(\frac{e}{d}\right)^{-0.33}\left(\frac{t}{e}\right)^{0.366} \times \right.$$

$$\left. [1+0.0296(\ln Re - 9.48)^2]\exp\left(-0.005\frac{t}{e}\right) - 3.75 \right\}^2 \tag{9-5}$$

$$\lambda = \frac{Re\left(\frac{t}{e}\right)^{0.0427}}{2.22 \times 10^{-4} Re^2 + 8.72 Re + 30049} \tag{9-6}$$

上面两个式子中:d——螺纹管内直径(不考虑螺纹),m;

$t、e$——分别是螺纹管的节距和槽深,m。

公式(9-5)的适用范围:$0.324 \leqslant t/d \leqslant 0.920$,$0.0196 \leqslant e/d \leqslant 0.0682$。

公式(9-6)的适用范围:$6 \times 10^3 \leqslant Re \leqslant 3 \times 10^4$,$11.77 \leqslant t/e \leqslant 20.8$,$0.4444 \leqslant t/d \leqslant 0.5778$,$0.02778 \leqslant e/d \leqslant 0.03778$。

三、光管阻力的简易计算方法[27]

1. 烟管的摩擦阻力系数

$$\xi = 0.219 \frac{(0.315 \times 10^{-7} \cdot \vartheta_{pj} + 0.201 \times 10^{-4})^{0.2}}{\left(\frac{w\rho \cdot d_n}{3600}\right)^{0.2}} \tag{9-7}$$

式中:ϑ_{pj}——烟气的平均温度,℃,取烟管进出口烟气温度的平均值,即 $\vartheta_{pj} = (\vartheta' + \vartheta'')/2$;

$w\rho$——烟气的质量流速,按第八章中的公式(8-67)计算;

d_n——烟管的内径,m。

2. 烟管的沿程摩擦阻力

$$\Delta P_m = \xi \frac{L}{d_n} \cdot \frac{(w\rho/3600)^2}{2\rho_k} \quad \text{Pa} \tag{9-8}$$

式中:L——烟管的长度,m;

ξ——烟管的摩擦阻力系数;

ρ_k——在烟气平均温度 ϑ_{pj} 下的干空气密度。

$$\rho_k = 1.293 \cdot \frac{273}{\vartheta_{pj} + 273} \quad \text{kg/m}^3 \tag{9-9}$$

3. 烟管进出口的局部阻力

$$\Delta P_{jb} = 1.05[2.222 \times 10^{-4}(\vartheta' + 273) + 1.195 \times 10^{-3}(\vartheta'' + 273)] \cdot \left(\frac{w\rho}{3600}\right)^2 \tag{9-10}$$

第三节 节能器和烟气冷凝器的阻力计算

节能器一般为烟气横向冲刷管束,其流动阻力用下式计算:

$$\Delta h_{hx} = \xi \frac{\rho w^2}{2} \quad \text{Pa} \tag{9-11}$$

上式中的 ξ 为阻力系数,其值与管束的结构形式、沿烟气流动方向的管子排数和雷诺数 Re

等有关。烟气进入和流出管束时由于截面收缩和扩大引起的压头损失也计入其中,不再另行计算。式中气流速度是按管子轴向平面处烟道的有效截面来确定的。

一、烟气横向冲刷顺列光管管束阻力系数

光管顺列管束排列形式如图 9-3 所示。图中 Z_2 为沿气流方向（管束深度方向）的管子排数；S_1、S_2 为管束的横向、纵向节距,m；d 为管子外径,m。管束的阻力与 $\dfrac{S_1}{d}$、$\dfrac{S_2}{d}$、$\psi=\dfrac{S_1-d}{S_2-d}$ 及雷诺数 Re 值有关。

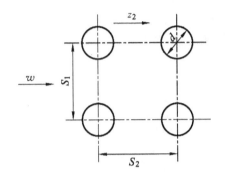 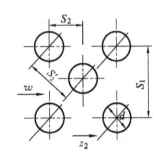

图 9-3　光管顺列管束　　　　图 9-4　光管错列管束

当 $\dfrac{S_1}{d} \leqslant \dfrac{S_2}{d}$ 或当 $\dfrac{S_1}{d} > \dfrac{S_2}{d}$ 且 $1<\psi\leqslant 8$ 时,管束的阻力系数可由下式计算：

$$\xi = \xi_i z_2 \tag{9-12}$$

式中：ξ_i——每一排管子的阻力系数,按下列情况计算。

(1) 当 $\dfrac{S_1}{d} \leqslant \dfrac{S_2}{d}$,且 $0.06\leqslant\psi\leqslant 1$ 时,

$$\xi_i = 2\left(\dfrac{S_1}{d}-1\right)^{-0.5} Re^{-0.2} \tag{9-13}$$

(2) 当 $\dfrac{S_1}{d} > \dfrac{S_2}{d}$ 时,

如果 $1<\psi\leqslant 8$,那么

$$\xi_i = 0.38\left(\dfrac{S_1}{d}-1\right)^{-0.5}(\psi-0.94)^{-0.59} Re^{\dfrac{-0.2}{\psi^2}} \tag{9-14}$$

如果 $8<\psi\leqslant 15$,那么

$$\xi_i = 0.118\left(\dfrac{S_1}{d}-1\right)^{-0.5} \tag{9-15}$$

若管束中节距交替变化,并同处于式(9-13)、式(9-14)和式(9-15)某一规定范围时,管束阻力系数可按平均节距计算；不处于同一规定范围时,则按各部分管束阻力系数加权平均计算,或按式(9-12)分段计算后叠加。

二、烟气横向冲刷错列光管管束的阻力系数

光管错列管束如图 9-4 所示,其阻力系数可用下式计算：

$$\xi = \xi_i (z_2+1) \tag{9-16}$$

式中：ξ_i——管束中一排管子的阻力系数，它与比值 $\dfrac{S_1}{d}$ 和 $\varphi_\sigma = \dfrac{S_1-d}{S_2'-d}$ 及 Re 数有关；

S_2'——管子的斜向（对角线方向）的节距，m，$S_2' = \sqrt{\dfrac{1}{4}S_1^2 + S_2^2}$；

S_1、S_2——分别为管束横向和纵向的节距，m。

对于所有错列管束，除了 $3 < \dfrac{S_1}{d} \leqslant 10$ 而 $\varphi > 1.7$ 的管束以外，ξ_i 值按下式确定：

$$\xi_i = c_s Re^{-0.27} \tag{9-17}$$

式中：c_s——错列管束的形状系数，与比值 S_1/d 及 φ_σ 有关。

当 $0.1 < \varphi_\sigma \leqslant 1.7$ 时，

对于 $\dfrac{S_1}{d} \geqslant 1.44$ 的管束，

$$c_s = 3.2 + 0.66(1.7 - \varphi_\sigma)^{0.5} \tag{9-18}$$

对于 $\dfrac{S_1}{d} < 1.44$ 的管束，

$$c_s = 3.2 + 0.66(1.7-\varphi_\sigma)^{0.5} + \dfrac{1.44 - \dfrac{S_1}{d}}{0.11}[0.8 + 0.2(1.7-\varphi_\sigma)^{1.5}] \tag{9-19}$$

当 $1.7 < \varphi_\sigma \leqslant 6.5$（"密集"管束，即斜向截面几乎等于或小于横向截面）时，

对于 $1.44 \leqslant \dfrac{S_1}{d} \leqslant 3.0$ 的管束，

$$c_s = 0.44(\varphi_\sigma + 1)^2 \tag{9-20}$$

对于 $\dfrac{S_1}{d} < 1.44$ 的管束，

$$c_s = \left[0.44 + \left(1.44 - \dfrac{S_1}{d}\right)\right](\varphi_\sigma + 1)^2 \tag{9-21}$$

当 $\varphi_\sigma > 1.7$ 而 $3.0 < \dfrac{S_1}{d} \leqslant 10$ 时，

$$\xi_i = 1.83\left(\dfrac{S_1}{d}\right)^{-1.46} \tag{9-22}$$

单排管束的阻力为

$$\Delta h_c^i = \xi_i \dfrac{w^2 \rho}{2} \quad \text{Pa} \tag{9-23}$$

三、烟气斜向冲刷光管管束

当烟气斜向冲刷光管管束时（图 9-5），其阻力系数按纯横向冲刷的公式来计算，但其流速应根据斜向截面进行计算。在此情况下，如冲刷角 $\beta \leqslant 75\ ℃$，无论是顺列或错列管束的斜向冲刷阻力，都先按纯横向冲刷的公式进行计算，对其结果再乘以系数 1.1，也就是将流动阻力增加 10%；如冲刷角 $\beta > 75\ ℃$ 时，可不考虑流动阻力的增加值。

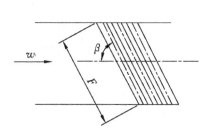

图 9-5 斜向冲刷管束

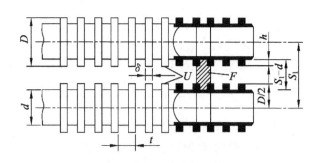

图 9-6 横向肋片管束简图

四、横向冲刷错列布置的带圆形或方形横向肋片的管束的阻力系数

横向肋片管束如图 9-6 所示,其阻力系数可用下式计算：

$$\xi = \xi_i z_2 \tag{9-24}$$

式中：z_2——沿管束深度方向的管子排数。

ξ_i——管束一排管子的阻力系数。

$$\xi_i = c_s Re_l^{-0.25} c_z \tag{9-25}$$

式中：c_s——错列管束的形状系数。当 $0.16 \leqslant l/d \leqslant 6.55$，$Re_l = (2.2 \sim 180) \times 10^3$ 时，

$$c_s = 5.4 (l/d_{dl})^{0.3} \tag{9-26}$$

c_z——对于排数少的管束($z_2 \leqslant 5$)的排数修正系数,见图 9-7；当 $z_2 \geqslant 6$ 时，$c_z = 1$。

Re_l——按由假设条件确定的尺寸 l(米)计算的雷诺数，$Re_l = \dfrac{wl}{v}$；而 l 按下式确定

$$l = \frac{H_o'}{H}d + \frac{H_f}{H}\sqrt{\frac{H_f'}{2n}} \quad \text{m} \tag{9-27}$$

式中：H、H_o' 及 H_f——分别是肋片管的全表面积，肋片之间的光管(支承管)段的表面积及肋片的表面积，m^2，$\dfrac{H_o'}{H} = 1 - \dfrac{H_f}{H}$；

H_f'——肋片两平面的表面积(不包括它们端面的面积)，m^2；

d——支承管的直径，m(图 9-6)；

n——肋片总表面积等于 H_f 时的管子上的肋片数。

对方形肋片管，公式(9-27)要变为下式：

$$l = \frac{\pi d^2 (t-\delta)}{H/n} + \frac{2(c_f^2 - 0.785 d^2) + 4 c_f \delta}{H/n} \times \sqrt{c_f^2 - 0.785 d^2} \quad \text{m} \tag{9-28}$$

式中：$H/n = \pi d(t-\delta) + 2(c_f^2 - 0.785 d^2) + 4 c_f \delta$，$c_f = 2h + d$——肋片的边长，m；

h、δ——肋片的高度及平均厚度，m；

t——肋片的节距，m。

圆形肋片管的 l 按下式计算：

$$l = \frac{(t-\delta)nd}{L\beta} + \frac{0.5n(D^2 - d^2) + Dn\delta}{Ld\beta} \times \sqrt{0.785(D^2 - d^2)} \quad \text{m} \tag{9-29}$$

式中：D——肋片外缘的直径(肋片直径)，m；

L——肋片表面积等于 H_f 时的管子长度，m；

β——管子的肋化系数(总表面积与直径为 d 的光管表面积之比);

d_{dl}——管束压缩横截面的当量直径,m,见图 9-6。

$$d_{dl}=\frac{4F}{U}=\frac{2[t(S_1-d)-2\delta h]}{2h+t} \quad (9-30)$$

式中:F——烟气通道中最大压缩横截面积,m^2;
U——受烟气冲刷的周长,m;
S_1——管束中管子的横向节距,m。

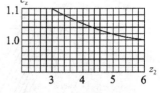

图 9-7 错列布置横向肋片管束的排数修正系数

五、横向冲刷顺列布置的带圆形或方形横向肋片的管束的阻力系数

每一排管子的阻力系数 ξ_i 按下式计算,

$$\xi_i=c_s c_z Re_l^{-0.08} \quad (9-31)$$

式中:c_z——对于排数少的管束($z_2\leqslant 5$)的排数修正系数,见图 9-8,当 $z_2\geqslant 6$ 时,$c_z=1$;

c_s——顺列管束的形状系数,对 $0.9\leqslant l/d_{dl}\leqslant 11$,$0.5\leqslant \psi\leqslant 2.0$ 的管束,当 $Re_l=(4.3\sim 160)\times 10^3$ 时,

$$c_s=0.52(l/d_{dl})^{0.3}\psi^{-0.68} \quad (9-32)$$

$$\psi=\frac{S_1-d}{S_2-d} \quad (9-33)$$

图 9-8 顺列布置横向肋片管束的排数修正系数

其余同错列管束。

六、纵向鳍片管错列管束的阻力

$$\Delta h=1.2\Delta h_{hx} \quad (9-34)$$

式中:Δh_{hx}——布置相同的光管管束的阻力,Pa,按公式(9-11)及(9-16)—(9-22)确定。

如果两个相邻(沿烟气流程)的鳍片间的间隙 $a'=2(S_2-h)-d$ 比鳍片顶部厚度 δ_t 的五倍还要小时(图 9-9),就必须考虑计算截面被鳍片阻塞的程度。这个阻塞程度的大小按下式确定:

$$\delta'_t=\delta_t b' \quad (9-35)$$

上式中,当 $2<\frac{a'}{\delta_t}<5$ 时,$b'=\frac{5-a'/\delta_t}{3}$;当 $\frac{a'}{\delta_t}\leqslant 2$ 时,$b'=1$。

确定横向有效截面积 F' 的计算值时要考虑阻塞程度 δ'_t,即比无阻塞时减小,此值为

$$F'=ab-z_1 l(d+\delta'_t) \quad (9-36)$$

式中:a 和 b——烟道的横截面尺寸,m;
z_1——每排的管子数;
l——管子长度,m。

在计算 φ_σ 的公式中,必须代入考虑阻塞程度确定的 $S'_1=S_1-\delta'_t$ 值。但是,计算管子的斜向节距 S'_2 时,应该代入实际的横向节距 S_1。系数 c_s 也按公式(9-18)—(9-21)用实际节距 S_1 确定。

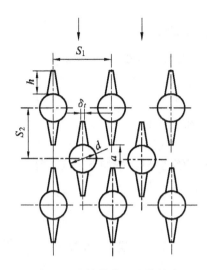

图 9-9 由鳍片管组成的管束

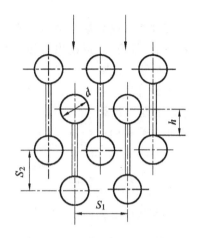

图 9-10 由膜式板构成的管束

七、由钢板满焊制成的直膜板错列膜式管束(图 9-10)的阻力

$$\Delta h = 1.1\Delta h_{hx} \tag{9-37}$$

式中：Δh_{hx}——布置相同的光管错列管束的阻力，Pa，按公式(9-11)及(9-16)—(9-22)确定。

八、螺旋肋片管的阻力计算

空气动力计算标准方法[30]中没有介绍螺旋肋片管的阻力计算方法。如果将前述横向肋片管束的计算结果用于螺旋肋片管束，计算结果偏小。文献[31]建议螺旋肋片错列管束使用曹家甡公式来计算烟气阻力；对螺旋肋片顺列管束，在纵向管排数较少的情况下，采用标准方法中横向肋片管束公式计算烟气阻力不会产生过大的误差。

曹家甡公式如下：

$$\Delta p = Eu \cdot \rho w^2 \cdot n \quad \text{Pa} \tag{9-38}$$

式中：n——管排数；

ρ——烟气密度，kg/m³；

w——烟气流速，m/s；

Eu——欧拉数。

$$Eu = 3.122\sigma_1^{-0.376}\sigma_2^{-0.0833}\left(\frac{t}{h}\right)^{-0.334}\left(\frac{\delta}{h}\right)^{-0.163}Re^{-0.269} \tag{9-39}$$

式中：t、h、δ——分别是肋片的节距、高度和厚度，m；

Re——雷诺数，定性尺寸取基管外径。

阻力系数则可以由下式求出：

$$\xi = 2n \cdot Eu \tag{9-40}$$

九、烟气冷凝器的阻力计算

烟气冷凝器的阻力计算暂无相关公式。根据文献[32]，在相同的 Re 数和冲击角下，随着析湿系数的增加，换热性能是增加的，但对阻力系数的影响不明显，因此可不考虑冷凝对阻力的影响。

第四节 其他阻力计算

锅壳式燃油燃气锅炉烟气阻力主要发生在烟管、节能器和烟气冷凝器中,其他产生烟气阻力的还有炉胆、烟道、烟道进出口和转弯及烟囱等处。

一、炉胆的阻力计算

炉胆的阻力计算可参考第二节中介绍的烟管的阻力计算方法。

二、烟道的阻力计算

对于不布置受热面的烟道,其中是等温气流,沿程摩擦阻力按如下公式计算:

$$\Delta h_{mc} = \lambda \frac{l}{d_{dl}} \frac{\rho w^2}{2} \quad \text{Pa} \tag{9-41}$$

式中:l——烟道长度,m。

d_{dl}——当量直径,m。对于圆形烟道,d_{dl}即为管子内径;对于截面尺寸为 $a \times b$ 的矩形烟道,

$$d_{dl} = \frac{2ab}{a+b} \quad \text{m} \tag{9-42}$$

λ——沿程摩擦阻力系数。对于无耐火衬的钢制烟道,λ 取 0.02;有耐火衬的钢制烟道,λ 取 0.01;对于砖或混凝土制烟道,当 $d_{dl} \geqslant 0.9$ m 时,λ 取 0.03,$d_{dl} < 0.9$ m 时,λ 取 0.04。

$\frac{\rho w^2}{2}$——动压头。

三、烟道进出口及转弯的阻力计算

烟道进出口及转弯的阻力按局部阻力计算,即

$$\Delta h_{jb} = \xi \frac{\rho w^2}{2} \quad \text{Pa} \tag{9-43}$$

式中:$\frac{\rho w^2}{2}$——动压头;

ξ——局部阻力系数,由进出口截面变化、转弯等具体条件来确定。

1. 烟道进出口截面改变引起的局部阻力的计算

在计算这种局部阻力时,阻力系数都是对应某一截面的流速而定的(一般是按小的截面),当对应于另一截面的流速时阻力系数应按下式换算:

$$\xi_2 = \xi_1 (F_2/F_1)^2 = \xi_1 (w_1/w_2)^2 \tag{9-44}$$

在表 9-1 中列出了一部分由于截面变化而引起的局部阻力的阻力系数,同时在简图中表明了计算流速时相应的通道截面。在截面突然变化的情况下,其阻力系数按截面比值由图 9-11 查得。

表 9-1 由于截面变化而引起的局部阻力的阻力系数

序号	名称	简图	局部阻力系数
1	端部与壁面相平的通道入口		$\xi = 0.5$

续表

序号	名称	简图	局部阻力系数			
2	端部伸出壁外的通道入口		当 $\delta/d \approx 0, a/d \geq 0.2$ 时,$\xi=1.0$ 当 $0.05 < a/d < 0.2$ 时,$\xi=0.85$ 当 $\delta/d \geq 0.04$ 时,$\xi=0.5$			
3	边缘为圆角的通道入口		当 $r/d=0.05$ 和边缘与壁相平时,$\xi=0.25$ 边缘伸出壁外时,$\xi=0.4$ 不论边缘与壁齐平还是突出, 当 $r/d=0.1$,$\xi=0.12$ 当 $r/d=0.2$,$\xi=0$			
4	进入端部为圆锥形管的通道,对矩形截面 ξ 按较大 α 来确定	a—端部与壁面相平	α	ξ		
				l/d		
				0.1	0.2	0.3
			30°	0.25		0.2
			50°	0.2		0.15
			90°	0.25		0.2
		b—端部伸出壁外	α	ξ		
				l/d		
				0.1	0.2	0.3
			30°	0.55	0.35	0.2
			50°	0.45	0.22	0.15
			90°	0.41	0.22	0.18
5	吸气孔的连接管		没有调节挡板时,$\xi=0.2$ 有调节挡板时,$\xi=0.3$ 没有调节挡板时,$\xi=0.1$ 有调节挡板时,$\xi=0.2$			

续表

序号	名称	简图	局部阻力系数	
6	在罩下面的通道入口	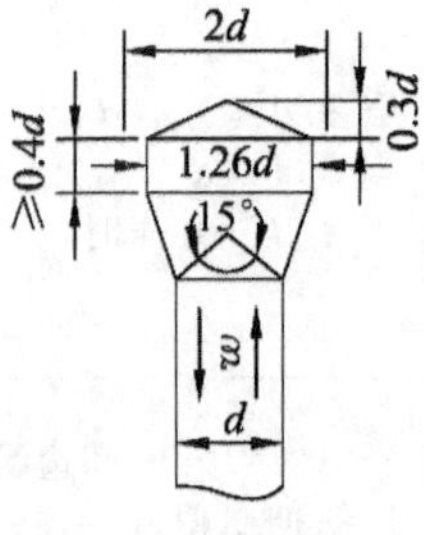 (图：2d, 0.3d, ≥0.4d, 1.26d, 15°, w, d)	$\xi=0.5$	ξ 值仅适用于图示之罩，该罩是较好的一种式样
7	在罩下面的通道出口		$\xi=0.65$	
8	通道出口（烟囱除外）	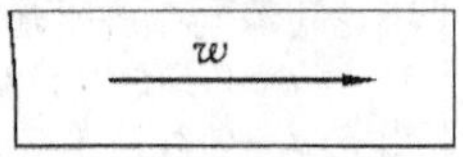 (图：w)	$\xi=1.1$；当在出口前装有收缩管 ($l \geqslant 20d_{dl}$) 时，$\xi=1.0$	
9	通过栅格或孔板（锐缘孔口）的通道进口	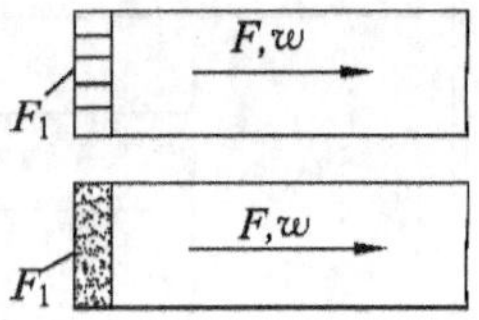 (图：F_1, F,w)	$\xi=\left[1.707\left(\dfrac{F}{F_1}\right)-1\right]^2$	
10	带一个（第一个）侧孔口（锐缘孔口）的通道进口	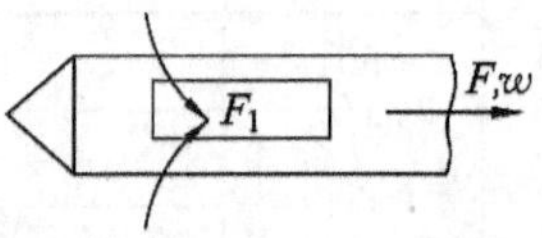 (图：F_1, F,w)	当 $\dfrac{F_1}{F} \leqslant 0.4$ 时，$\xi=2.5\left(\dfrac{F}{F_1}\right)^2$ 当 $\dfrac{F_1}{F} > 0.4$ 时，$\xi \approx 2.26\left(\dfrac{F}{F_1}\right)^2$	
11	带两个对面孔口通道进口		当 $\dfrac{F_1}{F} \leqslant 0.7$ 时，$\xi=3.0\left(\dfrac{F}{F_1}\right)^2$ F_1 为侧孔口总面积	
12	带栅格或孔板（锐缘孔口）的通道出口	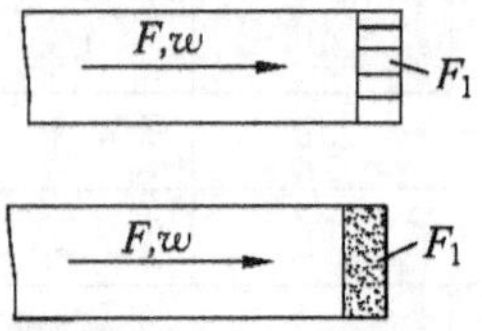 (图：F,w, F_1)	$\xi=\left(\dfrac{F}{F_1}+0.707\dfrac{F}{F_1}\sqrt{1-\dfrac{F_1}{F}}\right)^2$	
13	带一个（最后的）侧孔口的通道出口	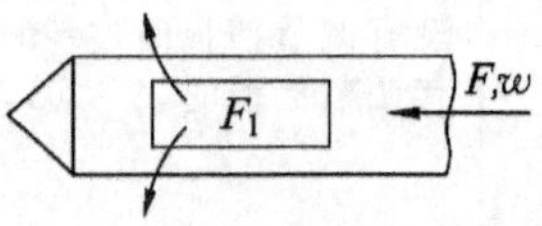 (图：F_1, F,w)	当 $\dfrac{F_1}{F} \leqslant 0.7$ 时，$\xi \approx 2.6\left(\dfrac{F}{F_1}\right)^2$ 当 $0.7 < \dfrac{F_1}{F} \leqslant 1.0$ 时，$\xi \approx 3.0\left(\dfrac{F}{F_1}\right)^2$	
14	带两个对面孔口的通道出口		当 $\dfrac{F_1}{F} \leqslant 0.6$ 时，$\xi=2.9\left(\dfrac{F}{F_1}\right)^2$ F_1 为孔口的总面积	
15	通道内的栅格或孔板（锐缘孔口）	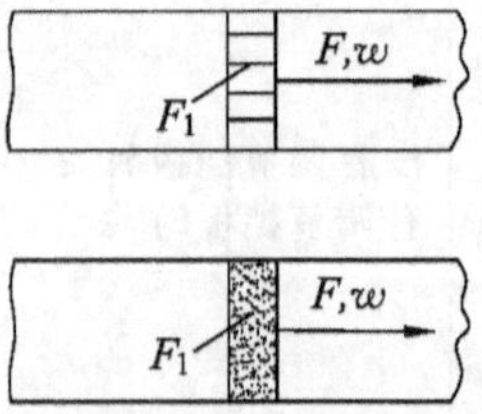 (图：F_1, F,w)	$\xi=\left(\dfrac{F}{F_1}-1+0.707\dfrac{F}{F_1}\sqrt{1-\dfrac{F_1}{F}}\right)^2$	

续表

序号	名称	简图	局部阻力系数
16	全开的插板门,转动的挡板门		$\xi=0.1$ ξ 值与挡板门开启程度有关
17	在直通道中的渐缩管		当 $\alpha<20°$ 时,$\xi=0$ 当 $\alpha=20°\sim60°$ 时,$\xi=0.1$ 当 $\alpha>60°$ 时,ξ 按截面突然收缩时的图 9-11 确定: $\tan\dfrac{\alpha}{2}=\dfrac{d_1-d_2}{2l}$;当收缩管为矩形截面并两侧收缩时,尺寸 d 应采用具有较大收缩角处的尺寸

扩散管一般分圆锥形扩散管、平面扩散管和棱锥形扩散管(图 9-12),其阻力系数总是对应于进口截面上的速度。这三种扩散管的局部阻力系数均可按下式确定:

$$\xi_{ks}=\varphi_{ks}\xi_{jk} \tag{9-45}$$

式中:ξ_{jk}——扩散管按突扩求得的局部阻力系数,根据扩散管的截面比查图 9-11 求得;

φ_{ks}——扩散系数,查图 9-12,此时扩散角用图下公式计算。

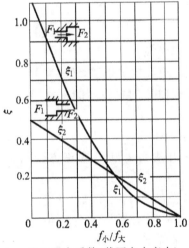

ξ_1—出口阻力系数(截面由小变大);
ξ_2—进口阻力系数(截面由大变小)。
$\Delta h_1=\xi_1\dfrac{\rho w_1^2}{2}$,Pa;$\Delta h_2=\xi_2\dfrac{\rho w_2^2}{2}$,Pa

图 9-11 截面突然变化时的局部阻力系数

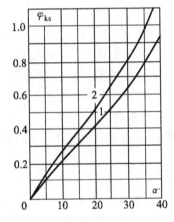
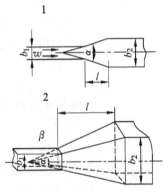

1—圆锥形和平面的扩散管;
2—棱锥形的扩散管。
$\tan\dfrac{\alpha}{2}=\dfrac{b_2-b_1}{2l}$;$\xi_{ks}=\varphi_{ks}\xi_{jk}$

图 9-12 在直管道中的扩散管的阻力系数

对棱锥形扩散管用边界上的扩散角计算(图 9-12)。在两侧扩散角不同时,按较大的角计算。

天圆地方或地圆天方扩散管在计算 α 角时,以 $2\sqrt{\dfrac{F}{\pi}}$ 代替边长,其中 F 为方截面的面积,φ_{ks} 值按图 9-12 中曲线 2 确定。

风机出口扩散管的局部阻力系数按图 9-13 确定。

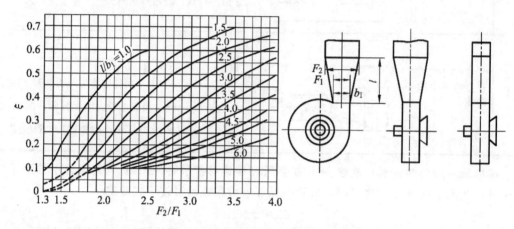

图 9-13　风机出口扩散管的阻力系数

2. 转弯阻力的计算

通道中所有转弯的阻力系数均按下列通式进行计算:

$$\xi = k_\Delta \xi_{zy} BC \tag{9-46}$$

式中:ξ_{zy}——转弯的原始阻力系数,取决于转弯形状和相对曲率半径。

k_Δ——考虑管壁粗糙度影响的系数,对一般粗糙度的烟风道和锅炉烟道,缓转弯的 k_Δ 平均值取为 1.3,急转弯的取为 1.2;缓转弯和有圆曲边的急转弯的 $k_\Delta \xi_{zy}$ 值也可由图 9-14 确定;对于没有圆曲边的急转弯,$k_\Delta \xi_{zy} = 1.4$。

B——与弯头角度 α 有关的系数,按图 9-14(c) 确定;当转弯角为 90 ℃时,$B=1$。

C——考虑弯头截面形状的系数,按图 9-14(d) 确定;当截面为圆形或正方形时,$C=1$。

弯头的截面不变化时,查图 9-14(a)、(b)。两个 90°弯头串联布置时,与单独两个弯头的阻力之和不同。两个串联的 90°弯头总的阻力系数与单独弯头阻力系数和的比值可查图 9-15,其中单个弯头的阻力系数 ξ_{90} 数值可按图 9-14(b)、(d)来确定。

截面变化的急弯头查图 9-16(a)、(b),计算阻力时,取小截面中的流速计算动压头。由于扩散转弯之后的气流很不均匀,因此,在弯头后没有稳定段或直段长度小于管道出口截面当量直径的 3 倍时,均应将图 9-16 或式(9-46)求得的阻力系数乘以 1.8 倍。

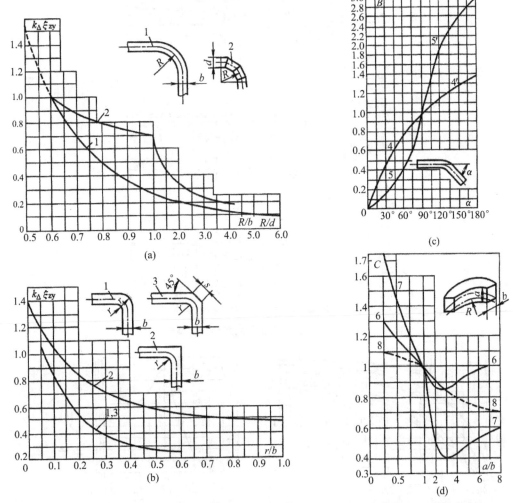

(a) 缓转弯的圆弯头与拼接弯头；(b) 转角圆化的急弯头；(c) 系数 B；(d) 系数 C。

1—内外曲率相等，$r_n=r_w=r$；2—$r_n=r$，$r_w=0$；3—$r_n=r$，$s\approx 0.83(r+0.6)$；

4—圆弯头；5—急弯头；6—$\dfrac{R}{b}\leqslant 2$ 的矩形截面与圆弯头；7—$\dfrac{R}{b}>2$ 的矩形截面弯头；8—急弯头。

图 9-14 转弯阻力系数 $k_\Delta \xi_{zy}$ 值及修正系数 B、C 值

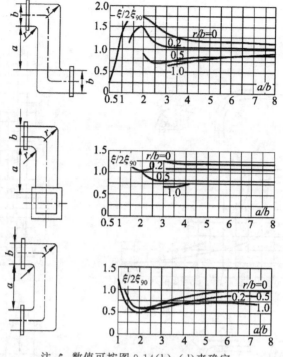

注:ξ_{90}数值可按图9-14(b)、(d)来确定。

图 9-15 弯头串联布置的局部阻力系数

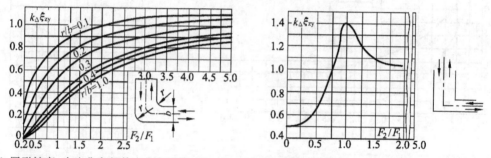

(a) 圆形转弯,内边曲率与外边曲率相等,即$r_n=r_w$时;(b) 直角急转弯,F_1和F_2为进口和出口截面积。

图 9-16 变截面转弯的 $k_\Delta \xi_{zy}$ 值

当气流在管束内部转弯时,将引起额外的阻力,其阻力系数与转弯角度有关。当180°转弯时,$\xi=2.0$;90°转弯时,$\xi=1.0$;45°转弯时,$\xi=0.5$。

当转弯起始和最终截面有变化时,不论是截面收缩或扩大,气流计算流速是按两者截面上的气流速度的平均值求得,即以平均截面 $F=\dfrac{2}{\dfrac{1}{F_1}+\dfrac{1}{F_2}}$ 来确定,在管束内180°转弯时,按起始、中间和最后截面的平均值,即 $F=\dfrac{3}{\dfrac{1}{F_1}+\dfrac{1}{F_2}+\dfrac{1}{F_3}}$ 求得。若各截面面积差别不超过25%时,则F可采用算术平均值。

四、烟囱的阻力计算

烟囱的阻力计算前,必须先确定烟囱的高度和进、出口直径,为阻力计算提供数据。

锅壳式燃油燃气锅炉烟囱的作用主要不是用来产生引力,而是将烟气排放到足够高的高空,使之符合环境保护的要求。

1. 烟囱高度

烟囱的高度应根据排除烟气中所含的有害物质——SO_2、NO_2、飞灰等的扩散条件来确定,使附近的环境处于允许的污染程度之下。烟囱高度的确定,应符合现行国家标准《工业"三废"排放试行标准》《工业企业设计卫生标准》《锅炉大气污染物排放标准》《大气环境质量标准》等的规定。高度达不到规定,最高允许排放浓度严格50%执行。

《锅炉大气污染物排放标准》(GB 13271—2014)[3]规定,燃油燃气锅炉烟囱高度不低于8 m,新建锅炉房的烟囱周围半径200 m距离内有建筑物时,烟囱应高出建筑物3 m以上。锅炉烟囱的具体高度按批复的环境影响评价文件确定。

2. 烟囱直径

锅壳式燃油燃气锅炉通常采用圆柱形金属烟囱,其进出口直径相同。烟囱内径的计算可按下式计算:

$$d = 0.0188 \sqrt{\frac{V_{yc}}{w_2}} \quad \text{m} \tag{9-47}$$

式中:V_{yc}——通过烟囱的总烟气量,m^3/h;

w_2——烟囱出口烟气流速。全负荷时为10~20 m/s,最小负荷时为4~5 m/s。选取流速时应根据锅炉房扩建的可能性取适当数值,一般不宜取用上限。并应注意烟囱出口烟气流速在最小负荷时不宜小于2.5~3 m/s,以免冷空气倒灌。

设计时应根据冬、夏季负荷分别计算。若负荷相差悬殊,则应首先满足冬季负荷要求。

3. 烟囱阻力

烟囱的阻力由沿程摩擦阻力和出口速度损失组成。锅壳式燃油燃气锅炉烟囱的沿程摩擦阻力按式(9-48)计算。

$$\Delta h_{mc} = \lambda \frac{H_{yc}}{d_n} \frac{\rho w^2}{2} \tag{9-48}$$

式中:H_{yc}——烟道高度,m。

d_n——烟囱内径,m。

λ——沿程摩擦阻力系数。对于金属烟囱,当$d_n < 2$ m时,λ取0.02;当$d_n \geq 2$ m时,λ取0.015。

$\frac{\rho w^2}{2}$——动压头。

烟囱的出口速度损失用下式计算:

$$\Delta h_{jb} = \xi \frac{\rho w_2^2}{2} \quad \text{Pa} \tag{9-49}$$

式中:ξ——烟囱出口阻力系数,采用1.0。

4. 烟囱自生通风力

烟囱的自生通风力是由于外界冷空气和烟囱内热烟气的密度差使烟囱产生的引力，俗称"拔风"，可以用下式计算：

$$h_{zs} = (\rho_k - \rho_y) g (z_2 - z_1) \quad \text{Pa} \tag{9-50}$$

当周围空气温度为 20 ℃时，$\rho_k = 1.2 \text{ kg/m}^3$，则烟囱的自生通风力可按下式计算：

$$h_{zs}^{yc} = H_{yc} g \left(1.2 - \rho_y^0 \frac{273}{273 + \vartheta_y} \right) \quad \text{Pa} \tag{9-51}$$

式中：H_{yc}——烟囱高度，m；

ϑ_y——烟气温度，℃；

ρ_y^0——标准状态下烟气的密度，kg/m³。

5. 烟囱入口压力

烟囱入口压力等于烟囱阻力减去自生通风力。入口压力为负值，意味着风机可以少提供一些压头。

第五节　对烟气阻力计算的说明

(1) 在阻力计算前，热力计算应先完成。因为阻力计算时所需要的一些主要原始数据——各段烟道的烟气流速、烟气温度、烟道的有效截面积和其他结构特性均需要由额定负荷下的热力计算求得。

(2) 在计算各段烟道阻力时，其中的流速、温度等均取平均值。

(3) 在对烟道阻力计算时，除了可以利用上面各节所介绍的公式进行计算外，还可以利用苏联"锅炉设备空气动力计算"标准方法[30]中的各种线算图进行计算。需要指出的是，这些线算图都是按照标准大气压时的干空气绘制的。因此，凡利用线算图求得烟道各部分总阻力以后，必须再以烟气密度、气流中灰分浓度和烟气压力等因素进行换算和修正。

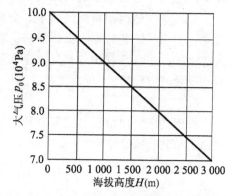

图 9-17　当地平均大气压与海拔高度的关系

(4) 由于计算公式和线算图并未考虑到在实际工作时存在的受热面积灰因素，因此在烟道各部分的计算中都要引入一个修正系数 k_1，对液体燃料(重油)炉 k_1 取 1.05，气体燃料则 k_1 取 1。

(5) 由于烟气流速是按照一个大气压计算的，因此对计算结果还应该进行烟气压力的修正。修正系数 k_2 可按下式计算：

$$k_2 = \frac{101\,325}{p_0 + \frac{\sum \Delta h}{2}} \tag{9-52}$$

式中：p_0——当地平均大气压力，Pa。根据海拔高度 H 由图 9-17 查得。当海拔高度不超过 200 m 时，可取 $p_0 = 101\,325$ Pa。

第六节 烟气阻力计算举例

【例 9-1】 例表 9-1 是 WNS15-1.25-Q 锅壳式锅炉的第一烟管管束的烟气阻力计算过程。该计算过程建立在前面章节中例题的基础之上。

例表 9-1 第一烟管管束烟气阻力计算

序号	名称	符号	单位	计算及说明	结果
1	螺纹管内径	d_n	m	几何计算	0.069
2	螺纹管螺纹深度	e	m	几何计算	0.003
3	螺纹管螺纹节距	t	m	几何计算	0.045
4	管子长度	l	m	几何计算	5.328
5	管子当量直径	d_{dl}	m	几何计算	0.069
6	烟气总流通截面积	F	m²	几何计算	0.418
7	烟气体积	V_y	Nm³/Nm³	热力计算	11.61
8	平均烟气流速	w_y	m/s	热力计算	27.43
9	平均烟气温度	ϑ_{pj}	℃	热力计算	621.0
10	螺纹管雷诺数	Re	—	热力计算	15 298.7
11	流阻系数	λ	—	公式(9-5)	0.112
12	标态下烟气密度	ρ_0	kg/Nm³	烟气特性	1.260
13	烟气密度	ρ	kg/m³	$\dfrac{273}{\vartheta_{pj}+273}\rho_0$	0.385
14	管束壁面温度	t_b	℃	热力计算	253.4
15	摩擦阻力	Δh_{mc}	Pa	$\lambda \dfrac{1}{d_n}\dfrac{\rho w^2}{2}\left(\dfrac{2}{\sqrt{\dfrac{T_b}{T_y}}+1}\right)$	1 598.3

【例 9-2】 例表 9-2 是 WNS15-1.25-Q 锅壳式锅炉的第二烟管管束的烟气阻力计算过程。该计算过程建立在前面章节中例题的基础之上。

例表 9-2 第二烟管管束烟气阻力计算

序号	名称	符号	单位	计算及说明	结果
1	管子内径	d_n	m	几何计算	0.053
2	管子长度	l	m	几何计算	6.406
3	管子当量直径	d_{dl}	m	几何计算	0.053
4	烟气流通截面积	F	m²	几何计算	0.306

续表

序号	名称	符号	单位	计算及说明	结果
5	烟气体积	V_y	Nm^3/Nm^3	热力计算	11.61
6	平均烟气流速	w_y	m/s	热力计算	21.87
7	平均烟气温度	ϑ_{pj}	℃	热力计算	250.0
8	雷诺数	Re	—	热力计算	30 905.5
9	粗糙度	k	mm	选定	0.000 2
10	流阻系数	λ	—	$\lambda=0.335\left(\dfrac{k}{d_n}\right)^{0.17}Re^{-0.14}$	0.031
11	标态下烟气密度	ρ_0	kg/Nm^3	烟气特性	1.260
12	烟气密度	ρ	kg/m^3	$\dfrac{273}{\vartheta_{pj}+273}\rho_0$	0.658
13	管束壁面温度	t_b	℃	热力计算	221.7
14	摩擦阻力	Δh_{mc}	Pa	$\lambda\dfrac{l}{d_n}\dfrac{\rho w^2}{2}\left(\dfrac{2}{\sqrt{\dfrac{T_b}{T_y}}+1}\right)^2$	596.3
15	管束进口烟温	ϑ'	℃	热力计算	314
16	管束出口烟温	ϑ''	℃	热力计算	214
17	烟管进出口的局部阻力	ΔP_{jb}	Pa	公式(9-10)	154.8

【例 9-3】 例表 9-3 是 WNS15-1.25-Q 锅壳式锅炉的节能器的烟气阻力计算过程。该计算过程建立在前面章节中例题的基础之上。

例表 9-3 节能器烟气阻力计算

序号	名称	符号	单位	计算及说明	结果
1	管子直径	d	m	几何计算	0.032
2	排列形式				错列
3	肋片高度	h	m	几何计算	0.015
4	肋片厚度	δ	m	几何计算	0.001 5
5	肋片节距	t	m	几何计算	0.008
6	肋片外径	D	m	几何计算	0.062
7	肋片管的长度	L_f	m	几何计算	1.16
8	每根肋片管的肋片数量	n	片	几何计算	144
9	每根肋片管肋片的表面积	H'_f	m^2	不包括端面的面积	0.638
10	每根肋片管肋片的表面积	H_f	m^2	包括端面的面积	0.680

续表

序号	名称	符号	单位	计算及说明	结果
11	每根肋片管无肋片部分表面积	H'_o	m²	$\pi d(L_1 - n\delta)$	0.095
12	每根肋片管的全表面积	H	m²	$H_f + H'_o$	0.775
13	管子横向平均节距	S_1	m	几何计算	0.11
14	管子纵向平均节距	S_2	m	几何计算	0.055
15	当量直径	d_{dl}	m	$2[t(S_1-d)-2\delta h]/(2h+t)$	0.030
16	管子的肋化系数（总面积与直径为 d 的光管表面积的比）	β		$H/(\pi d L_1)$	6.644
17	肋片的表面积等于 H_f 时的管子长度	L	m	$H_f/(\pi d)$	6.764
18	圆形肋片管的计算长度	l	m	圆形肋片管计算 Re 时的假定尺寸	0.008
19	管子横向相对节距	σ_1	—	S_1/d	3.44
20	管子纵向相对节距	σ_2	—	S_2/d	1.72
21	系数	ψ	—	$(S_1-d)/(S_2-d)$	3.39
22	纵向管排数	Z_2	—	几何计算	16
23	烟气平均流通截面积	F	m²	几何计算	0.800
24	烟气体积	V_y	Nm³/Nm³	烟气特性	11.614
25	平均烟温	ϑ_{pj}	℃	热力计算	177.0
26	烟气平均流速	w_y	m/s	热力计算	7.63
27	系数	c_z		$Z_2 \geqslant 6$	1.00
28	烟气的运动黏度系数	ν	10^6 m²/s	热力计算	27.37
29	雷诺数	Re_l		wl/ν	2 160.0
30	系数	c_s		当 $0.16 \leqslant l/d \leqslant 6.55$，$Re_l = (2.2 \sim 180) \times 10^3$ 时，$5.4(l/d_{dl})^{0.3}$	3.58
31	管束一排管子的阻力系数	ξ_i		$c_s Re_l^{-0.25} c_z$	0.53
32	管束的阻力系数	ξ		$\xi_i z_2$	8.4
33	标态下烟气密度	ρ_0	kg/Nm³	烟气特性	1.260
34	烟气密度	ρ	kg/m³	$\dfrac{273}{\vartheta_{pj}+273}\rho_0$	0.765
35	流动阻力	Δh_{sl}	Pa	$\xi \rho w^2/2$	187.0

第十章 受压元件强度计算

锅炉中包含不少受压元件,这些受压元件大多又受热,这些元件必须具有一定的壁厚,否则会产生破坏,但不适当的增大受压元件的壁厚,既浪费钢材又给加工增加麻烦。合理的元件壁厚应该考虑元件所用材料、所受压力、所处温度、焊接方式、热处理等各方面的因素,此外,还应考虑元件上开孔等工艺对强度的影响。为了保证锅炉的安全运行,国家有关部门统一对锅炉受压元件的强度计算进行管理,于1961年制定了锅壳锅炉受压元件强度计算的标准《火管锅炉受压元件强度计算暂行规定》,于1996年进行了修订,颁布了GB/T 16508—1996《锅壳锅炉受压元件强度计算》,2013年又推出了GB/T 16508.1~16508.8—2013《锅壳锅炉》[20],其中第二、第三部分代替了GB/T 16508—1996。强度计算标准属于技术规范,设计者在设计锅炉时应遵循最新的标准。如有不同意见,可以采用标准提案/问询表的方式提交全国锅炉压力容器标准化技术委员会锅炉分技术委员会对标准提出修订建议。

本章以《锅壳锅炉》GB/T 16508.2 和 16508.3 中的内容为基础,对锅壳式燃油燃气锅炉中常用的受压元件的强度计算方法作一介绍。强度计算分为设计计算和校核计算两种,设计计算是根据元件所受的压力确定其壁厚,校核计算是针对已定壁厚的元件确定其所能承受的最大压力。本章主要介绍设计计算,并举若干计算例子进一步加以说明。有关校核计算的内容请读者自行参考上述标准中的计算方法。

第一节 材料和强度计算的基本参数

一、材料

锅壳锅炉受压元件的材料应符合 GB/T 16508.2 的规定,也可以选用符合 GB/T 16507.2(水管锅炉强度标准的材料部分)要求的材料。未列入标准的材料应已列入国家和行业标准,且其性能应不低于锅炉标准中相近牌号材料的要求。境外牌号材料,应是在国内外承压设备上应用成熟的材料,并且符合 TSGG 0001—2012《锅炉安全技术监察规程》[33]的有关规定。

锅壳式锅炉中常用的钢板、钢管、钢锻件、吊挂装置等材料及其适用范围如附录1附表1-1—附表1-4所示。

二、许用应力

所谓许用应力,是指用以确定受压元件在工作条件下允许的最小壁厚及最大承受压力时的应力。可按下式计算:

$$[\sigma] = \eta [\sigma]_J \quad \text{MPa} \tag{10-1}$$

式中:$[\sigma]_J$——基本许用应力;

η——考虑元件结构特点和工作条件的修正系数。

基本许用应力为相应材料强度特性值除以强度安全系数而得的最小值。锅壳式锅炉中常用的钢板、钢管、钢锻件、吊挂装置等材料的基本许用应力如附录1附表1-5—附表1-8所示。

燃油燃气锅炉常见元件型式及工作条件下的许用应力修正系数可按表10-1选定。

表 10-1 修正系数 η

元件型式及工作条件	η
不受热的锅壳筒体和集箱筒体	1.00
管子(管接头)、孔圈	1.00
烟管	0.80
波形炉胆	0.60
干汽室(steam dome)凹面受压的凸形封头	1.00
立式无冲天管锅炉凹面受压的凸形封头	1.00
立式无冲天管锅炉凸面受压的半球形炉胆	0.30
立式无冲天管锅炉凸面受压的炉胆顶	0.40
立式冲天管锅炉凸面受压的炉胆顶	0.50
立式冲天管锅炉凹面受压的凸形封头	0.65
卧式内燃锅炉凹面受压的凸形封头	0.80
凸形管板的凸形部分	0.95
凸形管板的烟管管板部分	0.85
有拉撑的平板、烟管管板	0.85
拉撑件(拉杆、拉撑管、角撑板)	0.60
加固横梁	1.00
孔盖	1.00
圆形集箱端盖	见表10-17
矩形集箱筒体	1.25
矩形集箱端盖	0.75

三、计算温度

用于受压元件强度计算的计算温度,应取内外壁温算术平均值中的最大值。锅壳式锅炉受压元件的计算温度按热力计算确定。当锅炉的给水质量符合工业锅炉水质标准 GB/T 1576[34] 或火力发电机组及蒸汽动力设备水汽质量 GB/T 12145[35] 时,计算温度可以按表10-2确定。当计算温度低于 250 ℃时,取 250 ℃。

表 10-2 计算温度 t_c

常见元件型式及工作条件	t_c
直接受火焰辐射的炉胆、炉胆顶、平板、管板、火箱板、集箱	$t_{mave}+90$
与温度 900 ℃ 以上烟气接触的回燃室、平板、管板、集箱	$t_{mave}+70$
与温度 600～900 ℃ 烟气接触的回燃室、平板、管板、集箱	$t_{mave}+50$
与温度低于 600 ℃ 烟气接触的平板、管板、集箱	$t_{mave}+25$
对流管、拉撑管	$t_{mave}+25$
不直接受烟气或火焰加热的元件	t_{mave}

注：t_{mave}——介质额定平均温度，℃。

四、计算压力

锅炉受压元件强度计算时所取用的压力值称为计算压力，可按式(10-2)计算：

$$p = p_r + \Delta p_f + \Delta p_h + \Delta p_a \tag{10-2}$$

式中：p_r——锅炉额定压力，即锅炉铭牌压力，MPa。

Δp_f——最大流量时计算元件至锅炉出口之间的压力降，MPa。

Δp_h——计算元件所受液柱静压力值，MPa。当其值不大于 $(p_r + \Delta p_f + \Delta p_a)$ 的 3% 时，则取 Δp_h 等于零。

Δp_a——附加压力，主要考虑安全阀整定压力，Δp_a 按以下原则确定：

对于蒸汽锅炉，额定压力 $p_r \leqslant 0.8$ MPa 时，$\Delta p_a = 0.05$ MPa；0.8 MPa $< p_r \leqslant 5.9$ MPa 时，$\Delta p_a = 0.06(p_r + \Delta p_f + \Delta p_h)$。

对于热水锅炉，$\Delta p_a = 0.12(p_r + \Delta p_f + \Delta p_h)$，但不小于 0.1 MPa。

第二节 承受内压圆筒形元件的强度计算

承受内压圆筒形元件包括锅壳筒体、节能器集箱及水管、过热器管子等。

一、未减弱圆筒形元件的强度计算

圆筒形元件壁厚计算公式是以薄膜理论为基础采用第三强度理论推导出来的。薄膜理论是不计弯曲应力，假定应力沿壁厚均匀分布为基础的应力分析理论。第三强度理论也称为最大剪应力理论，它认为构件的破坏原因是最大剪应力达到材料的极限状态，其依据是对塑性材料，当作用在元件上的外力过大时，材料会沿着最大剪应力所在的截面滑移而发生流动破坏。

圆筒形元件在内压力作用下，壁内任一点将产生三个方向的主应力：沿圆筒切线方向的切向应力 σ_θ、沿圆筒轴线方向的轴向应力 σ_z 和沿圆筒直径方向的径向应力 σ_r。对于锅壳式锅炉的圆筒形元件，由于其壁厚相对于直径小得多，因而可按薄壁圆筒处理。此时，可认为切向应力 σ_θ 和轴向应力 σ_z 沿元件壁厚均匀分布。

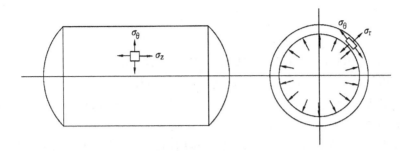

图 10-1 圆筒形元件壁面应力状态

σ_θ、σ_z 和 σ_r 的平均值可分别按下列各式计算：

$$\sigma_\theta = \frac{pD_i}{2\delta_c} \quad \text{MPa} \tag{10-3-1}$$

$$\sigma_z = \frac{pD_i}{4\delta_c} \quad \text{MPa} \tag{10-3-2}$$

$$\sigma_r = -\frac{p}{2} \quad \text{MPa} \tag{10-3-3}$$

式中：p——受压元件的计算压力，MPa；

D_i——圆筒形元件的内径，mm；

δ_c——受压元件的计算壁厚，mm。

由于数值上 D_i/δ_c 远大于 1，因此以上三个应力中，σ_θ 和 σ_z 均大于 σ_r，而且 σ_θ 是 σ_z 的两倍。

应用最大剪应力理论，可建立圆筒形元件的壁厚计算式。最大剪应力理论的强度条件为

$$\sigma_{\max} - \sigma_{\min} \leqslant [\sigma] \quad \text{MPa} \tag{10-4}$$

将式（10-3-1）和式（10-3-3）代入式（10-4）中，经整理可得

$$\delta_c \geqslant \frac{pD_i}{2[\sigma] - p} \quad \text{mm} \tag{10-5}$$

或

$$\delta_c \geqslant \frac{pD_o}{2[\sigma] + p} \quad \text{mm} \tag{10-6}$$

上面两式中，D_i、D_o——圆筒形元件的内、外直径，mm。

由于上述公式是在薄壁圆筒的假设基础上导出的，因而有其一定的适用范围。对于锅壳筒体，其应用范围应限制在圆筒外径与内径的比值 β 小于或等于 1.2；对于以水为介质的集箱，应限制在 $\beta \leqslant 1.5$ 范围内。由于锅壳式燃油燃气锅炉的工作压力较低，筒体壁厚较薄，因此能够满足此要求，新标准中也没有专门就此作出规定。

二、孔桥减弱系数和焊接接头系数

1. 孔桥减弱系数

圆筒形元件可能开有不同排列形式的孔（孔排）。孔与孔之间的筒壁（孔桥）内的应力增加，并在孔边缘形成应力集中，造成筒壁的强度减弱。孔排对筒壁的减弱用孔桥减弱系数 φ 来表示，它反映了在孔排处筒壁截面积的减小程度。当相邻两孔之间的距离 s 大于或等于

按式(10-7)计算得到的 s_0 时,该两孔间的孔桥减弱系数可以不予计算,按孤立的单孔对待。

$$s_0 = d_m + 2\sqrt{(D_i+\delta)\delta} \quad \text{mm} \tag{10-7}$$

式中:s_0——可不考虑孔间影响的相邻两孔的最小节距,mm;

$\quad d_m$——相邻两孔的平均直径,mm,用公式(10-15)计算;

$\quad \delta$——圆筒形元件的名义厚度,mm,由于计算 s_0 时 δ 尚未确定,因此只能先假设后校核。

当相邻两孔之间的距离 s 小于 s_0 时,首先按照附录2中附图2-1确定未补强孔的最大允许直径 $[d]$。图中,计算元件的实际减弱系数 φ_s,对于锅壳筒体和集箱筒体分别按式(10-8)和式(10-9)计算。

$$\varphi_s = \frac{pD_i}{(2[\sigma]-p)\delta_e} \quad \text{mm} \tag{10-8}$$

$$\varphi_s = \frac{p(D_o-2\delta_e)}{(2[\sigma]-p)\delta_e} \quad \text{mm} \tag{10-9}$$

上两式中,δ_e 是计算元件有效厚度,用下式计算:

$$\delta_e = \delta - C \quad \text{mm} \tag{10-10}$$

式(10-10)中,C 是附加厚度,C 的确定见本节第三部分的介绍。显然,当 $\delta = \delta_c + C$ 时,$\delta_e = \delta_c$;当 $\delta > \delta_c + C$ 时,$\delta_e > \delta_c$。

如果相邻两孔中有一孔或两孔的直径大于 $[d]$,则应将直径大于 $[d]$ 的孔按规定进行补强(见本章第九节第一部分),补强后按无孔处理。

如果相邻两孔的直径都不大于 $[d]$,则应按照下面的规定计算该两孔间的孔桥减弱系数。

(1) 等直径纵向相邻两孔(图10-2)的孔桥减弱系数 φ 可按式(10-7)计算。

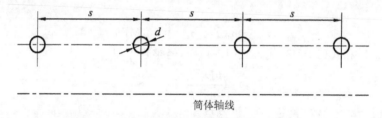

图 10-2 纵向孔桥

$$\varphi = \frac{(s-d)\delta}{s\delta} = \frac{s-d}{s} \tag{10-11}$$

(2) 等直径横向相邻两孔(图10-3)的孔桥减弱系数 φ' 为

$$\varphi' = \frac{s'-d}{s'} \tag{10-12}$$

式中:s'——圆筒平均直径圆周上的节距,mm。

(3) 等直径斜向相邻两孔(图10-4)的孔桥减弱系数 φ'' 为

$$\varphi'' = \frac{s''-d}{s''} \tag{10-13}$$

式中:$s'' = a\sqrt{1+(b/a)^2}$,mm。

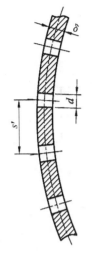
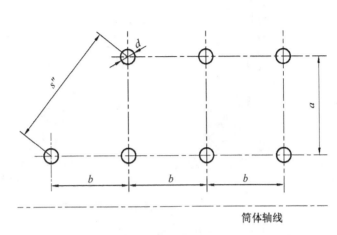

图 10-3 横向孔桥　　　　图 10-4 斜向孔桥

一般情况下,当量斜向孔桥减弱系数可表示为 $\varphi_d = K\varphi''$。
斜向孔桥换算系数 K 按下式计算:

$$K = \cfrac{1}{\sqrt{1 - \cfrac{0.75}{(1+n^2)^2}}} \qquad (10\text{-}14)$$

式中:$n = \dfrac{b}{a}$;

a ——计算斜向孔桥减弱系数时两孔间在筒体平均直径圆周方向上的弧长,mm;

b ——计算斜向孔桥减弱系数时两孔间在筒体轴线方向上的距离,mm。

当 $n \geqslant 2.4$ 时,可取 $K=1$,此时 $\varphi_d = \varphi''$。当 $\varphi_d > 1$ 时,取 $\varphi_d = 1$。

若相邻两孔直径不同,则公式(10-11)—(10-13)中的 d 取相邻两孔的平均直径 d_m,即

$$d_m = \frac{d_1 + d_2}{2} \qquad \text{mm} \qquad (10\text{-}15)$$

实际锅炉生产中会遇到凹座开孔(图 10-5)和非径向开孔(图 10-6),对这些开孔应按照当量直径代入上面各式进行计算。

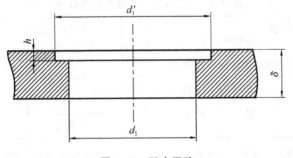

图 10-5 凹座开孔

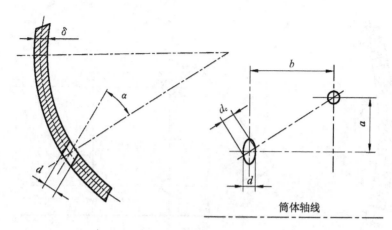

图 10-6 非径向开孔

具有凹座开孔的当量直径 d_e 按下式计算：

$$d_e = d_1 + \frac{h}{\delta}(d_1' - d_1) \quad \text{mm} \tag{10-16}$$

对于筒体横截面上的非径向孔，计算孔桥减弱系数时，当量直径按下列原则确定。

纵向孔桥： $\quad d_e = d \quad$ mm $\tag{10-17}$

横向孔桥： $\quad d_e = \dfrac{d}{\cos \alpha} \quad$ mm $\tag{10-18}$

斜向孔桥： $\quad d_e = d\sqrt{\dfrac{n^2+1}{n^2+\cos^2\alpha}} \quad$ mm $\tag{10-19}$

式中：α —— 孔的轴线偏离筒体径向的角度，其值不应大于 45°。

非径向孔宜经机械加工或仿形气割成形。

对于椭圆孔，计算孔桥减弱系数时，孔径 d 按该孔相应节距方向上的尺寸确定。

2. 焊接接头系数

焊缝对圆筒形受压元件强度的影响，可用焊接接头系数 φ_w 来表示。按锅炉制造技术条件检验合格的对接接头焊缝，其焊接接头系数应按焊缝型式及无损检测的比例确定，具体见表 10-3。

表 10-3 对接接头的焊接接头系数 φ_w

焊接方法	无损检测的比例	φ_w
双面焊对接接头/相当于双面焊的全焊透对接接头①	100%无损检测	1.00
	局部无损检测	0.85
单面焊对接接头（沿焊缝根部有垫板②）	100%无损检测	0.90
	局部无损检测	0.80

注：① 相当于双面焊的单面焊一般是指要氩弧焊打底，这样背面成型好，探伤没有缺陷。
② 为了不让铁水流下去，保证焊缝根部熔透，而接在焊缝两头的垫板。

若环向焊缝上无孔，则环向焊接接头系数可不予考虑。

3. 考虑减弱后的圆筒形元件强度计算

考虑到减弱的影响,圆筒中减弱部位切向应力的平均值将增加为

$$\sigma_\theta = \frac{pD_i}{2\delta_c\varphi} \qquad \text{MPa} \tag{10-20}$$

根据最大剪应力理论,可得

$$\frac{pD_i}{2\delta_c\varphi} - \left(-\frac{p}{2}\right) \leqslant [\sigma] \qquad \text{MPa} \tag{10-21}$$

整理后可得

$$\delta_c \geqslant \frac{pD_i}{2\varphi[\sigma] - p} \qquad \text{mm} \tag{10-22}$$

或

$$\delta_c \geqslant \frac{pD_o}{2\varphi[\sigma] + p} \qquad \text{mm} \tag{10-23}$$

当筒体上存在着不同排列形式的孔及焊缝时,则式(10-22)和(10-23)中的减弱系数应为筒体上的最小减弱系数,因此计算厚度最终取为

$$\delta_c = \frac{pD_i}{2\varphi_{\min}[\sigma] - p} \qquad \text{mm} \tag{10-24}$$

或

$$\delta_c = \frac{pD_o}{2\varphi_{\min}[\sigma] + p} \qquad \text{mm} \tag{10-25}$$

式中:$\varphi_{\min}$——最小减弱系数,取焊接接头系数 φ_w、纵向孔桥减弱系数 φ、两倍横向孔桥减弱系数 $2\varphi'$(当 $2\varphi' > 1$ 时,取 $2\varphi' = 1$)及斜向孔桥当量减弱系数 φ_d(当 $\varphi_d > 1$ 时,取 $\varphi_d = 1$)中的最小值。当焊接管孔开在主焊缝上时,该处的减弱系数取孔桥减弱系数与焊接接头系数的乘积。

锅壳筒体的计算厚度由式(10-24)确定,集箱筒体的计算厚度由式(10-25)确定。

承受内压力的管子(主汽管、节能器水管和过热器管子)的粗细通常用外径 d_o 来表示,并且不用考虑焊接接头系数,其计算厚度按式(10-26)确定,即

$$\delta_c = \frac{pd_o}{2[\sigma] + p} \qquad \text{mm} \tag{10-26}$$

当管子是弯管时,δ_c 应乘以弯管形状系数 K_1。

$$K_1 = \frac{4R + d_o}{4R + 2d_o} \tag{10-27}$$

式中:R——弯管中心线的半径,mm。

三、圆筒形元件的名义厚度和附加厚度

计算厚度与附加厚度之和向上圆整至钢材标准规格的厚度,称为元件的名义厚度。图样中标注的厚度就是名义厚度,即

$$\delta \geqslant \delta_c + C \qquad \text{mm} \tag{10-28}$$

式中:δ—— 名义厚度,mm;

C——附加厚度,mm。

当式(10-28)右边正好为钢材标准规格的厚度时,取"="号;否则取">"号。

筒体的附加厚度 C 主要考虑腐蚀减薄、制造加工工艺引起的减薄及钢材厚度的负偏差,

可按下式计算：

$$C = C_1 + C_2 + C_3 \tag{10-29}$$

C_1 是考虑腐蚀减薄的附加厚度，腐蚀减薄与水侧的含氧量、烟气侧的含硫量及锅炉的设计寿命相关。一般取 $C_1 = 0.5$ mm；如果壁厚超过 20 mm，则可不考虑，即取 $C_1 = 0$。但如果腐蚀较严重，则应根据实际情况确定 C_1 值。对于换热管，取 $C_1 = 0$。

C_2 是考虑制造减薄的附加厚度，与具体工艺情况有关。锅壳筒体的 C_2 可按表 10-4 选取。

表 10-4 制造减薄的附加厚度值

单位：mm

卷制工艺*	C_2
热卷热校	2
冷卷热校	1
冷卷冷校	0

* 对常用的低碳钢（15 g、20 g、22 g），$\delta \leq 0.05 D_{pj}$ 或对于高强度低合金钢，$\delta \leq 0.03 D_{pj}$ 时，可以采用冷卷。对于中低压锅炉，上述要求是能够满足的，因此，只要卷板机的功率能满足要求，其筒节均可采用冷卷；如果卷板机的功率不能满足要求，则应采用热卷。

对于钢管制成的直集箱筒体，不存在制造减薄，因而 $C_2 = 0$。对于钢管弯成的圆弧形筒体，

$$C_2 = \frac{\delta_c}{(4n_1 - 1)(2n_1 + 1)} \tag{10-30}$$

式中：n_1——集箱中心线的弯曲半径与集箱筒体外径的比值，当 $n_1 > 4.5$ 时，取 $C_2 = 0$。

对于直水管，$C_2 = 0$。

对于钢管弯成的弯管，

$$C_2 = \frac{\alpha_1}{100 - \alpha_1}(K_1 \delta_c + C_1) \tag{10-31}$$

式中：K_1——按式(10-27)计算；

α_1——弯管工艺系数。

$$\alpha_1 = \frac{25 d_o}{R} \tag{10-32}$$

当弯管外侧厚度实际制造工艺减薄率大于计算所得的 α_1 时，α_1 取弯管外侧厚度实际制造工艺减薄率值。

C_3 是考虑钢材厚度负偏差。对于锅壳筒体，按材料标准 GB 713—2014[36] 和 GB/T 709—2019[37] 确定；

对于直集箱筒体和直水管，

$$C_3 = \frac{m}{100 - m}(\delta_c + C_1) \tag{10-33}$$

对于钢管弯成的圆弧形集箱筒体，

$$C_3 = \frac{m}{100-m}(\delta_c + C_1 + C_2) \tag{10-34}$$

对于钢管弯成的弯管,

$$C_3 = \frac{m}{100-m}(K_1\delta_c + C_1 + C_2) \tag{10-35}$$

上面三式中,m 是管子厚度下偏差(为负值时)与管子公称厚度的百分比绝对值,%,m 值按标准 GB 3087—2008 低中压锅炉用无缝钢管[38]确定。

四、对圆筒形受压元件壁厚的限制

如果按强度计算取用的筒体壁厚太小,则在制造、安装、运输等过程中,往往会由于某些意外的原因而使局部发生凹陷或产生过大的整体变形。因此,对最小壁厚需加以限制。锅壳筒体内径 D_i 大于 1 000 mm 时,其名义厚度不宜小于 6 mm;锅壳筒体内径 D_i 不大于 1 000 mm 时,其名义厚度不宜小于 4 mm;对于管子与锅壳筒体采用胀接联结的锅炉,为了保证具有足够的胀接长度,锅壳筒体的壁厚应不小于 12 mm。

对于不绝热的圆筒形受压元件,当热流自外向内传递时,筒体内壁的热应力为拉应力,它将与由内压力在内壁产生的工作应力相叠加,使筒体内壁的工作条件恶化。另外,由于热应力与内外壁温差成正比,它随着温差的波动而变化,这就可能造成低周疲劳破坏。所以从防止低周疲劳破坏来考虑,对筒体的壁厚应有所限制。对锅壳式燃油燃气锅炉来说,锅壳筒体一般不受热,所以不用考虑锅壳筒体的厚度上限。对节能型锅壳式燃油燃气锅炉,其节能器集箱可能布置在烟道内,但由于锅炉压力一般不大于 2.5 MPa,节能器区域的烟气温度一般低于 600 ℃,因此也不用考虑筒体的厚度上限。

五、对圆筒形元件结构的要求

对于胀接管孔,孔桥减弱系数 φ、φ' 及 φ'' 均不应小于 0.3;胀接管孔中心与焊缝边缘的距离不应小于 $0.8d$,且不小 $0.5d+12$ mm;在纵焊缝上不得有胀接管孔,同时亦应当避免开在环缝上,对于环向焊缝,如果结构设计不能避免时,在管孔周围 60 mm(如果管孔直径大于 60 mm,则取孔径值)范围内的焊缝经过射线或者超声波检测合格,并且焊缝在管孔边缘上不存在夹渣缺陷,开胀接管孔前要对开孔部位的焊缝内外表面进行磨平且将受压部件整体热处理。[33]

胀接管孔间的净距离不应小于 19 mm。外径大于 63.5 mm 的管子不宜采用胀接。

焊接管孔应避免开在主焊缝上,并避免管孔焊缝边缘与相邻主焊缝边缘的净间距小于 10 mm。如不能避免时,应满足:

(1) 距管孔中心 1.5 倍管孔直径(当管孔直径小于 60 mm 时,为 $0.5d+60$ mm)范围内的主焊缝经射线或者超声波检验合格,且孔周边不应有夹渣缺陷;

(2) 管子或管接头焊后经热处理或局部热处理消除残余应力。

此时,该部件的减弱系数取孔桥减弱系数与焊接接头系数的乘积。

相邻焊接管孔焊缝边缘的净间距不宜小于 6 mm,如焊后经热处理或局部热处理,则不受此限。

锅壳筒体与扳边的平管板或凸形封头的连接型式如图 10-7 所示。当扳边元件内径 r

小于或等于 600 mm 时,直段长度 l 应大于或等于 25 mm;当 r 大于 600 mm 时,l 应大于或等于 38 mm;对接边缘厚度偏差 δ' 应当小于或等于 $(0.1\delta_1+1)$,且小于或等于 4 mm;对扳边内半径 r:平板或管板的扳边内半径 r 不应小于两倍板厚,且至少应为 38 mm;蝶形封头的扳边内半径 r 不应小于相连元件厚度的 4 倍,且至少应为 64 mm;当 δ' 超过规定值时,应进行削薄,削薄长度不应小于削薄厚度的 4 倍。

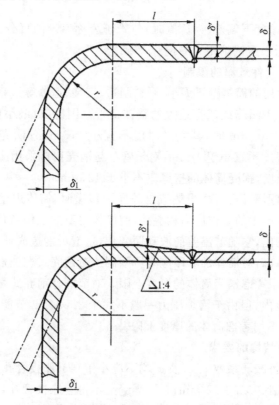

图 10-7　锅壳筒体与扳边的平管板或凸形封头的连接

对削薄长度的说明:当筒体由壁厚不相等的两部分连接而成时,在其连接部位将产生应力集中。该处的应力集中系数可按下式计算:

$$K=\frac{2\tan\alpha}{\alpha+\frac{1}{2}\sin2\alpha} \qquad (10\text{-}36)$$

式中:α—— 过渡角。

由式(10-36)可知,连接部位的过渡梯度愈大,即过渡角 α 愈大,则应力集中系数 K 愈大。其值列于表 10-5 中。

表 10-5　不同过渡梯度时的应力系数值

过渡梯度	1∶1	1∶1.732	1∶2	1∶3	1∶4	1∶5
过渡角 α	45°	30°	26°	18°	14°	11°
应力集中系数 K	1.55	1.20	1.16	1.07	1.04	1.02

由表 10-5 可知,当过渡梯度为 1∶3 或 1∶4 时,应力集中已不明显。我国规定不等壁厚筒体的过渡梯度一般不大于 1∶4,所以规定削薄长度不应小于削薄厚度的 4 倍。

锅壳筒体与平管板采用坡口型角焊连接时,应符合如下规定:

(1) 烟温不大于 600 ℃ 部位(不受烟气冲刷部位,且采用可靠绝热时,可不受此限);

(2) 应采用全焊透,且坡口经过机械加工(图 10-8),坡口段厚度不需强度校核;

(3) 卧式内燃锅炉锅壳、炉胆的管板与筒体的连接应当采用插入式的结构;

(4) 连接焊缝的厚度应不小于管板的厚度,且其焊缝背部能封焊的部位均应封焊,不能封焊的部位应采用氩弧焊打底,并应保证焊透;

(5) 焊缝应按 NBT 47013.3—2015 的有关要求进行超声检测。

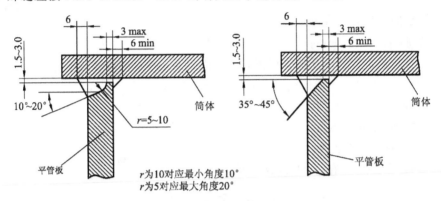

图 10-8　锅壳筒体与平管板连接的坡口型角焊结构(参考图)

第三节　承受外压圆筒形元件的强度计算

燃油燃气锅壳式锅炉中承受外压的圆管形元件有:卧式锅炉的平直炉胆、波形炉胆、平直与波形组合炉胆、回燃室筒体;立式锅炉的直炉胆和冲天管;烟管等。

对于承受外压的圆筒形元件,如果壁厚较厚而筒径又不很大,则圆筒具有足够的刚度,此时在外压力的作用下,壁内的应力状态与承受内压力作用时相比,只是拉应力变为压应力。当外压力增加时,壁内应力的绝对值随之增大,直至应力达到材料的屈服极限值,圆筒发生全面屈服。

对于壁厚较薄而筒径又较大的圆筒形元件,由于其刚度较差,在外压力作用下,有时应力远未达到材料的屈服极限,却已失去了原来的形状,产生压扁或折皱现象(称为失稳现象)。因此,对于刚度不大的圆筒形元件,在承受外压力时,不仅要考虑强度(抗塑性变形能力),还要考虑稳定性(抗弹性失稳能力)。根据两者中较差的条件确定所需壁厚。

一、圆筒形炉胆

圆筒形炉胆的强度计算分为平直炉胆、波形炉胆和组合炉胆计算。

1. 平直炉胆

平直炉胆又分为卧式平直炉胆和立式平直炉胆。

(1) 卧式平直炉胆设计厚度按公式(10-37)和(10-39)计算,取两者较大值。设计厚度是计算厚度与腐蚀减薄量之和。

$$\delta_s = \frac{B}{2}\left[1+\sqrt{1+\frac{0.12D_m\mu}{B\left(1+\dfrac{D_m}{0.3L}\right)}}\right]+1 \quad \text{mm} \tag{10-37}$$

式中：

$$B = \frac{pD_m n_1}{2R_{eL}^t\left(1+\dfrac{D_m}{15L}\right)} \tag{10-38}$$

$$\delta_s = D_m^{0.6}\left(\frac{pLn_2}{1.73E^t}\right)^{0.4}+1 \quad \text{mm} \tag{10-39}$$

式(10-37)—(10-39)中：

D_m——炉胆平均直径，mm；

L——炉胆计算长度，mm；

R_{eL}^t——计算温度时的下屈服强度值，MPa，由附录1中附表1-9确定；

E^t——计算温度时的弹性模量，MPa，按表10-6确定；

n_1——炉胆强度安全系数；

n_2——炉胆稳定安全系数；

n_1、n_2——按表10-7选取；

μ——圆度百分率，可取 $\mu=1.2$，或按下式计算

$$\mu = \frac{200(D_{omax}-D_{omin})}{D_{omax}+D_{omin}} \tag{10-40}$$

式中：D_{omax} 和 D_{omin}——分别是炉胆外径的最大值和最小值。

表10-6 材料的弹性模量 E^t

计算温度 t_c（℃）	250	300	350	400	450
弹性模量 E^t（MPa）	195×10^3	191×10^3	186×10^3	181×10^3	178×10^3

注：相邻两数值间的 E^t 值采用算术内插法确定。

表10-7 安全系数 n_1、n_2

锅炉级别	n_1	n_2
$p\leqslant0.38$ MPa，且 $pD_m\leqslant480$ MPa·mm	3.5	3.9
其他情况	2.5	3.0

上述计算方法基于英国标准 BS 2790—1992[39]（焊接结构的壳式锅炉的设计和制造规范），其中公式(10-37)考虑强度，公式(10-39)考虑失稳，不同之处在于公式右边不是加1，而是加0.75，作为腐蚀减薄值。BS 2790—1992指出，确定平直炉胆的名义厚度时还需要考虑材料厚度的下偏差负值。

(2) 立式平直炉胆的设计厚度按下列公式计算：

$$\delta_s = 1.5\frac{pD_i}{\varphi_{min}R_m}\left[1+\sqrt{1+\frac{4.4L}{p(L+D_i)}}\right]+2 \quad \text{mm} \tag{10-41}$$

式中：D_i——炉胆内径，mm；

R_m——室温抗拉强度，MPa，由附录1中附表1-5确定；

$\varphi_{\min}$——最小减弱系数。

立式平直炉胆上布置孔排时,最小减弱系数按以下规定确定:

① 多横水管锅炉(图10-9)的 $\varphi_{\min} = 1.00$,但 α 不应大于 $45°$,非径向孔宜经机械加工或仿形气割成形,两侧边缘管孔的焊缝尺寸应满足图10-32(拉撑管与平管板的连接)要求;

② 弯水管锅炉(图10-10)的 $\varphi_{\min}$ 按第二节第二部分确定(带有冲天管时,取横向减弱系数 $\varphi' = 1.00$);如采用坡口型角焊,可按本章第八节第四部分的规定考虑管接头和焊缝对开孔的补强。

(3) 炉胆的计算长度 L 按以下规定确定:

① 炉胆与平管板或凸形封头连接处,若是扳边对接焊时,以扳边起点作为计算支点,即 L 的起算点;若是坡口型角焊时,以角焊根部作为计算支点;

② 平直炉胆用膨胀环连接时,以膨胀环中心线作为计算支点(图10-18);

③ 平直炉胆上焊以加强圈时,以加强圈横向中心线作为计算支点(图10-17);

④ 立式锅炉平直炉胆在环向装有拉杆时,如拉杆的节距不超过炉胆厚度的14倍,可取这一圈拉杆的中心线作为计算支点,拉杆直径不应小于 18 mm;

⑤ 立式锅炉平直炉胆与凸形炉胆顶相连时,计算支点如图10-11所示,其中 X 值按表10-8选取。

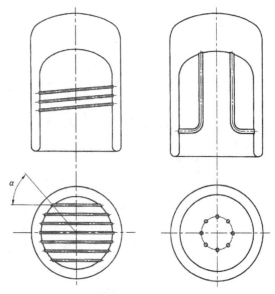

图10-9　多横水管锅炉　　图10-10　弯水管锅炉

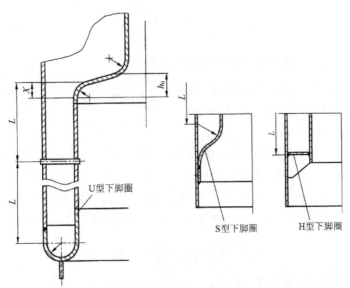

图10-11　立式锅炉平直炉胆计算长度 L 的起算点

表 10-8　X 值

h_0/D_o	0.17	0.20	0.25	0.30	0.40	0.50
X/D_o	0.07	0.08	0.10	0.12	0.16	0.20

注：相邻两个数值间的 X/D_o 采用算术内插法确定，数值保留到小数点后两位；D_o 是炉胆外径。

(4) 对于有锥度的平直炉胆（图 10-12），内径 D_i 取 D_i' 与 D_i'' 的平均值。

2. 波形炉胆

与平直炉胆相比，波形炉胆对管板的热作用力要小得多。在炉胆两端固支的情况下，炉胆的轴向热应力随波形数的增加而下降，当波形为三个或四个时，热应力可下降到平直炉胆热应力的 37.63% 与 30.14%[40]，所以波形炉胆具有很好的力学性能。

(1) 波形炉胆的设计厚度按下式计算：

$$\delta_s = \frac{pD_o}{2[\sigma]} + 1 \quad \text{mm} \quad (10\text{-}42)$$

式中：D_o——炉胆外径，mm；
　　　$[\sigma]$——许用应力，MPa；
　　　p——计算压力，MPa。

(2) 波形炉胆彼此连接处，各自平直部分不应超过 125 mm（图 10-13）。

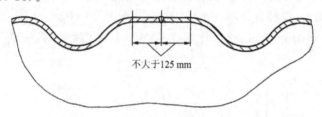

图 10-13　波形炉胆连接处平直部分尺寸

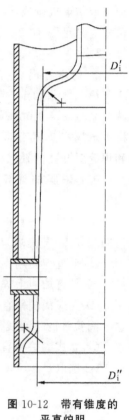

图 10-12　带有锥度的平直炉胆

(3) 波形炉胆与平管板或凸形封头连接处的平直部分长度不应超过 250 mm，否则，按下面所介绍的平直与波形组合炉胆处理。

3. 平直与波形组合炉胆

对于平直与波形组合炉胆（平直部分长度超过 250 mm），波形部分的设计厚度按式 (10-42) 计算；而平直部分的设计厚度按式 (10-37)—(10-39) 计算，其计算长度 L 取最边缘一节波纹的中心线至计算支点（计算支点的确定同平直炉胆）之间的距离（图 10-14），同时，要求最边缘一节波纹的惯性矩 I_1 不小于按下式算出的需要惯性矩 I'，即

$$I_1 \geq I' = \frac{pL_2 D_m^3}{1.33 \times 10^6} \quad \text{mm}^4 \quad (10\text{-}43)$$

式中：I_1——波纹截面对其自身中性轴的惯性矩，mm^4。

由扇形圆环组成的波形炉胆中一节波形对其自身中性轴 $x\text{-}x$（图 10-15）的惯性矩 I_1 按

式(10-44)计算：

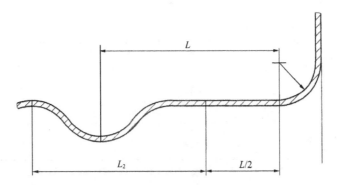

图 10-14　平直与波形组合炉胆平直部分的计算长度 L

$$I_1 = \frac{R_o^4 - r^4}{4}[2\alpha' + \sin(2\alpha')] - \frac{8}{3}a(R_o^3 - r^3)\sin\alpha' + 2a^2(R_o^2 - r^2)\alpha' \tag{10-44}$$

式(10-44)中，R_o、r、α'、a 分别按式(10-45)—(10-48)计算：

$$R_o = R + \frac{\delta}{2} \tag{10-45}$$

$$r = R - \frac{\delta}{2} \tag{10-46}$$

$$\alpha' = \arcsin\left(\frac{s}{4R}\right) \tag{10-47}$$

$$a = R\cos\alpha' \tag{10-48}$$

式(10-45)—(10-48)中的 R 按下式计算：

$$R = \frac{s^2}{16W} + \frac{W}{4} \tag{10-49}*$$

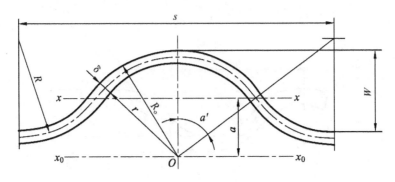

图 10-15　波形几何特性

常用波纹(图 10-16)对其自身中性轴的惯性矩 I_1 按表 10-9 查取。

---

* 标准中公式有误。

表 10-9　波形截面对其自身中性轴的惯性矩 I_1 ($\times 10^4 \text{mm}^4$)

图序号		δ(mm)											
		10	11	12	13	14	15	16	17	18	19	20	21	22
图 10-16(a)	节距 150 波深 38	31.8	35.6	39.5	43.5	47.7	52	56.5	61	65.9	70.9	76.1	81.5	87.2
图 10-16(b)	节距 150 波深 41	37.6	42.1	46.7	51.4	56.2	61.2	66.3	71.7	77.2	82.9	88.8	94.5	101.3
图 10-16(c)	节距 200 波深 75-δ	129.2	138.7	147.5	155.7	163.3	170.3	176.8	182.9	188.4	193.5	198.3	202.7	206.8

注：表中给出的 I_1 值已经考虑了厚度减薄量，例如，对于 $\delta=10$ mm，I_1 值是按 9 mm 计算的。

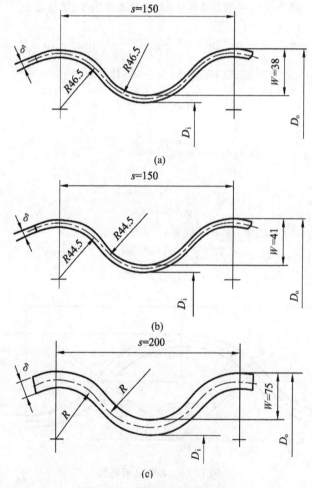

图 10-16　波形炉胆(参考图)

如式(10-43)未能满足，可在炉胆平直部分设置加强圈(图 10-17)用以减小 L_2，以满足式(10-43)的要求。

4. 加强圈

加强圈截面对其自身中性轴的惯性矩 I_2 按下式计算：

$$I_2 = \frac{\delta_J h_J^3}{12} \quad \text{mm}^4 \tag{10-50}$$

式中：δ_J——加强圈厚度（图 10-21），mm；
　　　h_J——加强圈高度（图 10-21），mm。

I_2 不应小于按下式计算出的需要惯性矩 I''，即

$$I_2 \geqslant I'' = \frac{pL_0 D_m^3}{1.33 \times 10^6} \quad \text{mm}^4 \tag{10-51}$$

式（10-51）中承压计算长度 L_0 按各计算支点均分原则处理，例如对图 10-17 中的加强圈，L_0 为 L_1 与 L 之和的一半。

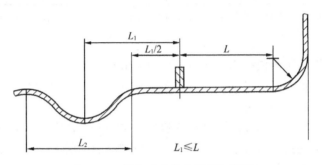

图 10-17　炉胆平直部分设置加强圈

5. 膨胀环

膨胀环（图 10-18）对其自身中性轴的惯性矩 I_3 如表 10-10 所示，它不应小于按式（10-52）算出的需要惯性矩 I'''。

$$I_3 \geqslant I''' = \frac{pL_0 D_m^3}{1.33 \times 10^6} \quad \text{mm}^4 \tag{10-52}$$

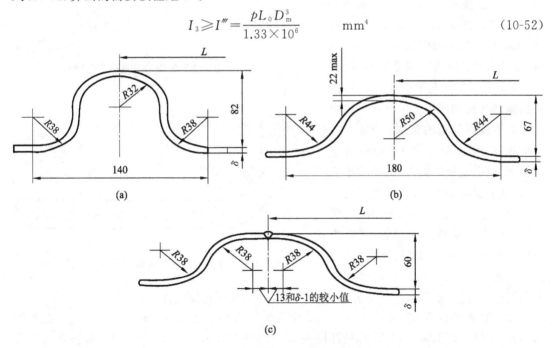

图 10-18　膨胀环（参考图）

式(10-52)中承压计算长度 L_0 按加强圈中所述原则处理。

表 10-10　膨胀环对其自身中性轴的惯性矩 I_3

图序号	δ(mm)												
	10	11	12	13	14	15	16	17	18	19	20	21	22
	$I_3(10^4 \text{mm}^4)$												
图 10-18(a)	189	210	231	252	273	295	317	339	361	384	407	430	454
图 10-18(b)	130	144	159	174	190	204	220	236	252	268	284	301	318
图 10-18(c)	114	128	141	155	170	186	204	222	241	260	280	301	322

注：表中给出的 I_3 值已经考虑了厚度减薄量，例如，对于 $\delta = 10$ mm，I_3 值是按 9 mm 计算的。

6. 结构要求

(1) 平直或波形炉胆的内径 D_i 不应大于 1 800 mm。

(2) 平直或波形炉胆的名义厚度不应小于 8 mm，且不应大于 22 mm；当炉胆内径不大于 400 mm 时，其名义厚度应不小于 6 mm。

(3) 卧式平直炉胆的计算长度一般不宜超过 2 000 mm，如炉胆两端为扳边连接，则计算长度可放大至 3 000 mm。超过上述规定时，应采用膨胀环或波形炉胆来提高柔性，此时波纹部分的长度应不小于炉胆全长的 1/3。

(4) 平直炉胆与波形炉胆的连接结构如图 10-19 所示。平直炉胆与波形炉胆的波纹顶部、底部或中部对齐均可。当过渡曲面内径小于或等于 600 mm 时，直段长度 l 应大于或等于 25 mm；当过渡曲面内径大于 600 mm 时，直段长度 l 应大于或等于 38 mm。

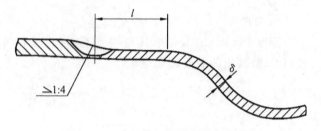

图 10-19　波形炉胆与平直炉胆的连接

(5) 卧式炉胆与平管板或凸形封头的连接结构如图 10-20 所示。图中 r 对于平板或管板的扳边，不应小于两倍板厚，且至少应为 38 mm；对于火箱板、回燃室板的扳边，则不应小于板厚，且至少应为 25 mm。当扳边元件内径小于或等于 600 mm 时，直段长度 l 应大于或等于 25 mm；当扳边元件内径大于 600 mm 时，直段长度 l 应大于或等于 38 mm。如采用坡口型角焊连接，应按本章第二节第五部分中有关坡口型角焊连接的规定处理。

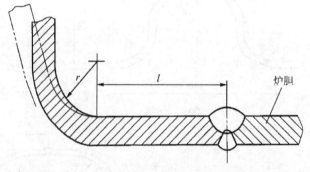

图 10-20　卧式炉胆与平管板或凸形封头的连接

(6) 加强圈的厚度 δ_j 应不小于 δ，但不大于 2δ 或 22 mm [图 10-21(a)]。如大于 22 mm，应将底部削薄，削薄后的根部厚度不应大于 22 mm [图 10-21(b)]。加强圈的高度 h_j 应不大于 $6\delta_j$。加强圈与炉胆的焊接应采用全焊透型（图 10-21）。

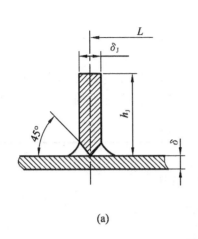 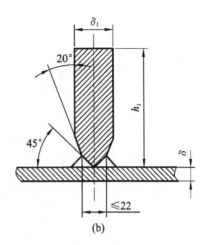

图 10-21 加强圈

二、回燃室筒体

卧式内燃锅炉的回燃室筒体按卧式平直炉胆计算,如为焊接所需要而削薄两端部时,削薄部分厚度无须另行计算。

回燃室筒体的名义厚度应不大于 35 mm,且不应小于 10 mm。

三、冲天管

立式锅炉冲天管(图 10-26)的设计厚度按式(10-41)计算,取 $\varphi_{\min} = 1.00$;对于蒸汽锅炉,附加厚度由 2 mm 增至 4 mm,即式(10-41)右边 +2 改为 +4。

冲天管计算长度 L 按炉胆计算长度处理办法进行确定。

表 10-11 管子的最小公称厚度

单位:mm

公称外径	名义厚度
$d_o \leq 25$	2
$25 < d_o \leq 76$	2.5
$76 < d_o \leq 89$	3
$89 < d_o \leq 133$	3.5

四、烟管

承受外压力烟管(包括螺纹管)的名义厚度按下列公式计算或按表 10-11,取其中的较大值:

$$\delta = \frac{p d_o}{2[\sigma]} + C \quad \text{mm} \tag{10-53}$$

式中:d_o——烟管外径,mm;

C——附加厚度,按承受内压的管子处理。

第四节 有拉撑(支撑、加固)的平板和管板强度计算

有拉撑(支撑、加固)的平板和管板是锅壳式锅炉的主要受压部件之一,这些元件在压力的作用下,主要产生双向弯曲变形,属于双向受弯问题。

一、有拉撑的平板和烟管管束区以外的平板

有拉撑的平板和烟管管束区以外的平板在厚度计算时,可以看成平板是由周边被拉撑和划割的假想平板结构。为计算简化,可以通过支撑点画当量圆(也称为假想圆),平板的壁厚取决于平板上各当量圆计算壁厚的最大值。

有拉撑的平板和烟管管束区以外的平板名义厚度按下式计算:

$$\delta > K d_e \sqrt{\frac{p}{[\sigma]}} + 1 \quad \text{mm} \tag{10-54}$$

计算压力取相连元件的计算压力,计算壁温按表 10-2 选取。

系数 K 按以下规定确定：通过 3 个支撑点画当量圆时,K 按表 10-12 确定；通过 4 个或 4 个以上支撑点画当量圆时,K 值降低 10%；通过 2 个支撑点画当量圆时,K 值增加 10%。

表 10-12　系数 K 的取值

支撑型式		K
支点线	平板或管板与锅壳筒体、炉胆或冲天管连接：	
	扳边连接[图 10-22(a)]	0.35
	坡口型角焊连接并有内部封焊[图 10-22(b)]	0.37
	内部无法封焊的单面坡口型角焊(图 10-23)*	0.50
直拉杆、拉撑管、角撑板、斜拉杆		0.43
带垫板的拉杆		0.38
焊接烟管(括螺纹管)；管头 45°扳边的胀接管		0.45

* 如氩弧焊打底,且 100% 无损检测,K 可取 0.4；如采用垫板,且 100% 无损检测,K 可取 0.45。

如支撑点型式不同,则系数 K 取各支撑点相应值的算术平均值。

如烟管与管板全部采用焊接连接时,这些烟管中心均可视为支撑点,以管束区边缘管子画当量圆时,K 按表 10-12 选取。当烟管群边缘某些烟管中心与最近支点线、最近支撑点的距离大于 250 mm 时,这些烟管的焊接应满足拉撑管和平管板焊接的要求(见本章第五节第三部分)；两组管束间的宽水区距离(width of waterway)大于 250 mm 时,宽水区两侧烟管每间隔一根的焊接应满足拉撑管和平管板焊接的要求(见本章第五节第三部分)。

支撑点按下列原则确定：拉杆或拉撑管中心；管束区边缘焊接烟管中心；角撑板的中线及支点线上的各点都是支撑点。

支点线按图 10-22、图 10-23 所示原则确定。人孔、头孔、手孔边缘,不是支点线。

当量圆直径 d_e 如为经过 3 个或 3 个以上支撑点画圆时,支撑点不应都位于同一半圆周上,当量圆画法如图 10-24 所示；如为 2 个支撑点画圆时,支撑点应位于当量圆直径的两端。当量圆可以利用 AutoCAD 绘图软件来画,画好后,选中当量圆,单击"修改"→"特性"命令,可以查看当量圆的直径。

包含人孔在内的平板(图 10-25)的厚度按式(10-55)计算：

$$\delta > 0.62 \sqrt{\frac{p}{R_m}(C d_e^2 - d_h^2)} \tag{10-55}$$

式中：d_h——人孔或头孔的计算直径(椭圆孔圈的长半轴 a 与短半轴 b 之和)；

C——系数,按表 10-13 确定；

R_m——常温抗拉强度,MPa。

至少有一个当量圆应将人孔或头孔包括在内,并以其中最大当量圆作为强度计算的依据。如为两点画当量圆,δ 增加 10%。

人孔或头孔应满足第八节第五部分的要求。

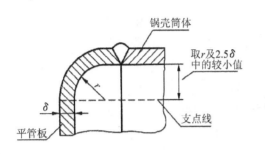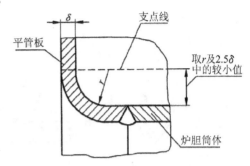

(a) 扳边连接

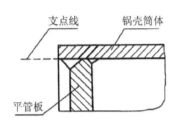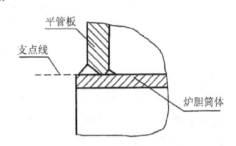

(b) 坡口型角焊连接并有内部封焊

图 10-22　支点线位置

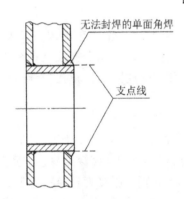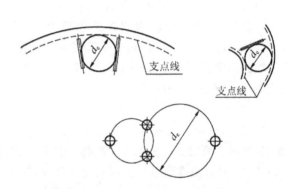

图 10-23　单面角焊的支点线　　　图 10-24　当量圆的画法

表 10-13　包含人孔、头孔的平板系数

结构型式	无拉撑或两侧有拉撑但 $l \geqslant \dfrac{d_e}{10}$	两侧有拉撑且 $l = 0 \sim \dfrac{d_e}{10}$
C	1.64	1.19

注：l 为拉杆外缘至当量圆的最小距离（图 10-25）。

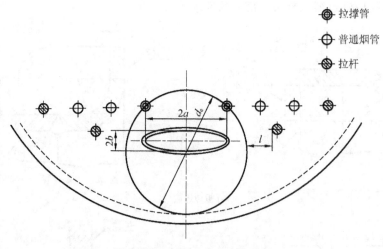

图 10-25 包含人孔在内的平板

如平板或管板是扳边的,则扳边内半径不应小于两倍板厚,且至少应为 38 mm;如火箱板、回燃室板是扳边的,则扳边内半径不应小于板厚,且至少应为 25 mm;扳边起点与人孔圈或头孔圈焊缝边缘之间的净距离不应小于 6 mm。

扳边孔不应开在对接焊缝上。

二、烟管管束区以内的平板

烟管管束区以内的平板厚度按式(10-54)计算,主要分以下两种情况。

1. 烟管与管板连接全部采用焊接

此时,式(10-54)中 d_e 取为烟管最大节距,并取 $K=0.47$。管板名义厚度不应小于 8 mm;如管板内径大于 1 000 mm,则管板名义厚度不应小于 10 mm。管板上孔桥应使相邻焊缝边缘的净距离不小于 6 mm,若进行焊后热处理,可不受此限制。管孔焊缝边缘至扳边起点的距离不应小于 6 mm。

2. 烟管与管板采用胀接连接

这种情况下,管束区内通常装有拉撑管。式(10-54)中 d_e 为按拉撑管所画当量圆的直径,系数 K 则按本节第一部分处理。拉撑管与管板连接的焊缝高度(含深度)应为管子厚度加 3 mm(图 10-31),拉撑管厚度应按强度计算确定[式(10-59)]。胀接管直径不大于 51 mm 时,管板名义厚度不应小于 12 mm,胀接管直径大于 51 mm 时,管板名义厚度不应小于 14 mm。胀接管板孔桥不应小于 $0.125d+12.5$ mm。胀接管孔中心至扳边起点的距离不应小于 $0.8d$,且不小于 $0.5d+12$ mm。

对于与 600 ℃以上烟气接触的管板,焊接连接的烟管或拉撑管应采取消除间隙的措施,而且管端超出焊缝的长度不应大于 1.5 mm(图 10-32)。非全焊透的烟管,若烟管和管孔间存有间隙,会存在频率较高的由冷热产生的交变应力。若水质差时,则易在此间隙产生腐蚀、结垢。管端超出焊缝的长度过大,则会造成管子过热,甚至管端和管板开裂。[41]

三、立式冲天管锅炉平封头和平炉胆顶

立式冲天管锅炉平封头和平炉胆顶的厚度按式(10-54)计算。当量圆直径按以下规定确定:

(1) 仅靠冲天管支持时，d_e 取与支点线相切所画出的切圆直径（图 10-26 右半部）；

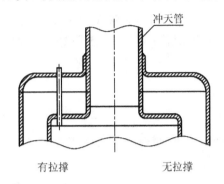

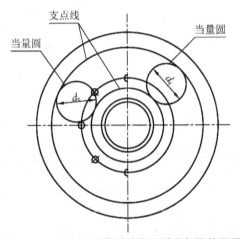

图 10-26　立式冲天管锅炉的平封头与平炉胆顶

(2) 装有拉撑件时，d_e 取通过 3 个或 3 个以上支撑点所画出的圆中最大圆的直径（图 10-26 左半部）。

仅靠冲天管支持时，系数 K 取表 10-12 给出值的 1.5 倍。装有拉撑时，如为三点支撑，K 按表 10-12 确定；如为四点支撑，K 值降低 10%。

平封头和平炉胆顶上装有拉杆时，拉杆数量按表 10-14 确定。

表 10-14　平封头和平炉胆顶的拉杆数量

锅壳筒体的外径	1 200 mm＜D_o＜1 500 mm	1 500 mm≤D_o＜1 800 mm	D_o≥1 800 mm
拉杆数量	≥4	≥5	≥6

平封头或平炉胆顶的外缘扳边内半径不应小于两倍板厚，且至少为 38 mm；内缘扳边（与冲天管相接）内半径不应小于板厚，且至少为 25 mm。

四、立式多横火管锅炉的管板和弓形板

立式多横火管锅炉管板的厚度除按本节第一部分的规定计算外，还应按式(10-56)校核最外侧垂直管排的强度：

$$\delta = \frac{pD}{2\varphi[\sigma]-p}+1 \tag{10-56}$$

式中：D——当量直径，即最外侧管排中心线与管板厚度中线交点至锅壳中心线之间距离的2倍。对前管板 $D=2L_1$；对后管板 $D=2L_2^*$（图10-27）。

φ——最外侧垂直管排的孔桥减弱系数，按式(10-57)计算。

$$\varphi = \frac{S_2 - d}{S_2} \tag{10-57}$$

式中：d——管孔直径；

S_2——管孔垂直节距。

管板厚度取式(10-54)与式(10-56)计算所得的较大值。

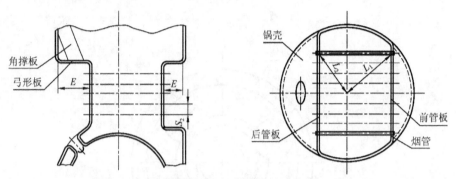

图 10-27　立式多横管锅炉的管板与弓形板的计算尺寸

立式多横火管锅炉管板最外侧垂直管排如为胀接管，则每隔一根烟管应按图10-32所示的要求对管头进行焊接。如为焊接管孔则无此要求。管板的其他结构要求应满足本节第二部分的有关规定。

管板的弓形板如由角撑板（或其他拉撑）支持，应按式(10-58)计算出的 Z 值查表10-15确定角撑板的数目。

$$Z = \frac{E p D_i}{\delta} \tag{10-58}$$

式中：E——由锅壳内壁至管板外壁的弓形板最大尺寸（图10-27）。

表 10-15　角撑板数量

管板	Z 值	角撑板最少数量	管板	Z 值	角撑板最少数量
后管板 （燃烧室管板）	>25 000	1	前管板 （烟箱管板）	>25 000	1
	>35 000	2		>47 000	2
	>42 000	3			

与管板两边相接的锅壳板厚度至少应比圆筒形锅壳筒体公式计算所得厚度大1.5 mm。

第五节　拉撑件和加固件

本节规定了锅炉元件之间的呼吸空位，以及拉撑件（直拉杆和拉撑管、斜拉杆等）和加固件（角撑板、加固横梁等）的设计计算方法和结构要求。

---

* 标准中公式有误。

一、呼吸空位

呼吸空位(图 10-28)是指平管板上温度不同相邻元件之间的最小距离。平管板上应留有足够尺寸的呼吸空位,以防止产生过大的温差应力。与锅壳筒体相连的平管板上相邻元件之间的呼吸空位值应遵循表 10-16 中的规定,与回燃室筒体相连的平管板上相邻元件之间的呼吸空位可按上述锅壳筒体的处理。

表 10-16 与锅壳筒体相连的平管板上相邻元件之间的呼吸空位

元件 A	元件 B	呼吸空位 bs[③]
平直炉胆[①] 外壁	烟管外壁	当 $D_i < 1\,000$ mm 时,bs≥50 mm 当 $1\,000 ≤ D_i ≤ 2\,000$ mm 时,bs≥$0.05D_i$ 当 $D_i > 2\,000$ mm 时,bs≥100 mm
平直炉胆[①] 外壁	锅壳筒体内壁	
角撑板端部	烟管外壁	bs≥100 mm
直拉杆[②] 边缘	烟管外壁	
锅壳筒体内壁	烟管外壁	bs≥40 mm
角撑板端部	平直炉胆[①] 外壁	当 $D_o > 1\,800$ mm 和 $L > 6\,000$ mm 时,bs≥250 mm 当 $D_o < 1\,400$ mm 和 $L < 3\,000$ mm 时,bs≥150 mm 其他情况下,bs≥200 mm
直拉杆[②] 边缘	平直炉胆[①] 外壁	
其他情况		当 $0.03D_i < 50$ mm 时,bs≥50 mm 当 $0.03D_i > 100$ mm 时,bs≥100 mm 当 $50 ≤ 0.03D_i ≤ 100$ mm 时,bs≥$0.03D_i$

注:① 对于波形炉胆和波形与平直组合炉胆,bs 可打 7 折;如果炉胆端部为扳边结构且采用斜拉杆,bs 可打 5 折。
② 对于斜拉杆,bs 可打 7 折。
③ D_i——锅壳筒体内径;D_o——锅壳筒体外径;L——炉胆长度。

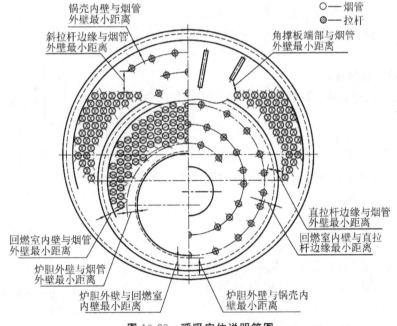

图 10-28 呼吸空位说明简图

二、拉撑件所支撑的面积

拉撑件宜均匀布置,使被拉撑的面积尽量相同。

拉撑件所支撑的面积 A 等于被拉平板上支撑点中位线所包围的面积。支撑点中位线为距相邻支撑点等距离的连线,可近似取为相邻 3 个或 3 个以上支撑点的切圆中心和相邻两个支撑点的中点的连线,如图 10-29 所示。拉撑件所支撑的面积可以在 AutoCAD 执行"工具"→"查询"→"面积"命令来确定。

○ —— 普通烟管
◎ —— 拉杆
⊚ —— 拉撑管
2 —— 两个点画圆的圆心
3 —— 三个点画圆的圆心
4 —— 四个点画圆的圆心

图 10-29 支撑面积 A 的近似画法

对于直拉杆、拉撑管和普通烟管,应将上述所画面积减去这些元件所占的面积作为支撑面积;而对于斜拉杆和角撑板,则不减去它们所占的面积。

三、直拉杆和拉撑管

直拉杆和拉撑管的最小需要截面积按式(10-59)计算:

$$F_{\min} = \frac{pA}{[\sigma]} \quad \text{mm}^2 \quad (10\text{-}59)$$

当焊接烟管视为拉撑管时,其最小需要截面积也按式(10-59)计算。

计算压力取相连元件的计算压力,计算温度按表 10-2 选取,直拉杆按不受热考虑。

直拉杆与平管板的连接结构如图 10-30 和图 10-31 所示。图 10-30 所示结构用于烟温不

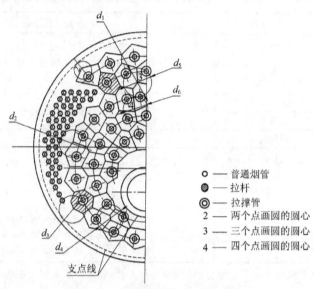

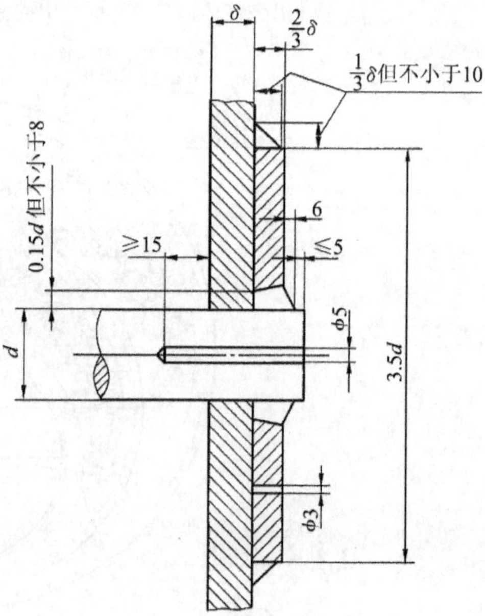

图 10-30 有垫板的拉撑杆与
平管板的连接[①]

---

① 标准中将两根尺寸标注线误画成了粗实线。

大于 600 ℃ 的部位。图 10-31 所示结构可用于烟温大于 600 ℃ 时的部位,当用于烟温不大于 600 ℃ 的部位时,拉杆端头超出焊缝的长度可放大至 5 mm。

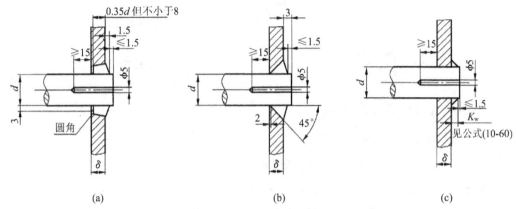

图 10-31 无垫板的拉撑杆与平管板的连接①

用于平管板的直拉杆的直径不宜小于 25 mm。长度大于 4 000 mm 的直拉杆,中间应加支撑点。用于火箱的直拉杆的直径不宜小于 20 mm。

直拉杆与平管板的连接如采用图 10-31(c) 结构时,焊脚尺寸 K_w 应满足式(10-60)的要求:

$$K_w \geqslant \frac{1.25 F_{min}}{\pi d} \qquad mm \qquad (10\text{-}60)②$$

拉撑管与平管板的连接结构如图 10-32 所示。

当用于烟温大于 600 ℃ 的部位时,管端超出焊缝的长度不应大于 1.5 mm;当用于烟温不大于 600 ℃ 的部位时,管端超出焊缝的长度可放大至 5 mm。焊接烟管也按此规定处理。

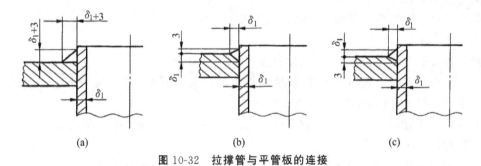

图 10-32 拉撑管与平管板的连接

四、斜拉杆

斜拉杆(图 10-33)的最小需要截面积按式(10-61)计算:

$$F_{min} = \frac{pA}{[\sigma] \sin\alpha} \qquad mm^2 \qquad (10\text{-}61)$$

---

① 标准中(c)有误。
② 标准中公式有误。

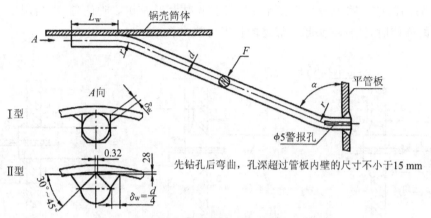

图 10-33　斜拉杆与平管板及锅壳筒体的连接①

计算压力 p 取相连元件的计算压力，计算温度按表 10-2 不受热元件选取。

斜拉杆与平管板及锅壳筒体的连接结构如图 10-33 所示。插入平管板的端头的焊接结构应符合图 10-31 要求，当用于烟温不大于 600 ℃ 的部位时，端头超出焊缝的长度可放大至 5 mm，斜拉杆的转角半径 r 不应小于 2 倍杆的直径。斜拉杆与平管板的夹角 α 不应小于 60°。

斜拉杆与锅壳筒体连接的焊缝厚度 δ_w，对于 I 型焊缝应满足下列要求：

$$\delta_w \geq \frac{1.25 F_{\min}}{2 L_w} \quad \text{mm} \tag{10-62}②$$

任何情况下，焊缝厚度 δ_w 不应小于 10 mm。

对于 II 型焊缝，厚度 δ_w 取 $d/4$。焊缝长度 L_w 应满足式 (10-63) 的要求：

$$L_w = \frac{2.5 F_{\min}}{d} \quad \text{mm} \tag{10-63}③$$

斜拉杆的直径不宜小于 25 mm。

斜拉杆与锅壳筒体连接部位的烟温应不大于 600 ℃。

五、角撑板

角撑板（图 10-34）的最小需要截面积按式 (10-61) 计算。

角撑板在平管板上宜辐射布置，两块角撑板间的夹角宜在 15°～30° 之间。应优先考虑采用斜拉杆，或当空间允许时，采用直拉杆。

角撑板与平管板、锅壳筒体的连接焊缝均应为坡口型，焊缝应避免咬边等缺陷，焊缝与母材应圆滑过渡。

角撑板与平管板、锅壳筒体的焊缝长度 L_w 应满足式 (10-64) 的要求：

$$L_w \geq \frac{100 p A}{0.6 [\sigma] \delta_b \sin\alpha} + 20 \tag{10-64}$$

式中：δ_b——角撑板厚度，mm。

---

① 图中数字 0.32 疑似应为 0～2，数字 28 有误。
② 标准中公式有误。
③ 标准中公式有误。

第十章 受压元件强度计算

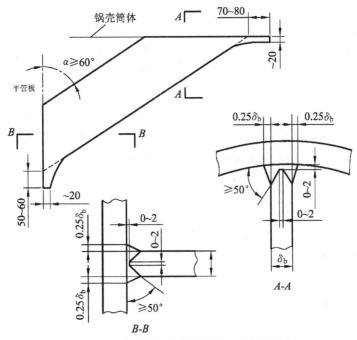

图 10-34 角撑板与平管板及锅壳筒体的连接

计算压力取相连元件的计算压力,计算温度按表 10-2 不受热元件选取。

角撑板与平管板的夹角 α 不应小于 $60°$。

角撑板厚度不应小于平管板厚度的 70%,也不应小于锅壳筒体的厚度和不大于锅壳筒体厚度的 1.7 倍。

角撑板与平管板、锅壳筒体连接处的结构形状与尺寸应符合图 10-34 要求。

角撑板与平管板、锅壳筒体连接部位的烟温不应大于 600 ℃。

第六节 承压平端盖及盖板的强度计算

一、平端盖的强度计算

圆筒形集箱的封头常采用平板型,称为平端盖。它具有加工方便、占据空间小等特点。常用的平端盖结构型式列于表 10-17 中。

圆形平端盖实际上是一块周边支撑的圆形平板,在压力的作用下,沿圆平板的圆周方向和半径方向都要发生弯曲变形,因而属于双向受弯问题。其设计厚度按下式计算:

$$\delta_s = KD_i \sqrt{\frac{p}{[\sigma]}} \quad \text{mm} \tag{10-65}$$

式中:D_i——与平端盖相连接处的集箱筒体半径,mm;

p—— 计算压力,取相连筒体的计算压力,MPa;

K—— 与平端盖结构形式有关的系数,按表 10-17 选取;

$[\sigma]$—— 许用应力,MPa。基本许用应力的修正系数按表 10-17 选取,确定许用应力的计算壁温按表 10-2 确定。

平端盖的名义厚度应满足：$\delta_1 \geqslant \delta_s$。

平端盖的内转角过渡圆弧半径 r、直段部分的长度 l 等应符合表 10-17 所规定的要求。

平端盖上中心孔的直径或长轴尺寸与端盖内直径之比值不应大于 0.8；平端盖上任意两孔边缘之间的距离不应小于其中小孔的直径；孔边缘至平端盖内边缘之间的距离不应小于 δ_s；孔不应开在内转角过渡圆弧处。

平端盖直段部分的厚度不应小于按承受内压力圆筒形元件当减弱系数 $\varphi_{\min}=1$ 时所确定的成品最小需要厚度，即按式(10-24)计算出 δ_c 后加上 C_1 的值。

表 10-17 圆形平端盖的结构特性系数 K 和修正系数 η

序号	平端盖型式	结构要求	K 无孔	K 有孔	η ($l \geqslant 2\delta_l$)	η ($2\delta_l > l \geqslant \delta_l$)	备注
1		$r \geqslant 3\delta_l$ $l \geqslant \delta_l$	0.40	0.45	1.00	0.95	
2		$r \geqslant \frac{1}{3}\delta$ 且 $r \geqslant 5\mathrm{mm}$ $\delta_2 \geqslant 0.8\delta_l$	0.40	0.45	0.90		
3		$K_1 \geqslant \delta$ $K_2 \geqslant \delta$ $h \leqslant (1 \pm 0.5)\mathrm{mm}$	0.50	0.60	0.85		用于锅炉额定压力不大于 2.5 MPa 且 D_i 不大于 $\phi 426$ mm
			0.40	0.40	1.05		用于水压试验[a]

续表

序号	平端盖型式	结构要求	K 无孔	K 有孔	η	备注
4	(图示)	$K_1 \geq \delta$ $K_2 \geq \delta$ $h \leq (1 \pm 0.5)$ mm	0.60	0.70	0.85	用于锅炉额定压力不大于 2.5 MPa 且 D_i 不大于 ϕ426 mm

注：a 用于水压试验时可以不开或开小坡口。

二、盖板的强度计算

盖板设计厚度按式(10-66)计算：

$$\delta_s = KYD_c\sqrt{\frac{p}{[\sigma]}} \quad \text{mm} \tag{10-66}$$

式中：p——计算压力，MPa，取相连元件的计算压力；

$[\sigma]$——许用应力，MPa，确定许用应力时的计算壁温按表10-2确定；

Y——形状系数，按表10-18选取。

表 10-18　形状系数 Y

b/a	1.00	0.75	0.50
Y	1.00	1.15	1.30

注：表中相邻 b/a 之间 Y 值可用算术内插法确定，小数点后第三位四舍五入。

结构特性系数 K 和计算尺寸 D_c 按以下规定选取：

(1) 两法兰间加盲板(图10-35)，$K=0.50$，D_c 取法兰密封面的中心线尺寸；

(2) 凸面法兰式盖板(图10-36)，$K=0.55$，D_c 取法兰螺栓中心线尺寸；

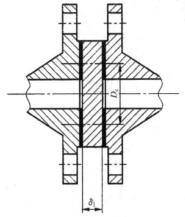

图 10-35　盲板

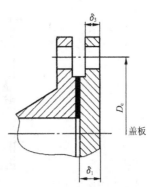

图 10-36　凸面法兰式盖板

(3) 平面法兰式盖板(图 10-37)，$K=0.45$，D_c 取螺栓中心线尺寸；

(4) 承受内压的孔盖板(图 10-38)，$K=0.55$，圆形盖板 D_c 取孔圈密封接触面的中心线尺寸；椭圆形盖板 D_c 取孔圈短轴密封接触面的中心线尺寸。

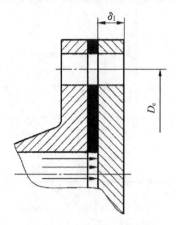

图 10-37 平面法兰式盖板

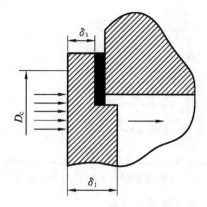

图 10-38 承受内压的孔盖板

盖板名义厚度应满足：$\delta_1 \geqslant \delta_s$。

盖板的连接处的厚度 δ_3(图 10-36)应满足：$\delta_3 \geqslant 0.8\delta_1$。

第七节 下脚圈

立式冲天管(或炉胆顶部有可靠拉撑)锅炉的 S 型下脚圈和 U 型下脚圈厚度可不必进行计算，名义厚度不小于相连炉胆的厚度，且不小于 8 mm。

立式锅炉 H 型下脚圈(炉胆顶部有可靠拉撑)的计算厚度按平板进行计算，但名义厚度应不小于相连炉胆的厚度，且不小于 8 mm。

立式无冲天管(且炉胆顶部无可靠拉撑)锅炉的 S 型和 U 型下脚圈(图 10-39 和图 10-40)的厚度按式(10-67)计算：

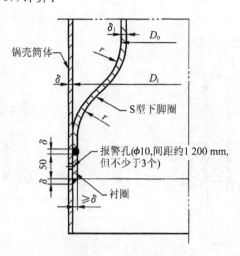

图 10-39 S 型下脚圈

$$\delta_1 \geqslant \sqrt{\frac{pD_i(D_i-D_o)}{990}} \sqrt{\frac{372}{R_m}+1} \quad \text{mm} \quad (10\text{-}67)$$

式中：D_i——锅壳筒体内径，mm；

D_o——炉胆外径，mm；

R_m——常温抗拉强度，MPa。

立式无冲天管（或炉胆顶部无可靠拉撑）锅炉的 H 型下脚圈用于额定压力 $p \leqslant 1.0$ MPa 的锅炉，其下脚圈和支撑板的结构型式按图 10-41 所示的要求。支撑板数量确定：在支撑板的外圈（在锅壳筒体内径处）弧线长度不大于 400 mm，且不少于 4 块；下脚圈底板和支撑板的厚度取不低于炉胆厚度，且不小于 8 mm，支撑板与相邻件的焊接应采用全焊透结构。

在 H 型下脚圈结构中，各相邻件焊接的 T 型接头不得位于温度 $t \geqslant 600$ ℃ 的场合。

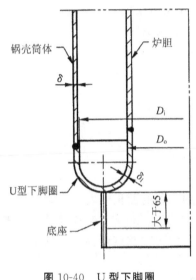

图 10-40　U 型下脚圈

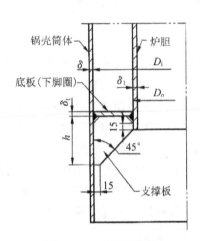

图 10-41　H 型下脚圈

第八节　孔的补强

一、锅壳筒体和集箱筒体上孔的补强

承压元件的名义厚度一般均大于其设计厚度，也就是说，元件的强度除承受内压外，还有一定的裕度。当筒体的实际减弱系数 φ_s ［锅壳筒体按公式（10-8）计算，集箱筒体按公式（10-9）计算］小于或等于 0.4 时，由于筒体的多余厚度已能全部补偿由开孔所造成的强度减弱，因而在这种情况下无须对开孔进行补强；当筒体的实际减弱系数 φ_s 大于 0.4 时，未补强孔的最大允许直径 $[d]$ 由附录 2 中附图 2-1 确定。如果开孔的直径 d 不超过 $[d]$，则开孔所引起的元件强度减弱也能由多余的厚度来补偿，因此也无须补强。如果超过 $[d]$，则应采取图 10-42 所示的结构予以补强。

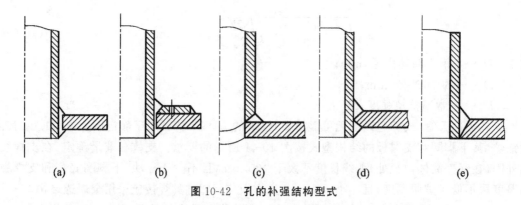

图 10-42 孔的补强结构型式

补强之前应先确定补强截面,所谓补强截面是指开孔之中心线和筒体纵轴相交而成的平面。开孔的补强就是要补足在待补强截面上由于开孔而被挖去的金属面积,因此筒体上孔的补强计算采用的是面积补强法,就是使在有效补强范围内的多余面积等于或大于需要补强的面积,即

$$A_1 + A_2 + A_3 + A_4 \geqslant A \tag{10-68}$$

式中:A_1——纵截面内起补强作用的焊缝面积,mm^2;
  A_2——纵截面内起补强作用的管接头多余面积,mm^2;
  A_3——纵截面内起补强作用的垫板面积,mm^2;
  A_4——纵截面内起补强作用的筒体多余面积,mm^2;
  A——纵截面内补强需要的面积,mm^2。

开孔补强的有效范围和补强需要的面积及起补强作用的面积见表 10-19。其中,有效补强高度 h_1、h_2 取 $2.5\delta_1$ 和 2.5δ 中的较小值;有效补强宽度 B 取 $2d$。且应使补强所需面积 A 的 2/3 分布在离孔 1/4 孔径范围内;如为加强管接头,则布置在离管接头内壁 1/4 内径的范围内。

表 10-19 中 δ_0 按式(10-69-1)或式(10-69-2)计算:

锅壳筒体:

$$\delta_0 = \frac{pD_i}{2[\sigma]-p} \tag{10-69-1}$$

集箱筒体:

$$\delta_0 = \frac{p(D_0-2\delta_e)}{2[\sigma]-p} \tag{10-69-2}$$

δ_{10} 按式(10-70)计算:

$$\delta_{10} = \frac{p(d_o-2\delta_{1e})}{2[\sigma]_1-p} \tag{10-70}$$

式中:d_o——焊接管接头、管子的外径,mm。如为椭圆孔,d_o 取长轴尺寸。

如补强元件的许用应力大于被补强元件的许用应力,则按被补强元件钢材的许用应力计算,即表 10-19 中的 $[\sigma]_1$ 或 $[\sigma]_2$ 取等于 $[\sigma]$。如补强元件的许用应力小于被补强元件的许用应力,则按表 10-19 中的公式计算。

上述补强计算方法仅适用于 $d/D_i < 0.8$ 和 $d < 600$ mm 的孔。如为椭圆孔,d 取长轴

尺寸,椭圆孔仅适用于长轴与短轴之比不大于 2 的开孔。$d/D_i \geqslant 0.8$ 的集箱开孔,集箱厚度按三通计算,请读者自行参考标准中的有关内容。

表 10-19 补强需要面积与起补强作用面积的确定

型式		双面角焊管接头补强	单面坡口焊管接头补强	垫板与管接头联合补强
补强结构				
补强需要面积	A	$\left[d+2\delta_{1e}\left(1-\dfrac{[\sigma]_1}{[\sigma]}\right)\right]\delta_0$	$d\delta_0$	$\left[d+2\delta_{1e}\left(1-\dfrac{[\sigma]_1}{[\sigma]}\right)\right]\delta_0$
起补强作用的面积	A_1	$2e^2$(或 e^2)	e^2	$2e^2$
	A_2	$[2h_1(\delta_{1e}-\delta_{10})+2h_2\delta_{1e}]\dfrac{[\sigma]_1}{[\sigma]}$	$2h_1(\delta_{1e}-\delta_{10})\dfrac{[\sigma]_1}{[\sigma]}$	$[2h_1(\delta_{1e}-\delta_{10})+2h_2\delta_{1e}]\dfrac{[\sigma]_1}{[\sigma]}$
	A_3	0	0	$0.8(B-d-2\delta_1)\delta_2\dfrac{[\sigma]_2}{[\sigma]}$
	A_4	$\left[B-d-2\delta_{1e}\left(1-\dfrac{[\sigma]_1}{[\sigma]}\right)\right](\delta_e-\delta_0)$	$(B-d)(\delta_e-\delta_0)$	$\left[B-d-2\delta_{1e}\left(1-\dfrac{[\sigma]_1}{[\sigma]}\right)\right](\delta_e-\delta_0)$

注:如为椭圆孔,表中 d 取筒体纵截面上的尺寸。

如果相邻两孔均需要补强,其节距不应小于其平均直径的 1.5 倍,并且还应符合以下要求:

(1) 加强管接头的高度应为厚度的 2.5 倍;
(2) 加强管接头的焊脚尺寸应等于加强管接头的厚度;
(3) 若两孔的节距小于两孔直径之和(平均直径的 2 倍),导致它们的有效补强范围重叠,应按两孔总的补强面积不小于各孔单独所需补强面积之和的方法进行补强。重叠部分补强面积不能重复计算。

二、炉胆上孔的补强

炉胆上孔的补强计算按本节第一部分的有关规定进行。炉胆上孔的补强方法适用于炉胆上的 $d/D_o \leqslant 0.6$ 的孔。如为椭圆孔,d 取长轴尺寸。对炉胆上的孔进行补强计算时,炉胆理论计算厚度按承受内压圆筒,即式(10-69-1)计算,附加厚度按式(10-41)取 2 mm。炉胆上的孔圈的理论厚度,按假设承受内压圆筒,即式(10-70)计算,附加厚度按第二节第三部分有关规定计算,如为椭圆孔圈,d 取孔圈长轴的内尺寸。不得用垫板对炉胆上的孔进行补强。

三、平板上孔的补强

按式(10-55)计算的包含人孔的平板无须再作补强计算。

如平板名义厚度满足式(10-71)、式(10-72)时,则孔无须补强。

对图 10-43 和图 10-45 的结构:

$$\delta \geqslant 1.5\delta_c \tag{10-71}$$

对图 10-44 的结构：

$$\delta \geqslant 1.25\delta_c \tag{10-72}$$

δ_c 取不等式(10-54)右边的值。如未能满足上述条件时，平板上的孔应予补强。

图 10-43、图 10-44、图 10-45 中孔的补强有效范围(h_1、B)和 δ_{10} 按本节第一部分确定。C 按第二节第三部分确定。如果加强圈用钢板制成，C 按锅壳筒体处理；如果加强圈用管子制成，C 按集箱筒体处理。

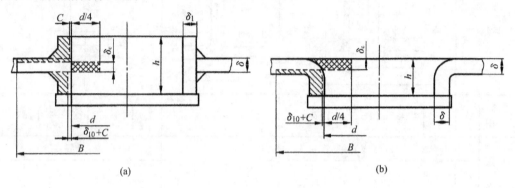

图 10-43　平板上孔的补强

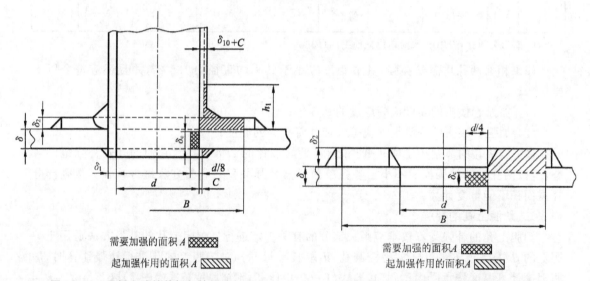

图 10-44　平板上孔的垫板与管接头加强　　　图 10-45　平板上孔的垫板的加强

能起补强作用的截面积 A_p 及需要补强的面积 A 如图 10-43、图 10-44、图 10-45 所示。要求：

$$A_p \geqslant A \tag{10-73}$$

图 10-43 中，焊接圈或孔扳边的高度 h 应满足式(10-74)要求：

$$h \geqslant \sqrt{\delta d} \tag{10-74}$$

式中：d——孔径或孔圈的内径。如为椭圆孔，则为短轴内尺寸。

四、筒体上多个开孔的补强计算

在利用公式(10-24)或(10-25)计算锅壳或集箱筒体厚度时,由于减弱系数采用的是所有减弱系数中的最小值,如果 $\varphi_{\min}$ 孔排在整个筒体上的占比很小,却因此使整个筒体的厚度都增大,显然是不经济的。一种合理的想法是补强这个薄弱部位,使其减弱系数提高,从而降低筒体的厚度。事实上,焊接管接头和焊缝的多余面积都是能起到一定的补强作用的,可以用来提高孔排部位的减弱系数,从而降低整个筒体的厚度。此时,应采用坡口型焊接结构,如图 10-42(c)、(d)、(e)所示。

补强管接头按以下要求计算:
(1) 补强管接头的高度应为厚度的 2.5 倍;
(2) 补强管接头的焊脚尺寸应等于补强管接头的厚度。

多个开孔的补强计算适用于相邻两孔节距小于由式(10-7)确定的值的下列情况:
(1) 两孔的直径均小于按第二节第二部分确定的未补强孔的最大允许直径;
(2) 两孔的直径均大于按第二节第二部分确定的未补强孔的最大允许直径,但两孔的节距不应小于其平均直径的 1.5 倍;
(3) 若 $\varphi_e < \frac{3}{4}[\varphi]$ (φ_e 是被补强的多孔在未做补强考虑时的纵向、2 倍横向或斜向当量减弱系数,$[\varphi]$ 是允许最小减弱系数,按公式(10-78)计算)时,两孔的节距不应小于其平均直径的 1.5 倍;

若两孔中有一孔的直径大于按第二节第二部分确定的未补强的最大允许直径,则按本节第一部分的规定按单孔补强,补强后按无孔处理。

对筒体多孔进行补强计算时,允许的当量直径 $[d]_e$ 按式(10-75)—(10-78)计算:

纵向孔桥: $$[d]_e = (1-[\varphi])s \tag{10-75}$$
横向孔桥: $$[d]_e = (1-0.5[\varphi])s' \tag{10-76}$$
斜向孔桥: $$[d]_e = (1-[\varphi]/K)s'' \tag{10-77}$$

式中: $$[\varphi] = \frac{p(D_i + \delta_e)}{2[\sigma]\delta_e} \tag{10-78}$$

多孔补强应符合式(10-79)、式(10-80)的要求:
(1) 对于相邻管接头结构、尺寸相同的孔桥[图 10-46(a)]:

$$A_1 + A_2 \geqslant \left(\frac{A}{\delta_0} - [d]_e\right)\delta_e \tag{10-79}$$

式中:A_1、A_2——按表 10-19 中的公式计算;
  δ_0——按式(10-69-1)或式(10-69-2)计算。

(2) 对于相邻管接头结构、尺寸不同的孔桥[图 10-46(b)]:

$$A_1' + A_2' + A_1'' + A_2'' \geqslant \left(\frac{A' + A''}{\delta_0} - [d]_e\right)\delta_e \tag{10-80}$$

式中:A'、A_1'、A_2' 和 A''、A_1''、A_2'' 分别按表 10-19 中计算 A、A_1、A_2 的公式计算,上标 $'$ 和 $''$ 分别表示相邻管接头中的一个。

采用补强后,可以采用倒推法确定筒体厚度。先根据公式(10-79)或(10-80)求出 $[d]_e$,

再根据孔桥类型由公式(10-75)或(10-76)、(10-77)求出$[\varphi]$,然后再确定筒体厚度。

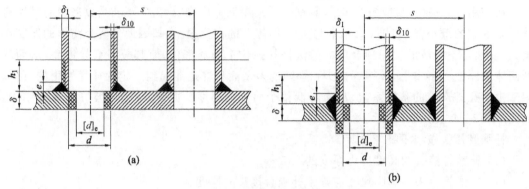

图 10-46 用管接头补强的孔桥

五、人孔、头孔、手孔

筒体、封头、平板上的人孔、头孔、手孔的边缘可采用焊接圈或扳边型式(图 10-47)。

焊接圈、扳边的高度 h 应满足式(10-74)的要求。

焊接人孔圈和头孔圈的厚度 δ_1 应满足式(10-81)的要求:

$$\delta_1 \geqslant \frac{7}{8}\delta \qquad (10\text{-}81)$$

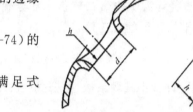

图 10-47 人孔、头孔、手孔的边缘结构

且对于人孔圈不宜小于 19 mm,对于头孔圈不宜小于 15 mm,对于手孔圈不宜小于 6 mm。

第九节 锅壳式锅炉的强度计算举例

【例 10-1】 以 WNS15-1.25-Q 锅壳式锅炉为对象,以前面章节中的例题为基础,对锅炉的锅壳筒体进行强度计算。锅壳筒体的结构尺寸如例图 10-1 所示,例图 10-2 为筒体展开图,人孔开孔、主汽接管管孔、给水套管管孔补强计算用图及主汽管和给水套管与筒体焊接详图请参见例图 10-3—例图 10-7。

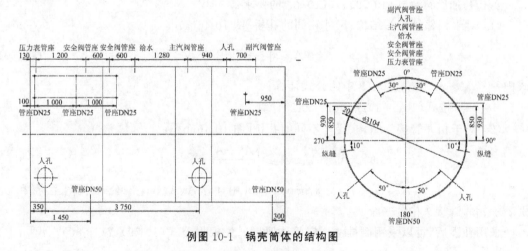

例图 10-1 锅壳筒体的结构图

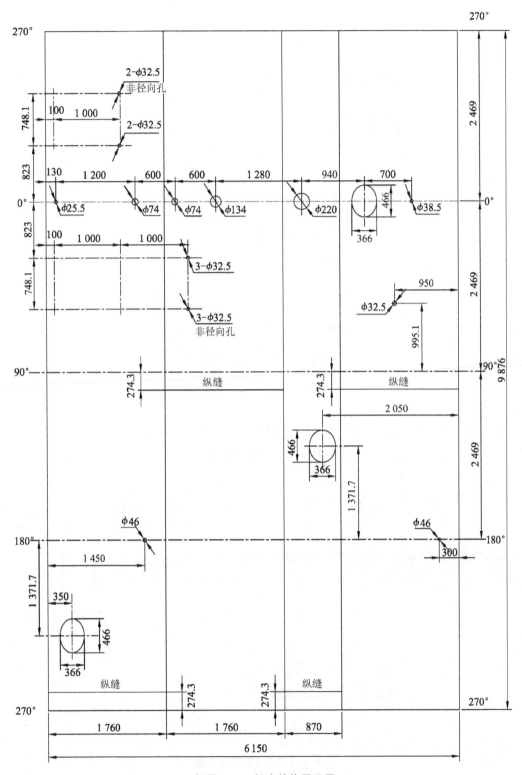

例图 10-2 锅壳筒体展开图

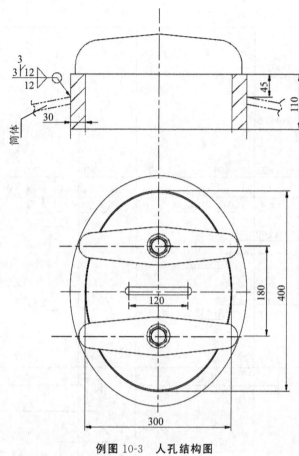

例图 10-3　人孔结构图

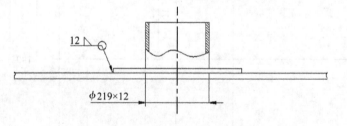
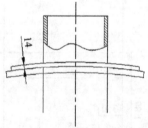

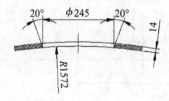

例图 10-4　主汽接管结构图

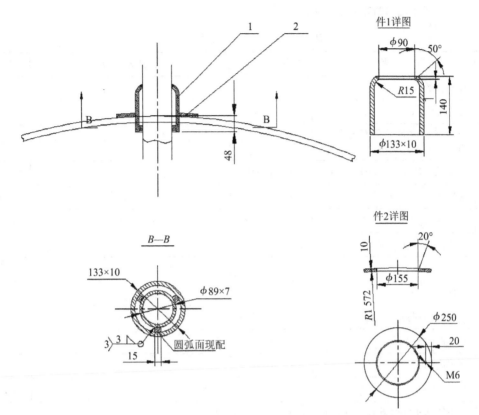

例图 10-5 给水套管结构图

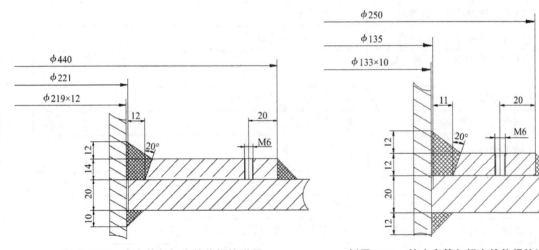

例图 10-6 主汽管与锅壳筒体焊接详图

例图 10-7 给水套管与锅壳筒体焊接详图

解：锅壳筒体的强度计算见下表。

例表 10-1 锅壳筒体强度计算表

序号	名称	符号	单位	公式及计算	数值
一	计算参数				
1	额定蒸汽压力	p_r	MPa		1.25
2	最大流量时计算元件至锅炉出口之间的压力降	Δp_f	MPa		0
3	计算元件所受液柱静压力值	Δp_h	MPa		0
4	附加压力	Δp_a	MPa	$0.06(p_r+\Delta p_f+\Delta p_h)$	0.08
5	计算压力	p	MPa	$p_r+\Delta p_f+\Delta p_h+\Delta p_a$	1.33
6	介质额定平均温度	t_{mave}	℃		193.4
7	锅壳材质			Q245R-GB713	
8	计算壁温	t_c	℃	表10-2,且不低于250℃	250
9	基本许用应力	$[\sigma]_J$	MPa	附录1附表1-5	111
10	修正系数	η		表10-1	1.0
11	许用应力	$[\sigma]$	MPa	$\eta[\sigma]_J$	111.0
12	筒体内径	D_i	mm	例图10-1	3 104
二	锅壳筒体未补强孔最大允许直径计算				
1	筒体壁厚	δ	mm	先假设,再校核	20
2	考虑腐蚀减薄的附加厚度	C_1	mm		0.5
3	考虑制造减薄的附加厚度	C_2	mm	冷卷冷校	0
4	考虑材料厚度下偏差的附加厚度	C_3	mm	按 GB/T 709—2019	0.3
5	附加厚度	C	mm	$C=C_1+C_2+C_3$	0.8
6	锅壳有效厚度	δ_e	mm	$\delta-C$	19.2
7	锅壳实际减弱系数	φ_s		$\dfrac{pD_i}{(2[\sigma]-p)\delta_e}$	0.971
8	参数	$D_i\delta_e$	mm²		59 597
9	未补强孔最大允许直径	$[d]$	mm	查附录2中附图2-1	98.0
10	结论:人孔开孔、主汽接管管孔、给水套管管孔需要补强,其余开孔无须补强				
三	锅壳筒体厚度计算				
1	最小减弱系数 φ_{min} 计算				
A	安全阀与压力表管孔之间				
—1	安全阀孔直径	d_5	mm	例图10-1	74.0

续表

序号	名称	符号	单位	公式及计算	数值
一2	给水套管孔直径	d_6	mm	例图 10-1	74.0
一3	平均直径	d_m	mm		74.0
一4	不考虑孔间影响的相邻两孔的最小节距	s_{0C}	mm	$d_m + 2\sqrt{(D_i+\delta)\delta}$	573.9
一5	实际开孔节距	s_C	mm	例图 10-1	600.0
一6	孔桥减弱系数是否需要计算			$s_C > s_{0C}$,此孔桥减弱系数不必计算	
B	其他管孔之间			人孔开孔、主汽接管管孔、给水套管管孔需要补强,补强后按无孔处理,其他管孔之间间距足够大,孔桥减弱系数均不必计算	
2	对接焊缝减弱系数	φ_h		全焊透对接接头,100%无损检测,按表 10-3	1.0
3	最小减弱系数	φ_{min}			1.0
4	筒体计算厚度	δ_c	mm	$\dfrac{pD_i}{2\varphi_{min}[\sigma]-p}$	18.64
5	筒体最小需要厚度	δ_{min}	mm	$\delta_c + C$	19.44
6	筒体名义厚度	δ	mm		20
7	结论			与假设值相符	合格
四	人孔加强计算				
1	人孔圈长轴尺寸(外径)	d_{1o}	mm	例图 10-3	460.0
2	人孔圈长轴尺寸(内径)	d_1	mm	例图 10-3	400.0
3	人孔圈短轴尺寸(内径)	d_2	mm	例图 10-3	300.0
4	校核人孔加强计算方法适用范围			$d_1/d_2 = 400/300 \leqslant 2$,$d_1/D_i = 400/3\ 108 = 0.13 < 0.8$,$d = 400 < 600$,满足筒体上孔的补强要求	
5	人孔圈计算壁温	t_c	℃		250.0
6	人孔圈材料			20 锻-NB/T47008	
7	人孔圈基本许用应力	$[\sigma]_{J1}$	MPa	附录1附表1-7,假设厚度<100 mm	111.0
8	修正系数	η		表 10-1	1.0
9	人孔圈许用应力	$[\sigma]_1$	MPa	$\eta[\sigma]_{J1}$	111.0
10	人孔圈名义厚度	δ_1	mm	例图 10-3	30.0
11	人孔圈有效厚度	δ_{1e}	mm	$\delta_1 - C$,人孔圈附加厚度 C 的取法与锅壳筒体相同	29.2

续表

序号	名称	符号	单位	公式及计算	数值
12	未减弱锅壳筒体按承受内压所需的理论计算厚度	δ_0	mm	$\dfrac{pD_i}{2[\sigma]-p}$	18.64
13	人孔圈按承受内压所需的理论计算厚度	δ_{10}	mm	$\dfrac{p(d_o-2\delta_{1e})}{2[\sigma]_1-p}$	2.41
14	有效加强高度	h	mm		
—1		h_1	mm	$2.5\delta_1=2.5\times30=75$, $2.5\delta=2.5\times20=50$,按实取 45	45
—2		h_2	mm	$2.5\delta_1=2.5\times30=75$, $2.5\delta=2.5\times20=50$,按实取 45	45
15	有效加强宽度	B	mm	$2d$	800.0
16	需要加强的面积	A	mm²	$\left[d+2\delta_{1e}\left(1-\dfrac{[\sigma]_1}{[\sigma]}\right)\right]\delta_0$	5 591.2
17	焊角尺寸	K_h	mm		
—1		K_{h1}	mm	例图 10-3	12.0
—2		K_{h2}	mm	例图 10-3	12.0
18	焊缝面积	A_1	mm²	$A_1=K_{h1}^2+K_{h2}^2$	288.0
19	人孔圈多余面积	A_2	mm²	$[2h_1(\delta_{1e}-\delta_{10})+2h_2\delta_{1e}]\dfrac{[\sigma]_1}{[\sigma]}$	5 039.0
20	起加强作用的加强垫板面积	A_3	mm²	无加强垫板	0.0
21	筒壳自身多余面积	A_4	mm²	$\left[B-d-2\delta_{1e}\left(1-\dfrac{[\sigma]_1}{[\sigma]}\right)\right](\delta_e-\delta_0)$	281.3
22	总补强面积	ΣA	mm²	$A_1+A_2+A_3+A_4$	5 608.3
23	校核				
—1				$\Sigma A>A$	
—2				$A_1+A_2+0.5A_4=5\,467.7>2/3A=3\,727.5$	
—3				满足筒体上孔的补强要求	
24	校验人孔圈的高度			$h=100$ mm $>(\delta\times d)^{1/2}=(20\times300)^{1/2}=77.5$ mm	
25	校验人孔圈的厚度				
—1				$\delta_1=30$ mm $>(7/8)\delta=7/8\times20=17.5$ mm	
—2				且 $\delta_1=30$ mm>19 mm	

续表

序号	名称	符号	单位	公式及计算	数值
—3				满足第八节第五部分要求	
26	结论：合格				
五	主蒸汽管孔加强计算				
1	主蒸汽管外径	d_o		例图 10-4	219.0
2	主蒸汽管内径	d		例图 10-4	195.0
3	校核主蒸汽管加强计算方法适用范围			$d/D_i = 195/3\ 104 = 0.06 < 0.8, d = 195 < 600$，满足要求	
4	主蒸汽管计算壁温	t_c	℃	$t_{mave} = 193.4$，取 250	250.0
5	主蒸汽管材料			20-GB3087	
6	主蒸汽管基本许用应力	$[\sigma]_{J1}$	MPa	附录 1 附表 1-6	113.0
7	修正系数	η		表 10-1	1.0
8	主蒸汽管许用应力	$[\sigma]_1$	MPa	$\eta[\sigma]_{J1}$	113.0
9	主蒸汽管名义厚度	δ_1	mm	选定	12.0
10	考虑腐蚀减薄的附加厚度	C_1	mm		0.5
11	考虑制造工艺减薄的附加厚度	C_2	mm		0
12	管子厚度负偏差与管子公称厚度的百分比绝对值	m	%	按 GB 3087—2008 低中压锅炉用无缝钢管	12.5
13	主汽管计算厚度	δ_c	mm	$\dfrac{pd_o}{2[\sigma]+p}$	1.3
14	考虑材料厚度下偏差的附加厚度	C_3	mm	$\dfrac{m}{100-m}(\delta_c + C_1) = 0.3 < 0.4$	0.40
15	附加厚度	C	mm	$C_1 + C_2 + C_3$	0.90
16	主蒸汽管有效厚度	δ_{1e}	mm	$\delta_1 - C$	11.10
17	未减弱筒壳按承受内压所需的理论计算厚度	δ_0	mm	$\dfrac{pD_i}{2[\sigma]-p}$	18.64
18	主蒸汽管按承受内压所需的理论计算厚度	δ_{10}	mm	$\dfrac{p(d_o - 2\delta_{1e})}{2[\sigma]_1 - p}$	1.23
19	主蒸汽管加强垫板材料			Q245R-GB713	
20	主蒸汽管加强垫板选用厚度	δ_2	mm	选定	14
21	加强垫板基本许用应力	$[\sigma]_{J2}$	MPa	附录 1 附表 1-5	117
22	修正系数	η		表 10-1，按孔圈	1.0
23	加强垫板许用应力	$[\sigma]_2$	MPa	$\eta[\sigma]_{J2}$	117.0
24	有效加强宽度	B	mm	$B = 2d$	390.0

续表

序号	名称	符号	单位	公式及计算	数值
25	有效加强高度	h	mm		
—1		h_1	mm	$2.5\delta = 2.5 \times 22 = 55$, $2.5\delta_1 = 2.5 \times 12 = 30$, 取 30	30.0
—2		h_2	mm	$2.5\delta = 2.5 \times 22 = 55$, $2.5\delta_1 = 2.5 \times 12 = 30$, 取 30	30.0
26	需要加强的面积	A	mm²	$\left[d + 2\delta_{1e}\left(1 - \dfrac{[\sigma]_1}{[\sigma]}\right)\right]\delta_0$	3 626.8
27	焊角尺寸	K_h	mm		
—1		K_{h1}	mm	例图 10-6	12
—2		K_{h2}	mm	例图 10-6	10
28	焊缝面积	A_1	mm²	$K_{h1}^2 + K_{h2}^2$	244.0
29	主蒸汽管多余面积	A_2	mm²	$[2h_1(\delta_{1e} - \delta_{10}) + 2h_2\delta_{1e}]\dfrac{[\sigma]_1}{[\sigma]}$	1 281.1
30	起加强作用的加强垫板面积	A_3	mm²	$0.8(B - d - 2\delta_1)\delta_2 \dfrac{[\sigma]_2}{[\sigma]}$	2 018.7
31	筒壳自身多余面积	A_4	mm²	$\left[B - d - 2\delta_{1e}\left(1 - \dfrac{[\sigma]_1}{[\sigma]}\right)\right](\delta_e - \delta_0)$	109.9
32	总补强面积	ΣA	mm²	$A_1 + A_2 + A_3 + A_4$	3 653.8
33	校核				
—1				$\Sigma A > A$	
—2				$A_1 + A_2 + 0.5(A_3 + A_4) = 2\,589.4 > 2/3 A = 2\,417.9$	
—3				满足筒体上孔的补强要求	
34	结论：合格				
六	给水套管管孔加强计算				
1	给水套管外径	d_o		例图 10-5	133.0
2	给水套管内径	d		例图 10-5	113.0
3	校核给水套管加强计算方法适用范围			$d/D_i = 113/3\,104 = 0.04 < 0.8$, $d = 113 < 600$, 满足要求	
4	给水套管计算壁温	t_c	℃	$t_{\text{mave}} = 193.4$, 取 250	250.0
5	给水套管材料			20-GB3087	
6	给水套管基本许用应力	$[\sigma]_J$	MPa	附录1 附表1-6	113
7	修正系数	η		表 10-1, 按孔圈	1.0
8	给水套管许用应力	$[\sigma]_1$	MPa	$\eta[\sigma]_J$	113.0
9	给水套管名义厚度	δ_1	mm	选定	10.0

续表

序号	名　称	符号	单位	公式及计算	数值
10	系数	A		表6	0.125
11	考虑腐蚀减薄的附加厚度	C_1	mm		0.5
12	考虑制造工艺减薄的附加厚度	C_2	mm		0
13	给水套管计算厚度	δ_c	mm	$\dfrac{pd_o}{2[\sigma]+p}$	0.8
14	管子厚度负偏差与管子公称厚度的百分比绝对值	m	%	按 GB 3087-2009 低中压锅炉用无缝钢管	12.5
15	考虑材料厚度下偏差的附加厚度	C_3	mm	$\dfrac{m}{100-m}(\delta_c+C_1)=0.18<0.4$	0.40
16	附加厚度	C	mm	$C_1+C_2+C_3$	0.90
17	给水套管有效厚度	δ_{1e}	mm	δ_1-C	9.10
18	未减弱筒壳的理论计算厚度	δ_0	mm	$\dfrac{pD_i}{2[\sigma]-p}$	18.64
19	给水套管理论计算厚度	δ_{10}	mm	$\dfrac{p(d_o-2\delta_{1e})}{2[\sigma]_1-p}$	0.68
20	给水套管加强垫板材料			Q245R-GB713	
21	给水套管加强垫板选用厚度	δ_2	mm	选定	12
22	加强垫板基本许用应力	$[\sigma]_{J2}$	MPa	附录1 附表1-5	117
23	修正系数	η		表10-1,按孔圈	1.0
24	加强垫板许用应力	$[\sigma]_2$	MPa	$\eta[\sigma]_{J2}$	117.0
25	有效加强宽度	B	mm	$2d$	226.00
26	有效加强高度	h	mm		
－1		h_1	mm	$2.5\delta=2.5\times20=50,2.5\delta_1=2.5\times10=25$,取25	25.0
－2		h_2	mm	$2.5\delta=2.5\times20=50,2.5\delta_1=2.5\times10=25$,取25	25.0
27	需要加强的面积	A	mm²	$\left[d+2\delta_{1e}\left(1-\dfrac{[\sigma]_1}{[\sigma]}\right)\right]\delta_0$	2 099.9
28	焊角尺寸	K_h	mm		
－1		K_{h1}	mm	例图10-7	12.0
－2		K_{h2}	mm	例图10-7	12.0
29	焊缝面积	A_1	mm²	$K_{h1}^2+K_{h2}^2$	288.0
30	给水套管多余面积	A_2	mm²	$[2h_1(\delta_{1e}-\delta_{10})+2h_2\delta_{1e}]\dfrac{[\sigma]_1}{[\sigma]}$	891.9

续表

序号	名　称	符号	单位	公式及计算	数值
31	起加强作用的加强垫板面积	A_3	mm^2	$0.8(B-d-2\delta_1)\delta_2\dfrac{[\sigma]_2}{[\sigma]}$	941.4
32	筒壳自身多余面积	A_4	mm^2	$\left[B-d-2\delta_{1e}\left(1-\dfrac{[\sigma]_1}{[\sigma]}\right)\right](\delta_e-\delta_0)$	63.8
33	总补强面积	ΣA	mm^2	$A_1+A_2+A_3+A_4$	2 184.8
34	校核				
—1				$\Sigma A>A$	
—2				$A_1+A_2+0.5(A_3+A_4)=1\,682.4>$ $2A/3=1\,400$	
—3				满足筒体上孔的补强要求	
35	结论：合格				

【例 10-2】 以 WNS15-1.25-Q 锅壳式锅炉为对象，以前面章节中的例题为基础，对锅炉的管板进行强度计算。锅炉前后管板及回燃室前后管板的结构尺寸如例图 10-8—例图 10-11 所示。

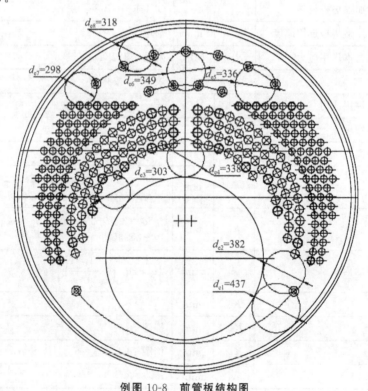

例图 10-8　前管板结构图

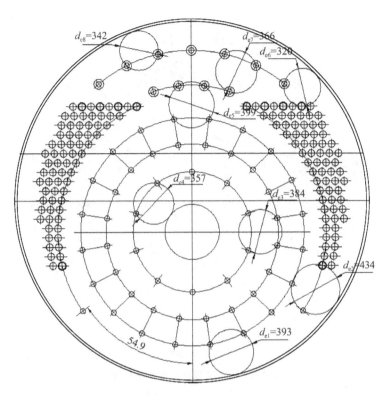

例图 10-9　后管板结构图

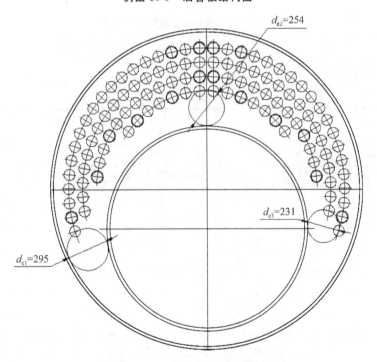

例图 10-10　回燃室前管板结构图

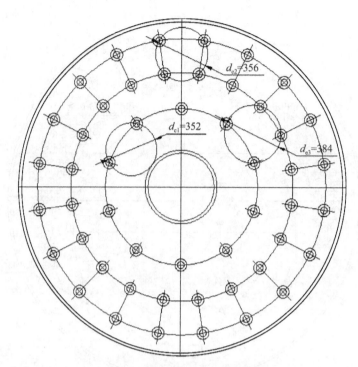

例图 10-11 回燃室后管板结构图

解：锅炉的各管板的强度计算如下表所示。

例表 10-2　锅炉各管板强度计算表

序号	名　称	符号	单位	公式及计算	数值
一	前管板厚度计算				
1	计算压力	p	MPa		1.33
2	计算壁温	t_c	℃	$t_{\text{mave}} + 25 = 193.4 + 25 = 218.4$，取 250	250.0
3	管板材料			Q245R-GB713	
4	基本许用应力	$[\sigma]_J$	MPa	附录1附表1-5, $\delta>16\sim36$	111.0
5	修正系数	η		表10-1	0.85
6	许用应力	$[\sigma]$	MPa	$\eta[\sigma]_J$	94.4
7	当量圆直径	d_e	mm	例图10-8	
—1		d_{e1}	mm		437
—2		d_{e2}	mm		382
—3		d_{e3}	mm		303
—4		d_{e4}	mm		339
—5		d_{e5}	mm		336
—6		d_{e6}	mm		349
—7		d_{e7}	mm		298

续表

序号	名称	符号	单位	公式及计算	数值
—8		d_{e8}	mm		318
—9		d_{e9}	mm	烟管区最大节距	100
8	系数	K			
—1		K_1		(0.35+0.37+0.43)/3	0.38
—2		K_2		(0.45+0.37+0.43)/3	0.42
—3		K_3		(0.45+0.45+0.37)/3	0.42
—4		K_4		(0.45+0.45+0.37)/3	0.42
—5		K_5		(0.43+0.43+0.43)/3	0.43
—6		K_6		(0.43+0.43+0.43)/3	0.43
—7		K_7		(0.35+0.43+0.43)/3	0.40
—8		K_8		(0.35+0.43+0.43)/3	0.40
—9		K_9		焊接烟管管束区	0.47
9	管板最小需要厚度	δ_{min}	mm	$Kd_e\sqrt{\dfrac{p}{[\sigma]}+1}$	
—1		δ_{min1}	mm		20.85
—2		δ_{min2}	mm		19.86
—3		δ_{min3}	mm		16.20
—4		δ_{min4}	mm		17.96
—5		δ_{min5}	mm		18.12
—6		δ_{min6}	mm		18.78
—7		δ_{min7}	mm		15.24
—8		δ_{min8}	mm		16.20
—9		δ_{min9}	mm		6.57
10	名义厚度	δ	mm		22.0
11	结论			$\delta > \delta_{min}$	合格
二	后管板厚度计算				
1	计算压力	p	MPa		1.33
2	计算壁温	t_c	℃	$t_{mave}+25=193.4+25=218.4$,取250	250.0
3	管板材料			Q245R-GB713	
4	基本许用应力	$[\sigma]_J$	MPa	附录1附表1-5, $\delta>16\sim36$	111.0
5	修正系数	η		表10-1	0.85
6	许用应力	$[\sigma]$	MPa	$\eta[\sigma]_J$	94.4
7	当量圆直径	d_e		例图10-9	
—1		d_{e1}	mm		393

续表

序号	名　称	符号	单位	公式及计算	数值
－2		d_{e2}	mm		434
－3		d_{e3}	mm		384
－4		d_{e4}	mm		357
－5		d_{e5}	mm		399
－6		d_{e6}	mm		329
－7		d_{e7}	mm		366
－8		d_{e8}	mm		342
－9		d_{e9}	mm	烟管区最大节距	81
8	系数	K			
－1		K_1		$(0.43+0.43+0.37)/3$	0.41
－2		K_2		$0.9*(0.43+0.43+0.43+0.37)/4$	0.37
－3		K_3		$0.9*(0.43+0.43+0.43+0.43)/4$	0.39
－4		K_4		$(0.43+0.43+0.50)/3$	0.45
－5		K_5		$0.9*(0.43+0.43+0.43+0.43)/4$	0.39
－6		K_6		$(0.43+0.43+0.35)/3$	0.40
－7		K_7		$(0.43+0.43+0.43)/3$	0.43
－8		K_8		$(0.43+0.43+0.35)/3$	0.40
－9		K_9		焊接烟管管束区	0.47
9	管板最小需要厚度	$\delta_{\min}$	mm	$Kd_e\sqrt{\dfrac{p}{[\sigma]}+1}$	
－1		$\delta_{\min 1}$	mm		20.09
－2		$\delta_{\min 2}$	mm		20.21
－3		$\delta_{\min 3}$	mm		18.61
－4		$\delta_{\min 4}$	mm		20.18
－5		$\delta_{\min 5}$	mm		19.30
－6		$\delta_{\min 6}$	mm		16.73
－7		$\delta_{\min 7}$	mm		19.65
－8		$\delta_{\min 8}$	mm		17.35
－9		$\delta_{\min 9}$	mm		5.51
10	名义厚度	δ	mm		22.0
11	结论			$\delta > \delta_{\min}$	合格
三	回燃室前管板厚度计算				
1	计算压力	p	MPa		1.33
2	计算壁温	t_c	℃	$t_{\text{mave}}+70=193.4+70=263.4$	263.4
3	管板材料			Q245R－GB713	
4	基本许用应力	$[\sigma]_J$	MPa	附录1 附表1-5,$\delta > 16 \sim 36$	108.6

续表

序号	名称	符号	单位	公式及计算	数值
5	修正系数	η		表 10-1	0.85
6	许用应力	$[\sigma]$	MPa	$\eta[\sigma]_J$	92.3
7	当量圆直径	d_e	mm	例图 10-10	
—1		d_{e1}	mm		295
—2		d_{e2}	mm		254
—3		d_{e3}	mm		231
—4		d_{e4}	mm	烟管区最大节距	100
8	系数	K			
—1		K_1		(0.35+0.35+0.45)/3	0.38
—2		K_2		(0.45+0.45+0.35)/3	0.42
—3		K_3		(0.45+0.45+0.35)/3	0.42
—4		K_4		焊接烟管管束区	0.47
9	管板最小需要厚度	$\delta_{\min}$	mm	$Kd_e\sqrt{\dfrac{p}{[\sigma]}}+1$	
—1		$\delta_{\min 1}$	mm		14.55
—2		$\delta_{\min 2}$	mm		13.68
—3		$\delta_{\min 3}$	mm		12.53
—4		$\delta_{\min 4}$	mm		6.63
10	名义厚度	δ	mm		20.0
11	结论			$\delta > \delta_{\min}$	合格
四	回燃室后管板厚度计算				
1	计算压力	p	MPa		1.33
2	计算壁温	t_c	℃	$t_{mave}+70=193.4+70=263.4$	263.4
3	管板材料			Q245R—GB713	
4	基本许用应力	$[\sigma]_J$	MPa	附录1附表1-5,$\delta>16\sim36$	108.6
5	修正系数	η		表 10-1	0.85
6	许用应力	$[\sigma]$	MPa	$\eta[\sigma]_J$	92.3
7	当量圆直径	d_e	mm	例图 10-11	
—1		d_{e1}	mm		352
—2		d_{e2}	mm		356
—3		d_{e3}	mm		384
8	系数	K			
—1		K_1		(0.43+0.43+0.35)/3	0.40
—2		K_2		0.9*(0.43+0.43+0.43+0.43)/4	0.39
—3		K_3		0.9*(0.43+0.43+0.43+0.43)/4	0.39

续表

序号	名　称	符号	单位	公式及计算	数值
9	管板最小需要厚度	δ_{min}	mm		
—1		δ_{min1}	mm		18.01
—2		δ_{min2}	mm		15.51
—3		δ_{min3}	mm		18.81
10	名义厚度	δ	mm		20.0
11	结论			$\delta > \delta_{min}$	合格

【例 10-3】 以 WNS15-1.25-Q 锅壳式锅炉为对象，以前面章节中的例题为基础，对锅炉的平直与波形组合炉胆进行强度计算。锅炉组合炉胆的结构尺寸如例图 10-12 所示，炉胆计算长度的确定见例图 10-13。

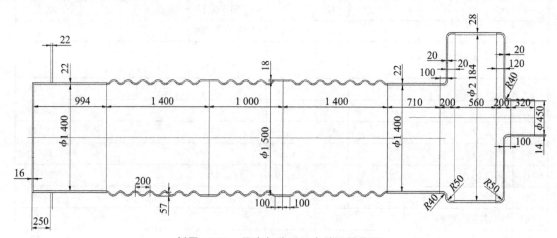

例图 10-12　平直与波形组合炉胆结构图

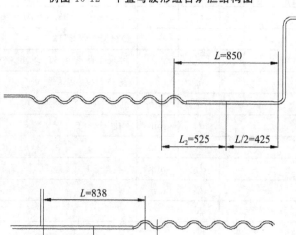

例图 10-13　炉胆计算长度

解:平直与波形组合炉胆的强度计算如下表所示。

例表 10-3 平直与波形组合炉胆强度计算表

序号	名 称	符号	单位	公式及计算	数值
1	计算压力	p	MPa		1.33
2	计算壁温	t_c	℃	$t_{\text{mave}}+90=193.4+90=283.4$	283.4
3	炉胆材料			Q245R-GB713	
A	平直炉胆				
—1	平直炉胆厚度	δ	mm	先假定,再校核	22
—2	平直炉胆平均直径	D_m	mm	例图 10-12	1 422.0
—3	计算长度	L	mm	例图 10-13	850
—4	计算温度时的下屈服强度值	R_{cL}^t	MPa	附录1附表1-9, $\delta>16\sim36$	157.6
—5	圆度百分率	u			1.2
—6	强度安全系数	n_1		表 10-7	2.5
—7	稳定安全系数	n_2		表 10-7	3.0
—8	材料弹性模量	E^t	MPa	表 10-6	192 328.0
—9	系数	B		$\dfrac{pD_m n_1}{2R_{cL}^t\left(1+\dfrac{D_m}{15L}\right)}$	13.4
—10	设计厚度	δ_s			
(1)		δ_{s1}	mm	$\dfrac{B}{2}\left[1+\sqrt{1+\dfrac{0.12D_m\mu}{B\left(1+\dfrac{D_m}{0.3L}\right)}}\right]+1$	19.96
(2)		δ_{s2}	mm	$D_m^{0.6}\left(\dfrac{pLn_2}{1.73E^t}\right)^{0.4}+1$	13.4
—11	结论			$\delta>\delta_s$	合格
B	波形炉胆				
—1	基本许用应力	$[\sigma]_J$	MPa	附录1附表1-5, $\delta>16\sim36$	105.0
—2	修正系数	η		表 10-1	0.6
—3	许用应力	$[\sigma]$	MPa	$\eta[\sigma]_J$	63.0
—4	波形炉胆外径	D_o	mm	$1\,500+18\times 2$	1 536
—5	波形炉胆中径	D_m	mm	$D_o-(57+18)$	1 461
—6	波形炉胆设计厚度	δ_s	mm	$\dfrac{pD_o}{2[\sigma]}+1$	17.2
—7	波形炉胆名义厚度	δ	mm	$\delta\geqslant\delta_s$	18.0

续表

序号	名 称	符号	单位	公式及计算	数值
—8	计算长度	L_2	mm	例图 10-13	525
—9	需要惯性矩	I'	mm⁴	$\dfrac{pL_2D_m^3}{1.33\times10^6}$	1 631 076
—10	最边缘一节波纹的惯性矩	I_1	mm	按 $\delta=18$ mm,节距 200,波深 75 $-\delta=57$,表 10-9	1 884 000.0
—11	结论			$I_1>I'$	合格

【例 10-4】 以 WNS15-1.25-Q 锅壳式锅炉为对象,以前面章节中的例题为基础,对锅炉回燃室筒体进行强度计算。回燃室筒体的结构尺寸见例图 10-12。

解:回燃室筒体强度计算如下表所示。

例表 10-4 回燃室筒体强度计算表

序号	名 称	符号	单位	公式及计算	数值
1	计算压力	p	MPa		1.33
2	计算壁温	t_c	℃	$t_{mave}+70=193.4+70=263.4$	263.4
3	炉胆材料			Q245R-GB713	
4	筒体厚度	δ	mm	先假定,再校核	28.0
5	平均直径	D_m	mm	取中径,2 184+28	2 212.0
6	计算长度	L	mm	2*(120-20-50)+560	660.0
7	计算温度时的下屈服强度值	R_{cL}^t	MPa	附录 1 附表 1-9,$\delta>16\sim36$	163.2
8	圆度百分率	u			1.2
9	强度安全系数	n_1		表 10-7	2.5
10	稳定安全系数	n_2		表 10-7	3.0
11	材料弹性模量	E^t	MPa	表 10-6	193 928.0
12	系数	B		$\dfrac{pD_mn_1}{2R_{cL}^t\left(1+\dfrac{D_m}{15L}\right)}$	18.3
13	最小需要厚度	δ_s	mm		
—1		δ_{s1}	mm	$\dfrac{B}{2}\left[1+\sqrt{1+\dfrac{0.12D_m\mu}{B\left(1+\dfrac{D_m}{0.3L}\right)}}\right]$	24.5
—2		δ_{s2}	mm	$D_m^{0.6}\left(\dfrac{pLn_2}{1.73E^t}\right)^{0.4}+1$	15.6
14	结论			$\delta>\delta_s$	合格

第十章 受压元件强度计算

【**例 10-5**】 以 WNS15-1.25-Q 锅壳式锅炉为对象,以前面章节中的例题为基础,对锅炉检查孔圈进行强度计算。检查孔圈的结构尺寸见例图 10-12。

解: 检查孔圈的强度计算如下表所示。

例表 10-5 检查孔圈强度计算表

序号	名称	符号	单位	公式及计算	数值
1	计算压力	p	MPa		1.33
2	计算壁温	t_c	℃	$t_{mave}+70=193.4+70=263.4$	263.4
3	孔圈材料			Q245R-GB713	
4	孔圈厚度	δ	mm	先假定,再校核	14.0
5	平均直径	D_m	mm	取中径	464.0
6	计算长度	L	mm		238.0
7	计算温度时的下屈服强度值	R_{cL}^t	MPa	附录1附表1-9,$\delta=3\sim16$	172.2
8	圆度百分率	u			1.2
9	强度安全系数	n_1		表10-7	2.5
10	稳定安全系数	n_2		表10-7	3.0
11	材料弹性模量	E^t		表10-6	193 928.0
12	系数	B		$\dfrac{pD_m n_1}{2R_{cL}^t \left(1+\dfrac{D_m}{15L}\right)}$	3.9
13	最小需要厚度	δ_s	mm		
-1		δ_{s1}	mm	$\dfrac{B}{2}\left[1+\sqrt{1+\dfrac{0.12D_m u}{B\left(1+\dfrac{D_m}{0.3L}\right)}}\right]+1$	6.5
-2		δ_{s2}	mm	$D_m^{0.6}\left(\dfrac{pLn_2}{1.73E^t}\right)^{0.4}+1$	4.8
14	结论			$\delta>\delta_s$	合格

【**例 10-6**】 以 WNS15-1.25-Q 锅壳式锅炉为对象,以前面章节中的例题为基础,对锅炉拉撑件进行强度计算。拉撑件的拉撑面积如例图 10-14—例图 10-17 所示。斜拉杆的结构图如例图 10-18—例图 10-21 所示。例图 10-22 为焊接节点图。

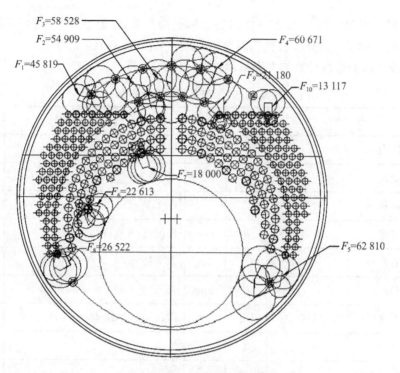

例图 10-14　前管板拉撑面积

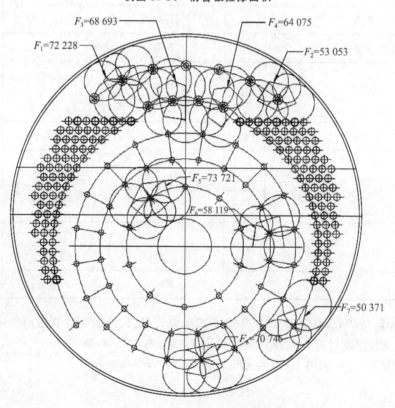

例图 10-15　后管板拉撑面积

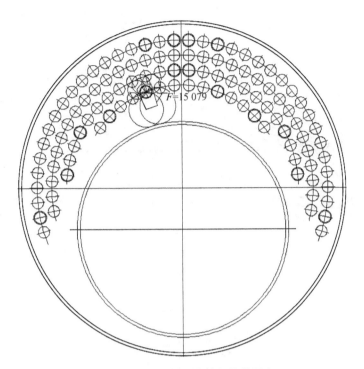

例图 10-16　回燃室前管板拉撑面积

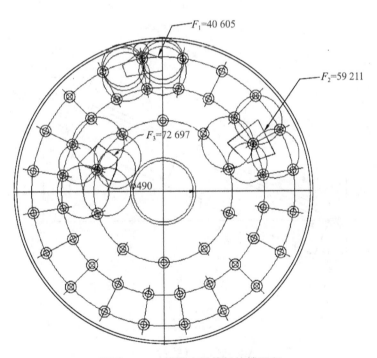

例图 10-17　回燃室后管板拉撑面积

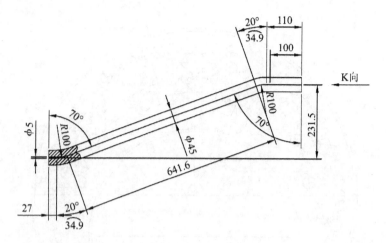

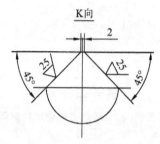

例图 10-18　斜拉杆 Ⅰ

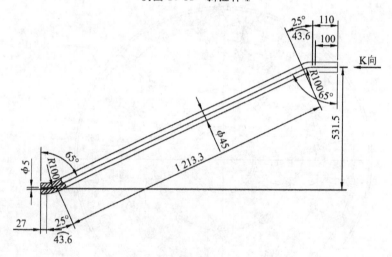

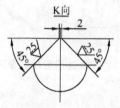

例图 10-19　斜拉杆 Ⅱ

第十章 受压元件强度计算 183

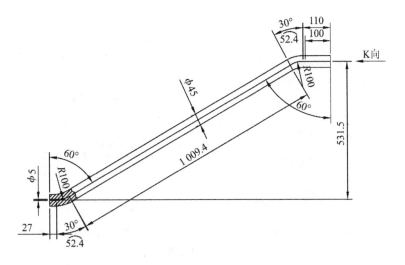

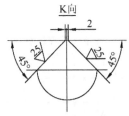

例图 10-20 斜拉杆Ⅲ

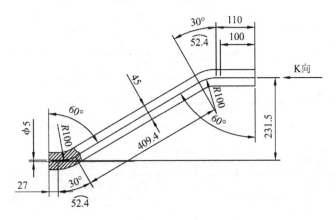

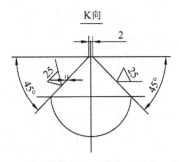

例图 10-21 斜拉杆Ⅳ

184 锅壳式燃油燃气锅炉原理与设计

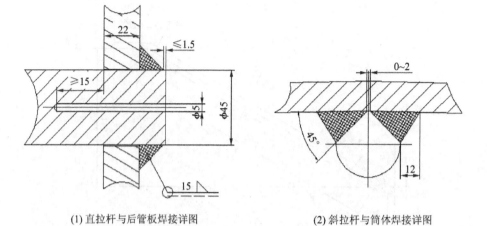

(1) 直拉杆与后管板焊接详图　　　　(2) 斜拉杆与筒体焊接详图

例图 10-22　焊接节点图

解：拉撑件的强度计算如下表所示。

例表 10-6　拉撑件强度计算表

序号	名　称	符号	单位	公式及计算	数值
一	拉撑管计算				
1	计算压力	p	MPa		1.33
2	计算壁温	t_{bi}	℃	$t_{mave}+25=193.4+25=218.4$，取 250	250
3	拉撑管材料			20—GB3087	
4	基本许用应力	$[\sigma]_J$	MPa	附录1附表1-6	113.0
5	修正系数	η		表 10-1	0.60
6	许用应力	$[\sigma]$	MPa	$\eta[\sigma]_J$	67.8
7	支撑面积	A	mm²	例图 10-14	
—1	第一管束区拉撑管	A_1	mm²	F_6—自身面积	17 956
—2	第二管束区拉撑管	A_2	mm²	F_{10}—自身面积	23 600
8	拉撑管最小需要截面积	F_{min}	mm²		
—1	第一管束区拉撑管	F_{1min}	mm²	$pA_1/[\sigma]$	350.9
—2	第二管束区拉撑管	F_{2min}	mm²	$pA_2/[\sigma]$	461.2
9	拉撑管外径	d_w	mm		
—1	第一管束区拉撑管	d_{1w}	mm	选取	76
—2	第二管束区拉撑管	d_{2w}	mm	选取	60
10	拉撑管理论计算厚度	δ_l	mm	$\dfrac{1}{2}\left(d_w-\sqrt{d_w^2-\dfrac{4F_{min}}{\pi}}\right)$	

续表

序号	名称	符号	单位	公式及计算	数值
—1	第一管束区拉撑管	δ_{l1}	mm		1.5
—2	第二管束区拉撑管	δ_{l2}	mm		2.6
11	拉撑管厚度	δ	mm		
—1	第一管束区拉撑管	δ_1	mm	选取	3.5
—2	第二管束区拉撑管	δ_2	mm	选取	3.5
12	结论			$\delta_1>\delta_{l1};\delta_2>\delta_{l2}$	合格
二	直拉杆计算				
1	计算压力	p	MPa		1.3
2	计算壁温	t_c	℃	$t_{mave}+25=193.4+25=218.4$,取 250	250.0
3	直拉杆材料			20—GB/T699	
4	基本许用应力	$[\sigma]_J$	MPa	附录1 附表1-6	113.0
5	修正系数	η		表 10-1	0.60
6	许用应力	$[\sigma]$	MPa	$\eta[\sigma]_J$	67.8
7	支撑面积	A	mm²	例图 10-15,F_5—自身面积	72 059
8	最小需要截面积	F_{min}	mm²	$pA/[\sigma]$	1 408.2
9	直拉杆理论计算直径	d_l	mm	$\sqrt{\dfrac{4F_{min}}{\pi}}$	42.3
10	直拉杆直径	d	mm	选取	45.0
11	直拉杆最小焊接高度	K_{min}	mm	$\dfrac{1.25F_{min}}{\pi d}$	12.5
12	直拉杆实际焊接高度	K_h	mm	例图 10-22(1)	15
13	结论			$d>d_l;K_h>K_{min}$	合格
三	斜拉杆计算				
1	计算压力	p	MPa		1.3
2	计算壁温	t_c	℃	$t_{mave}+25=193.4+25=218.4$,取 250	250
3	斜拉杆材料			20—GB/T699	
4	基本许用应力	$[\sigma]_J$	MPa	附录1 附表1-6	113.0
5	修正系数	η		表 10-1	0.60
6	许用应力	$[\sigma]$	MPa	$\eta[\sigma]_J$	67.8
A	斜拉杆 I				

续表

序号	名称	符号	单位	公式及计算	数值
一1	拉撑面积	A	mm^2	例图 10-14 中的 F_4	60 671
一2	斜拉杆与平管板的夹角	α	°	例图 10-18	70.0
一3	最小需要截面积	F_{min}	mm^2	$\dfrac{pA}{[\sigma]\sin\alpha}$	1 261.77
一4	斜拉杆理论计算直径	d_l	mm	$\sqrt{\dfrac{4F_{min}}{\pi}}$	40.1
一5	斜拉杆实际直径	d	mm	选取	45.0
一6	斜拉杆与筒体连接的焊缝高度	δ_{wmin}	mm	Ⅱ型,取 $d/4$	11.25
一7	实际焊缝高度	δ_w	mm	例图 10-22(2)	12
一8	斜拉杆与筒体连接的焊缝长度	L_{min}	mm	$2.5\times F_{min}/d$	70.1
一9	实际焊缝长度	L_h	mm	例图 10-18	100.0
一10	结论			$d>d_l$；$\delta_w>\delta_{wmin}$；$L_h>L_{min}$	合格
B	斜拉杆Ⅱ				
一1	拉撑面积	A	mm^2	例图 10-14 中的 F_3	58 528
一2	斜拉杆与平管板的夹角	α	°	例图 10-19	65
一3	最小需要截面积	F_{min}	mm^2	$\dfrac{pA}{[\sigma]\sin\alpha}$	1 262.04
一4	斜拉杆理论计算直径	d_l	mm	$\sqrt{\dfrac{4F_{min}}{\pi}}$	40.1
一5	斜拉杆实际直径	d	mm	选取	45.0
一6	斜拉杆与筒体连接的焊缝高度	δ_{wmin}	mm	Ⅱ型,取 $d/4$	11.25
一7	实际焊缝高度	δ_w	mm	例图 10-22(2)	12
一8	斜拉杆与筒体连接的焊缝长度	L_{min}	mm	$2.5\times F_{min}/d$	70.1
一9	实际焊缝长度	L_h	mm	例图 10-19	100.0
一10	结论			$d>d_l$；$\delta_w>\delta_{wmin}$；$L_h>L_{min}$	合格
C	斜拉杆Ⅲ				
一1	拉撑面积	A	mm^2	例图 10-15 中的 F_1	72 228

续表

序号	名　称	符号	单位	公式及计算	数值
-2	斜拉杆与平管板的夹角	α	°	例图 10-20	60
-3	最小需要截面积	$F_{\min}$	mm²	$\dfrac{pA}{[\sigma]\sin\alpha}$	1 629.9
-4	斜拉杆理论计算直径	d_l	mm	$\sqrt{\dfrac{4F_{\min}}{\pi}}$	45.6
-5	斜拉杆实际直径	d	mm	选取	46
-6	斜拉杆与筒体连接的焊缝高度	$\delta_{w\min}$	mm	Ⅱ型，取 $d/4$	11.25
-7	实际焊缝高度	δ_w	mm	例图 10-22(2)	12
-8	斜拉杆与筒体连接的焊缝长度	$L_{\min}$	mm	$2.5\times F_{\min}/d$	88.6
-9	实际焊缝长度	L_h	mm	例图 10-20	100.0
-10	结论			$d>d_l;\delta_w>\delta_{w\min};L_h>L_{\min}$	合格
D	斜拉杆Ⅳ				
-1	拉撑面积	A	mm²	例图 10-15 中的 F_3	68 693
-2	斜拉杆与平管板的夹角	α	°	例图 10-21	60
-3	最小需要截面积	$F_{\min}$	mm²	$\dfrac{pA}{[\sigma]\sin\alpha}$	1 550
-4	斜拉杆理论计算直径	d_l	mm	$\sqrt{\dfrac{4F_{\min}}{\pi}}$	44.4
-5	斜拉杆实际直径	d	mm	选取	45
-6	斜拉杆与筒体连接的焊缝高度	$\delta_{w\min}$	mm	Ⅱ型，取 $d/4$	11.25
-7	实际焊缝高度	δ_w	mm	例图 10-22(2)	12
-8	斜拉杆与筒体连接的焊缝长度	$L_{\min}$	mm	$2.5\times F_{\min}/d$	86.1
-9	实际焊缝长度	L_h	mm	例图 10-21	100.0
-10	结论			$d>d_l;\delta_w>\delta_{w\min};L_h>L_{\min}$	合格

【例 10-7】 以 WNS15-1.25-Q 锅壳式锅炉为对象,以前面章节中的例题为基础,对锅炉烟管进行强度计算。

解: 烟管厚度计算如下表所示。

例表 10-7 烟管厚度计算表

序号	名 称	符号	单位	公式及计算	数值
1	计算压力	p	MPa		1.33
2	计算壁温	t_c	℃	$t_{mave}+25=193.4+25=218.4$,取 250	250
3	烟管材料			20-GB3087	
4	基本许用应力	$[\sigma]_J$	MPa	附录 1 附表 1-6	113.0
5	修正系数	η		表 10-1	0.80
6	许用应力	$[\sigma]$	MPa	$\eta[\sigma]_J$	90.4
7	烟管外径	d_o	mm		
-1	第一管束烟管	$d_{o,1}$	mm	选取	76
-2	第二管束烟管	$d_{o,2}$	mm	选取	60
8	计算厚度	δ_{min}	mm	$pd_o/2[\sigma]+C$	
-1	第一管束烟管	$\delta_{min,1}$	mm	C 取 1.5	1.9
-2	第二管束烟管	$\delta_{min,2}$	mm	C 取 1.5	2.1
9	烟管名义厚度	δ	mm		
-1	第一管束烟管	δ_1	mm	按表 10-11,管子的最小公称厚度=2.5mm	2.5
-2	第二管束烟管	δ_2	mm	按表 10-11,管子的最小公称厚度=2.5mm	2.5
10	结论			$\delta_1>\delta_{1min};\delta_2>\delta_{2min}$	合格

【例 10-8】 以 WNS15-1.25-Q 锅壳式锅炉为对象,以前面章节中的例题为基础,对锅炉节能器翅片管进行强度计算。节能器翅片管结构如例图 10-23 所示。

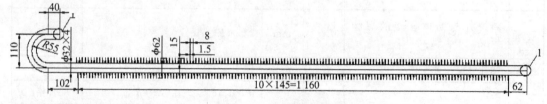

例图 10-23 节能器翅片管

解：节能器翅片管强度计算如下表所示。

例表 10-8 节能器翅片管强度表

序号	名称	符号	单位	公式及计算	数值
1	额定蒸汽压力	p_r	MPa		1.25
2	最大流量时计算元件至锅炉出口之间的压力降	Δp_f	MPa	按节能器水阻力计算结果	0.0048
3	计算元件所受液柱静压力值	Δp_h	MPa	按节能器水阻力计算结果	0.0147
4	附加压力	Δp_a	MPa	$0.06(p_r+\Delta p_f+\Delta p_h)$	0.08
5	计算压力	p	MPa	$p_r+\Delta p_f+\Delta p_h+\Delta p_a$	1.346
6	计算壁温	t_c	℃	$t_{mave}+25=113.4+25=138.4$,取 250	250
7	材料			09CrCuSb(ND 钢)-GB150	
8	管子外径	d_o	mm	设计选定	32.0
9	基本许用应力	$[\sigma]_J$	MPa	附录 1 附表 1-6	120.0
10	修正系数	η		表 10-1	1.0
11	许用应力	$[\sigma]$	MPa	$\eta[\sigma]_J$	120.0
12	管子的理论计算厚度	δ_c	mm	$\dfrac{pd_o}{2[\sigma]+p}$	0.18
13	考虑腐蚀减薄的附加厚度	C_1	mm		0.5
14	弯管中心线的半径	R	mm	例图 10-23	55
15	弯管工艺系数	α_1		$25d_o/R$	15
16	弯管形状系数	K_1		$\dfrac{4R+d_o}{4R+2d_o}$	0.887
17	考虑制造减薄的附加厚度	C_2	mm	$\dfrac{\alpha_1}{100-\alpha_1}(K_1\delta_c+C_1)$	0.112
18	管子厚度负偏差与管子公称厚度的百分比绝对值	m	%	按 GB 3087—2008 低中压锅炉用无缝钢管	12.5
19	考虑钢材厚度负偏差的附加厚度	C_3		$\dfrac{m}{100-m}(\delta_c+C_1)=0.1<0.4$	0.400
20	附加厚度	C	mm	$C_1+C_2+C_3$	1.012
21	管子最小需要厚度	δ_{min}	mm	δ_c+C	1.190
22	管子名义厚度	δ	mm		4.0
23	结论			$\delta>\delta_{min}$	合格

【例 10-9】 以 WNS15-1.25-Q 锅壳式锅炉为对象,以前面章节中的例题为基础,对锅炉节能器进口集箱进行强度计算。节能器进口集箱结构如例图 10-24 所示。

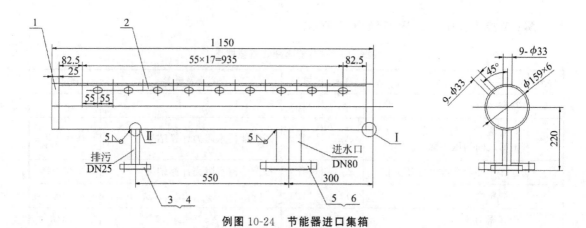

例图 10-24 节能器进口集箱

解：节能器进口集箱强度计算如下表所示。

例表 10-9 节能器进口集箱强度计算表

序号	名　　称	符号	单位	公式及计算	数值
1	计算压力	p	MPa		1.346
2	计算壁温	t_c	℃	$t_{mave}+25=113.4+25=138.4$，取 250	250.0
3	材料			20－GB3087	
4	集箱外径	D_o	mm	设计选定	159.0
5	基本许用应力	$[\sigma]_J$	MPa	附录1 附表1-6	113.0
6	修正系数	η		表 10-1	1.0
7	许用应力	$[\sigma]$	MPa	$\eta[\sigma]_J$	113.0
8	开孔直径	d	mm		33
9	纵向相邻两孔的节距	s	mm		55
10	纵向孔桥减弱系数	φ		$(s-d)/s$	0.4
11	横向相邻两孔的节距	s'	mm		62.4
12	横向孔桥减弱系数	φ'		$(s'-d)/s'$	0.471
13	横向孔桥减弱系数的2倍	$2\varphi'$			0.942
14		a	mm	即 s'	62.4
15		b	mm		55
16	比值	n		b/a	0.881
17	斜向相邻两孔的节距	s''	mm	$a\sqrt{(1+n^2)}$	83.2
18	斜向孔桥换算系数	K		$\dfrac{1}{\sqrt{1-\dfrac{0.75}{(1+n^2)^2}}}$	1.15
19	斜向孔桥减弱系数	φ''		$(s''-d)/s''$	0.603

续表

序号	名　称	符号	单位	公式及计算	数值
20	孔桥当量减弱系数	φ_d		$\varphi_d = K\varphi''$	0.691
21	最小减弱系数	$\varphi_{\min}$			0.4
22	集箱的理论计算厚度	δ_c	mm	$\dfrac{pD_o}{2\varphi_{\min}[\sigma]+p}$	2.3
23	考虑腐蚀减薄的附加厚度	C_1	mm		0.5
24	制造减薄	C_2	mm		0.0
25	集箱厚度负偏差与集箱公称厚度的百分比绝对值	m	%	按 GB 3087—2008 低中压锅炉用无缝钢管	15.0
26	考虑材料厚度下偏差的附加厚度	C_3	mm	$\dfrac{m}{100-m}(\delta_c+C_1)=0.34<0.4$	0.40
27	附加厚度	C	mm	$C=C_1+C_2+C_3$	0.90
28	管子最小需要厚度	$\delta_{\min}$	mm	δ_c+C	3.23
29	管子取用厚度	δ	mm		6.0
30	结论			$\delta > \delta_{\min}$	合格

【例 10-10】 以 WNS15-1.25-Q 锅壳式锅炉为对象，以前面章节中的例题为基础，对锅炉节能器进出口集箱端盖进行强度计算。节能器进出口集箱端盖结构如例图 10-25 所示。

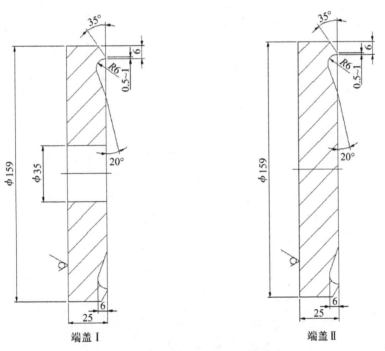

例图 10-25　节能器进出口集箱端盖

解：节能器进出口集箱端盖强度计算如下表所示。

例表 10-10　节能器进出口集箱端盖强度计算表

序号	名称	符号	单位	公式及计算	数值
1	计算压力	p	mm	同集箱	1.346
2	计算壁温	t_c	℃	同集箱	250
3	材料			Q245R－GB713	
4	集箱内径	D_i	mm	$\phi 159 \times 6$	147.0
5	基本许用应力	$[\sigma]_J$	MPa	附录1附表1-5，$\delta > 16 \sim 36$	111
6	修正系数	η		表 10-17	0.9
7	许用应力	$[\sigma]$	MPa	$\eta[\sigma]_J$	99.9
8	系数	K		表 10-17	0.45
9	集箱端盖的最小需要厚度	δ_s	mm	$KD_i\sqrt{\dfrac{p}{[\sigma]}}$	7.7
10	端盖取用厚度	δ	mm		25
11	结论			$\delta > \delta_s$	合格

第十一章 锅壳式燃油燃气锅炉的安全配置

在受压元件的设计和结构满足相关国家标准的前提下,在正常的运行工况下,锅炉的受压容器和管道应该能够承受汽水侧的压力,但在负荷突然降低等工况下,锅炉存在超压的风险,如果不采取措施,可能会引起压力容器爆炸和爆管等安全事故。在点火不着或燃烧不稳的情况下,炉内可能会发生爆炸性燃烧,因此还必须配置必要措施防止发生爆炸性燃烧,以及一旦发生爆炸性燃烧要能够尽量减少损失。锅炉的水质差时会影响传热、导致金属壁面超温及造成腐蚀,因此需要通过水处理和排污来控制水质。对于蒸汽锅炉来说,饱和蒸汽的湿度要满足用户的要求,如果有过热器,则必须保证过热器的安全,因此要配置适当的汽水分离装置。本章将对这些关系到锅炉安全运行的配置作一一介绍。

第一节 安全阀

一、安全阀的作用和类型

安全阀的作用是超压时,自动开启,迅速释放蒸汽(或热水),压力降到允许压力时,自动关闭。排汽时发出音响警报,能引起操作人员警觉。

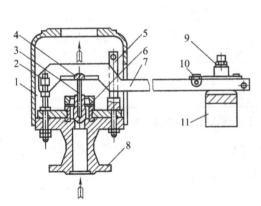

1—阀罩;2—支点;3—阀杆;4—力点;
5—导架;6—阀芯;7—杠杆;8—阀座;
9—固定螺丝;10—调整螺丝;11—重锤。

图 11-1 重锤单杠杆安全阀

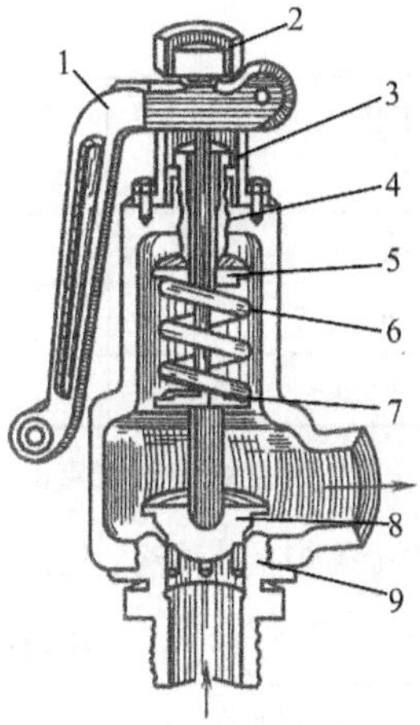

1—提升手柄;2—阀帽;3—调整螺丝;
4—阀杆;5—上压盖;6—弹簧;
7—下压盖;8—阀芯;9—阀座。

图 11-2 弹簧式安全阀

安全阀按工作方式可分为杠杆式、弹簧式、控制式、静重式等。杠杆式安全阀的结构如图 11-1 所示。安全阀开启压力可通过移动重锤与阀芯距离来调整,动作灵活、准确,结构简单,但装设时需保持杠杆水平。弹簧式安全阀的结构如图 11-2 所示。改变调整螺丝松紧,可以改变弹簧弹力大小,从而改变始启压力,弹簧式安全阀可在任意位置安装,能承受振动,结构紧凑,灵敏轻便,但弹簧弹性会随时间和温度而变,可靠性较杠杆式安全阀差。控制式安全阀通过执行机构推动阀体动作,根据执行机构的不同可分为脉冲式、气动式、液动式和电磁式等。静重式安全阀的结构如图 11-3 所示。该安全阀是将重锤的载荷力直接作用在阀芯上,当介质力与重锤力平衡时,安全阀开启。在给定整定压力值后,不论在任何使用场合重锤重量都不变,开启压力也不变,性能比较稳定,主要用于 200 ℃ 以下。安全阀按阀芯在开启时的提升高度可分为全启式和微启式,全启式是指阀芯的开启高度达到阀座喉径的 1/4,微启式是指阀芯的开启高度为阀座喉径的 1/40~1/20。全启式安全阀应用于蒸汽介质,微启式安全阀一般用于液体介质。按始启压力的大小又可分为控制安全阀和工作安全阀,控制安全阀的始启压力较低,而工作安全阀的始启压力较高。

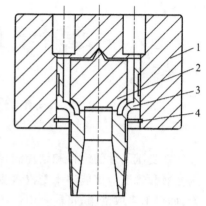

1—重锤;2—阀瓣;3—阀体;4—挡圈。

图 11-3　静重式安全阀

二、安全阀的整定压力和启闭压差

安全阀的整定压力就是其始启压力。蒸汽锅炉安全阀的整定压力按表 11-1 确定,锅炉上有一个安全阀按照表 11-1 中较低的整定压力确定;对于有过热器的锅炉,过热器上的安全阀按照较低的整定压力确定,以保证过热器上的安全阀先行开启,确保过热器管子里有蒸汽流过并冷却管壁。

表 11-1　蒸汽锅炉安全阀整定压力

额定工作压力 (MPa)	安全阀整定压力	
	最低值	最高值
$p \leqslant 0.8$	工作压力加 0.03 MPa	工作压力加 0.05 MPa
$0.8 < p \leqslant 5.9$	1.04 倍工作压力	1.06 倍工作压力
$p > 5.9$	1.05 倍工作压力	1.08 倍工作压力

注:工作压力是指安全阀装置地点的工作压力,对于控制式安全阀是指控制源接出的工作压力。

安装在蒸汽锅炉的节能器上和热水锅炉上的安全阀按表 11-2 确定整定压力。

表 11-2　热水锅炉安全阀整定压力

最低值	最高值
1.10 倍工作压力,但不小于工作压力+0.07 MPa	1.12 倍工作压力,但不小于工作压力+0.10 MPa

安全阀的启闭压差也叫回座压力差。一般等于整定压力的 4%~7%,最大不超过整定压力的 10%,当整定压力小于 0.30 MPa 时,最大为 0.03 MPa。

三、安全阀的数量

每台锅炉至少装设两个安全阀(包括锅壳筒体和过热器安全阀)。符合下列条件之一的,可以只装一个安全阀:

(1) 额定蒸发量小于或等于 0.5 t/h 的蒸汽锅炉;
(2) 额定蒸发量小于 4 t/h 且装设有可靠的超压连锁保护装置的蒸汽锅炉;
(3) 额定热功率小于或等于 2.8 MW 的热水锅炉。

蒸汽锅炉锅壳和过热器上所安装的安全阀的总排汽量应大于锅炉额定蒸发量,并保证所有安全阀开启后,锅壳内蒸汽压力不超过设计时计算压力的 1.1 倍。过热器出口处安全阀的排放量应保证过热器有足够的冷却。安全阀的排放量可按安全阀制造单位提供的额定排放量确定,也可以根据流道面积按标准 GB/T 16508.5—2013[21] 或 GB/T 12241[42] 计算。蒸汽安全阀的流道直径应不小于 20 mm。

热水锅炉安全阀的泄防能力应满足所有安全阀开启后,锅壳内的压力不超过设计时计算压力的 1.1 倍。安全阀的流道直径和数量按标准 GB/T 16508.5—2013[21] 确定。

四、安全阀的安装和校验

安全阀应垂直安装在锅壳、集箱的最高位置上,安全阀与锅壳、集箱之间,不得装设取用蒸汽或热水的管路和阀门。排汽管和排水管应直通安全地点。杠杆式安全阀应铅直地安装,不得加重物,移动重锤,不得将阀芯卡死,不得任意提高开启压力或使之失效。

安全阀应每年至少校验一次,校验后应当加锁或者铅封。

第二节 防爆措施

一、爆炸性燃烧产生的原因及其危害

燃油燃气锅炉因为燃料的可燃性,当和空气在一定的浓度范围内混合时,会形成爆炸性气体,虽然锅壳式锅炉的炉胆和锅壳筒体的实际承压能力都很高,但其转弯烟室的承压能力较差,一旦爆炸,轻则造成锅炉爆燃熄火,重则使转弯烟室爆裂,燃烧器损坏,锅炉房和烟囱受损,甚至造成人身伤亡事故。

炉胆或烟道内存在爆炸性的混合气体,一般都是由于点火不着或燃烧不稳熄火造成的。爆炸性的混合气体被明火或锅炉本身的高温引燃而急剧燃烧时,压力可以达到数个大气压。

二、预防措施

为了预防发生爆炸性燃烧,燃烧器必须具有可靠的点火程序控制和熄火保护装置,以及其他连锁装置。

在点火程序控制中,点火前的总通风量应不小于从炉胆到烟囱入口烟道总容量的 3 倍;且通风时间对于锅壳式锅炉至少应持续 20 s。除此之外,规定燃油或燃气锅炉必须装设下列功能的连锁装置:

(1) 全部引风机跳闸时,自动切断全部送风和燃油或燃气供应;
(2) 全部送风机跳闸时,自动切断全部燃油或燃气供应;
(3) 当燃油及其雾化工质的压力、燃气压力低于规定值时,自动切断燃油或燃气供应;
(4) 熄火保护装置动作时,自动切断燃油或燃气供应;
(5) 热水锅炉压力降低到会发生汽化或水温升高超过了规定值时,自动切断燃油或燃气供应;
(6) 热水锅炉循环水泵突然停止运转,备用泵无法正常启动时,自动切断燃油或燃气供应。

三、防爆门

为了减轻一旦发生爆炸时的破坏程度，可以在适当位置安装防爆门。防爆门也称泄压门，有旋启重力式、破裂式和水封式等几种。当发生爆炸时，炉内或烟道内压力突然升高而使防爆门打开或破裂，泄出高压烟气。

要减轻爆炸时的破坏程度，必须有足够大的泄压面积。表11-3是小容积容器泄压面积与爆炸压力的实验数据。国内建筑设计防火的有关规定指出，在有爆炸危险的甲乙类生产厂房，每立方米厂房容积的泄压面积一般采用 $0.05 \sim 0.1 \ m^2$，并要求，当爆炸介质的爆炸下限较低或爆炸压力较强，以及对体积较小的厂房，应尽量加大泄压面积。

表11-3 爆炸压力与泄压面积的关系

泄压面积(m^2/m^3)	0	0.01	0.02	0.03	0.04	0.05	0.06	0.08
爆炸压力(10^5 Pa)	6.4	4.4	3.1	1.7	1.45	1.2	0.98	0.39

对于锅壳式燃油燃气锅炉，虽然标准中没有规定必须设置防爆门，但一般可以考虑设置一个旋启重力式或破裂式防爆门(图11-4)。以三回程10 t/h锅壳式锅炉为例，炉膛容积约为 $6.6 \ m^3$，如果安装一个直径 450 mm 的防爆门，则泄压面积为 $0.024 \ m^2/m^3$，可见安装防爆门是可以在一定程度上减小爆炸压力的。

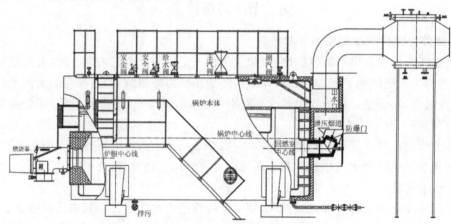

(a) 带泄压烟道的旋启重力式防爆门

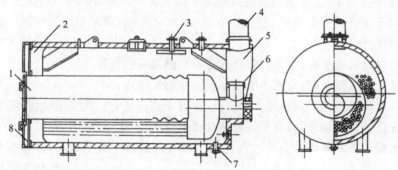

1—锅炉筒体，2—前烟箱，3—蒸汽出口，4—烟囱，5—后烟箱，6—防爆门，7—排污管，8—热风道

(b) 直通后烟箱的破裂式防爆门

图 11-4 装有防爆门的锅壳式锅炉

旋启重力式防爆门[图 11-5(a)]是靠门盖的自重使其常关,当炉内烟气的推力大于因自重产生的平衡力时,门盖被推开,泄出炉内烟气,在炉内压力正常后,靠门盖的自重自动复位。这种防爆门计算容易,制造简单。

图 11-5(b)是用于微正压燃烧的锅壳式锅炉上的破裂式防爆门。破裂式防爆门是把承压能力远低于锅炉围护结构的防爆膜用法兰紧固在防爆门框上,当炉内压力升高时,防爆膜破裂,达到泄爆的目的。为了防止防爆膜受炉内高温辐射而过热,可在膜前设置铸铁防辐射挡板。当防爆膜不受辐射热时可不设防辐射挡板。破裂式防爆门密封性能很好,其缺点是防爆膜片破裂以后不能自动复原,需要停炉更换。另外,对防爆膜片的抗爆压力无法通过计算得到,需要进行试验确定。一般情况下,厂家常选用旋启重力式防爆门。

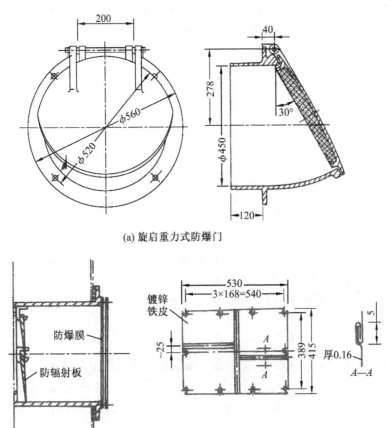

(a) 旋启重力式防爆门

(b) 破裂式防爆门和防爆锁

图 11-5 防爆门结构

第三节 水质和排污

一、水中杂质及其危害

水中杂质按颗粒大小可分为悬浮物、胶体和溶解物质三大类。悬浮物的颗粒直径在 10^{-4} mm 以上,在水中呈悬浮状态,但不溶于水,主要是沙子、黏土和动植物的腐败物质,通过滤纸可被分离出来,在水厂里通过过滤处理后大部分被清除。胶体的颗粒直径在 $10^{-6} \sim 10^{-4}$ mm 之间,是许多分子和离子的集合体,天然水中的有机胶体多半是由动植物腐烂和分解而成,矿物质胶体主要是铁、铝和硅等的化合物,胶体在水中不能互相黏合,不能依靠重力自行下沉,不能通过滤纸分离,在水厂里通过混凝后大部分被清除。溶解物质包括盐类和溶解气体两类。盐类的颗粒直径小于 10^{-6} mm,大都以离子状态存在,主要是钙、镁、钾、钠等,由水溶入某些矿物质而带入。天然水中的溶解气体主要是 O_2 和 CO_2,O_2 来自水中溶解大气中的氧,CO_2 主要是水中或泥土中有机物分解氧化的产物。

钙镁盐类对锅壳式燃油燃气锅炉的危害性主要有:

(1) 形成水渣,悬浮在锅水中;

(2) 形成水垢,附着在炉胆和烟管外壁上,水垢导热性能极差,使传热变差,排烟温度升高,出力下降,热效率降低,而且使金属壁温升高,可导致金属过热;

(3) 对于蒸汽锅炉,如果锅水含盐量达到临界含盐量,则会造成汽水共腾,使蒸汽大量带水,蒸汽品质大大下降,可造成过热器结垢,使过热器壁温升高,甚至管壁烧损,还会造成蒸汽管道积盐和结垢,影响用汽设备的正常运行等。

溶解气体的危害主要表现在对金属产生腐蚀方面。锅炉金属工质侧的腐蚀主要有以下几种机理:

1. 气体腐蚀

在汽锅内,存在有氧气和二氧化碳而产生的气体腐蚀,是一种化学腐蚀,其反应如下:

$$Fe + 2H_2O = Fe(OH)_2 + H_2 \tag{11-1}$$

$$2H_2 + O_2 = 2H_2O \tag{11-2}$$

$$4Fe(OH)_2 + O_2 + H_2O = 4Fe(OH)_3 \downarrow \tag{11-3}$$

$Fe(OH)_2$ 会附于金属表面,呈紧密的保护膜,但它是不稳定的。而三价铁的氢氧化物 $Fe(OH)_3$ 则是沉淀物,使金属表面会继续腐蚀下去。

当水中同时存在二氧化碳时,二氧化碳会与水中的二价铁氢氧化物反应并生成重碳酸铁,即

$$Fe(OH)_2 + 2CO_2 = Fe(HCO_3)_2 \tag{11-4}$$

重碳酸铁与水中的氧继续反应,又形成三价铁的氢氧化物沉淀,即

$$4Fe(HCO_3)_2 + 2H_2O + O_2 = 4Fe(OH)_3 \downarrow + 8CO_2 \tag{11-5}$$

上式游离出来的 CO_2 又会重新与 $Fe(OH)_2$ 化合,使腐蚀持续进行,直至水中氧气消耗殆尽。

2. 热电腐蚀

锅炉的金属壁不可能都是纯铁,总夹有其他金属的杂质,当壁面上有温差时,纯铁和杂质界面之间就会产生温差电势和接触电势(相当于热电偶中的热电势),而锅炉的给水和锅水都是电介质,这样就构成了电流的回路。如果杂质金属的电子密度小于纯铁的电子密度,那么纯铁部分放出电子成为阳极,杂质金属部分得到电子就成为阴极。如果腐蚀产物 Fe^{3+} 聚积在阳极或电子聚积在阴极不能扩散而堆积起来,则使两极间电阻变大,电流强度减弱,会导致腐蚀过程减慢或停止,这种现象称为"极化";反之,消除极化现象就称为"去极化",去极化使阴阳两极不断腐蚀掉(图 11-6)。

水的 pH 酸度、溶解气体（O_2 和 CO_2）和碱度都是去极化剂，使腐蚀不断进行下去。

当水的 pH 小于 7 时，水中有较多的 H^+，H^+ 是阴极去极化剂。

$$2H^+ + 2e \Longrightarrow H_2 \uparrow \tag{11-6}$$

溶解氧也是阴极去极化剂。

$$O_2 + 4e + 2H_2O \Longrightarrow 4OH^- \tag{11-7}$$

水中游离的二氧化碳，部分形成碳酸，后者在水中会电离，生成阴极去极化剂氢离子。

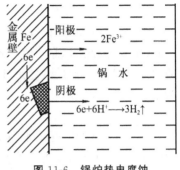

图 11-6 锅炉热电腐蚀

$$CO_2 + H_2O \Longrightarrow H^+ + HCO_3^- \tag{11-8}$$

$$2H^+ + 2e \Longrightarrow H_2 \uparrow \tag{11-9}$$

锅水中游离的氢氧化钠则是阳极去极化剂。

$$Fe^{3+} + 3OH^- = Fe(OH)_3 \downarrow \tag{11-10}$$

3. 苛性脆化

苛性脆化是金属晶间的电化学腐蚀。其机理是金属构件在局部高应力作用下晶粒和晶粒边缘形成电位差，相当于一种压电效应，使晶粒边缘成为阳极，而锅水中游离的 NaOH 是阳极去极化剂，使腐蚀沿晶间发展下去。这种腐蚀容易发生在锅炉筒体的铆钉头及胀管口，在腐蚀初期不易发生，但发展速度较快，会导致汽锅开裂、爆炸，造成严重事故。

防止苛性脆化的方法，除了在制造工艺上将铆接、胀接改为焊接，消除锅炉制造安装时的内应力外，还应从化学监督方面加以考虑，控制锅水中的相对碱度。所谓相对碱度，是指锅水中游离的 NaOH 与溶解固形物的比值。相对碱度下降，则盐类浓度相对增多，能在金属晶粒间隙中将晶粒边缘遮蔽，使腐蚀停止。

降低锅水相对碱度的办法主要有两个：一是对原水进行除碱，譬如向软水中加硫酸，或采用氢-钠离子交换法或铵-钠离子交换法软化除碱；另一个办法是增加锅水的含盐量，如在锅内加入磷酸三钠、硝酸盐、硫酸盐等。

二、锅壳式燃油燃气锅炉的水质标准

由于水中杂质会影响锅炉内的传热并造成腐蚀，因此必须控制锅水的水质。锅水的水质取决于给水水质和排污。锅壳式燃油燃气锅炉属于工业锅炉，其锅水和给水的水质标准遵循工业锅炉水质标准 GB/T 1576—2018[34] 的规定。采用锅外水处理的蒸汽锅炉的给水和锅水、采用锅内水处理的蒸汽锅炉的给水和锅水、蒸汽锅炉的回水及热水锅炉的补给水和锅水的水质标准分别见附录 3 中的附表 3-1—3-4。

主要的水质指标有：

(1) 浊度：由于水中含有悬浮及胶体状态的微粒，使得原来无色透明的水产生浑浊现象，其浑浊的程度称为浊度。现代仪器显示的浊度是散射浊度。散射浊度是一种光学效应，用光线透过水层时受到阻碍的程度表示水层对于光线散射和吸收的能力。它不仅与悬浮物的含量有关，而且还与水中杂质的成分、颗粒大小、形状及其表面的反射性能有关。浊度的单位是 FTU。

(2) 硬度：水中 Ca^{2+}、Mg^{2+} 的总含量称为总硬度（H），单位是 mmol/L。水中

$Ca(HCO_3)_2$、$Mg(HCO_3)_2$、$CaCO_3$、$MgCO_3$ 的总含量称为碳酸盐硬度(H_T),天然水中 $CaCO_3$、$MgCO_3$ 含量很少,$Ca(HCO_3)_2$ 和 $Mg(HCO_3)_2$ 加热到沸腾会分解为 $CaCO_3$、$Mg(OH)_2$,因此 H_T 称为暂时硬度。水中 $CaCl_2$、$MgCl_2$、$CaSO_4$、$MgSO_4$ 等的总含量称为非碳酸盐硬度(H_{FT}),非碳酸盐硬度加热到沸腾不会立即沉淀,超过饱和浓度才析出,因此 H_{FT} 称为永久硬度。显然,

$$H = H_T + H_{FT} \tag{11-11}$$

(3) 酚酞碱度:是由水中全部的氢氧根离子和一半碳酸盐含量引起的。用酚酞为指示剂滴定终点 pH=8.3 测定碱度。

(4) 全碱度:用强酸标准溶液对空白水样进行滴定,甲基橙作为指示剂,滴定至溶液由黄色变为橙红色(pH 约 4.3),停止滴定,此时所得的结果称为全碱度,也称为甲基橙碱度。

(5) 溶解固形物:被分离出悬浮固形物后的水,经蒸发、干燥后得到的残渣,称为溶解固形物。通常用溶解固形物作为含盐量的近似值,单位是 mg/L。

(6) PO_4^{3-}:PO_4^{3-} 与 Ca^{2+} 结合生成沉淀物 $Ca_3(PO_4)_2$,因此往锅炉中添加 PO_4^{3-} 能消除锅炉给水带入汽锅的残留硬度,还能增加含盐量,降低相对碱度,防止苛性脆化发生。单位为 mg/L。该指标适用于以磷酸盐作阻垢剂的锅炉。

(7) SO_3^{2-}:可去除给水中的溶解氧,单位是 mg/L。该指标适用于加亚硫酸盐作除氧剂的锅炉。

附表 3-1 中分为软化水和除盐水两种。软化水指的是除掉全部或大部分钙镁离子后的水。除盐水是指利用各种水处理工艺,除去悬浮物、胶体和阳离子、阴离子等水中杂质后,所得到的成品水。GB/T 1576—2018 中的除盐水主要指经反渗透或反渗透加离子交换处理的水。

水质指标中的硬度和碱度计量单位均以一价离子为基本单位,对于二价离子均以其 1/2 作为基本单位。

溶解氧指标均为经过除氧处理后的控制指标。

锅水中的电导率和溶解固形物可选其中之一作为锅水浓度的控制指标。

停(备)用锅炉启动时,8 小时内或者锅水浓缩 10 倍后锅水的水质应达到标准中的要求。

三、排污及排污量计算

锅炉排污分为定期排污和连续排污两种。定期排污主要是排除锅水中的水渣——松散状的沉淀物,同时也可以排除盐分。对于卧式锅炉,定期排污管装设在锅壳筒体的底部,立式锅炉则装设在下脚圈的最低处。在小型锅炉上,通常只装定排管。对于有过热器的蒸汽锅炉,则还应装设连续排污装置。连续排污是排除锅水中的盐分杂质,由于锅内蒸发面附近盐分浓度较高,所以连续排污管就设在低水位下面,因此习惯上也称表面排污。

锅炉连续排污量的大小,与锅水和给水的品质有关。给水的碱度及含盐量越大,锅炉所需的排污量愈多。排污量的大小,可按锅水含碱量的平衡关系(图 11-7)按下

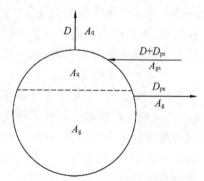

图 11-7 锅水含碱量的平衡关系

式进行推算：

$$(D+D_{ps})A_{gs}=D_{ps}A_g+DA_q \tag{11-12}$$

式中：D——锅炉的蒸发量，t/h；
　　　D_{ps}——排污水量，t/h；
　　　A_g——锅水的允许碱度，mmol/L；
　　　A_q——蒸汽碱度，mmol/L；
　　　A_{gs}——给水的碱度，mmol/L。

压力不高时，蒸汽中的含碱量极小，通常可以忽略（认为 $A_q \approx 0$）。用排污量对蒸发量的百分比，即排污率表示，则

$$\rho_1 = \frac{D_{ps}}{D} \times 100\% = \frac{A_{gs}}{A_g - A_{gs}} \times 100\% \tag{11-13}$$

式中：ρ_1——按碱度计算的排污率。

同样，排污率也可按含盐量的平衡关系式推算，即由

$$(D+D_{ps})S_{gs}=D_{ps}S_g+DS_q \tag{11-14}$$

可得

$$\rho_2 = \frac{D_{ps}}{D} \times 100\% = \frac{S_{gs}}{S_g - S_{gs}} \times 100\% \tag{11-15}$$

式中：ρ_2——按含盐量计算的排污率；
　　　S_g——锅水的允许含盐量，mg/L；
　　　S_q——蒸汽的含盐量，mg/L；
　　　S_{gs}——给水的含盐量，mg/L。

排污率 ρ 取 ρ_1、ρ_2 中的较大者。一般供热锅炉的排污率应控制在10%以下，并依此作为选择水处理方式的一个主要依据。

供热系统中，当有凝结水返回锅炉房作为给水时，计算公式为

$$\rho_1 = \frac{A_b a_b}{A_g - A_b a_b} \times 100\% \tag{11-16}$$

$$\rho_2 = \frac{S_b a_b}{S_g - S_b a_b} \times 100\% \tag{11-17}$$

式中：A_b——补给水的碱度，mmol/L；
　　　S_b——补给水的含盐量，mg/L；
　　　a_b——补给水所占总给水量的份额，$a_b = 1 - a_n$；
　　　a_n——凝结水所占总给水量的份额。

第四节　蒸汽锅炉的汽水分离和水位

根据用户的需求，蒸汽锅炉输出的是饱和蒸汽或过热蒸汽。对于饱和蒸汽来说，用户除了要求蒸汽的压力、温度和流量符合一定要求外，对蒸汽的含水量（湿度）也有一定的要求。如果是过热蒸汽，则锅炉需要配置过热器，过热器对入口的饱和蒸汽湿度要求往往更高。

为了控制从锅壳筒体引出的饱和蒸汽的湿度，就要在锅壳筒体里对汽和水进行有效的

分离,这意味着锅壳筒体里的水位不能太高,以便水位上面有足够的蒸汽空间将水进行分离,减少蒸汽带水量。

一、蒸汽带水的原因及其影响因素

从锅壳筒体引出的蒸汽中含有微细水滴的现象叫蒸汽带水。微细水滴的来源不外乎以下两个方面:一是蒸汽泡逸出水面时破裂形成飞溅水滴;二是锅壳筒体水位的波动,振荡激起水滴。

水滴在蒸汽空间中受到向下坠落的力和蒸汽汽流对其向上的提升力。假设水滴是球形的,直径为 d,饱和水和饱和蒸汽的密度分别为 ρ' 和 ρ'',则

球形水滴向下坠落的力

$$G = \frac{1}{6}\pi d^3 g(\rho' - \rho'') \quad \text{N} \tag{11-18}$$

流速为 w 的蒸汽汽流对球形水滴的提升力

$$F = \frac{\xi w^2}{2}\rho'' \frac{\pi d^2}{4} \quad \text{N} \tag{11-19}$$

式中:ξ——球形水滴在汽流中的流动阻力系数。

当 G 和 F 相等时,水滴就能被汽流托住,因此,卷起、托住水滴所需的最小汽流速度为

$$w_{fy} = 2\sqrt{\frac{g(\rho' - \rho'')d}{3\xi\rho''}} \quad \text{m/s} \tag{11-20}$$

汽流速度为 w 时可带走的水滴的最大直径为

$$d_{fy} = \frac{3\xi\rho''w^2}{4g(\rho' - \rho'')} \quad \text{m} \tag{11-21}$$

根据以上式子可以如下分析影响蒸汽带水的因素。

1. 蒸汽负荷的影响

锅壳筒体蒸发面负荷 R_s 按下式计算:

$$R_s = \frac{1\,000DV''}{F} \quad \text{m}^3/(\text{m}^2 \cdot \text{h}) \tag{11-22}$$

式中:F——锅壳筒体蒸发面的面积,m^2;

V''——饱和蒸汽的比容,m^3/kg;

D——锅炉的蒸发量,t/h。

锅炉负荷越高,R_s 就越大,汽流在锅壳筒体内上升的速度 w 就越大,d_{fy} 就越大,蒸汽带水就越多,一般取 $R_s = 400 \sim 1\,200 \text{ m}^3/(\text{m}^2 \cdot \text{h})$。

锅壳筒体蒸汽空间的容积负荷 R_v 按下式计算:

$$R_v = \frac{1\,000DV''}{V} \quad \text{m}^3/(\text{m}^3 \cdot \text{h}) \tag{11-23}$$

式中:V——锅壳筒体蒸汽空间的容积,m^3。

当 F 一定时,R_v 越大,蒸汽空间高度就越小,蒸汽在锅壳筒体内逗留时间就越短,蒸汽带水就越多,因此,R_v 不能太大,但 R_v 小意味着锅壳筒体尺寸大,制造成本就高,合理的 R_v 如表 11-4 所示。

表 11-4　蒸汽空间的容积负荷 R_v 推荐值

锅炉工作压力(MPa)	0.4	0.7	1.0	1.3	1.6	2.5
$R_v[\mathrm{m}^3/(\mathrm{m}^3 \cdot \mathrm{h})]$	630～1 310	610～1 280	610～1 250	580～1 200	570～1 150	540～1 080

注：当锅壳内无汽水分离设备时，R_v 取较小值。

以上讨论的是平均的 R_s 和 R_v，如果平均值在允许的范围，而局部的 R_s、R_v 太高，则也会造成局部带水增多，因此还应该使蒸汽在整个蒸发面和蒸汽空间均匀地引出。

2. 蒸汽压力的影响

蒸汽压力高，则汽水密度差小，重力分离作用下降，而且汽压高，饱和水温也高，水分子热运动加强，相互间的引力减小，细微水滴增多，会增大蒸汽带水量。因此当锅炉工作压力增高时，容许的 R_v 值降低。

但需指出，降低汽压对汽水分离有利的说法，是以蒸汽流速相同为前提的，假如汽压骤降，锅水的储热会闪蒸出大量的额外蒸汽，蒸汽流速急剧增大，可以瞬间使蒸汽大量带水。

3. 汽空间高度的影响

汽空间高度是从锅壳筒体水位面到蒸汽引出管口的垂直高度。汽空间高度降低，使直径大于 d_{fy} 的水滴借初始动能飞溅到蒸汽引出管口的可能性增大，这些水滴来不及沉降被汽流带走，将造成蒸汽带水增多。

但汽空间高度太高，超过了大颗粒飞溅高度，则重力分离效果提高甚微，而锅壳筒体金属耗量和制造成本却会增加很多，所以汽空间高度也不应太高。

汽空间高度对应着锅壳筒体的最高允许水位。严格地说，锅壳筒体的最高允许水位应通过热化学试验确定。对于工业锅炉，汽空间高度可取 0.4～0.6 m，蒸汽流速低的，此高度可取较小值。

4. 锅水含盐量的影响

随着锅水含盐量的增加，水分子结合力增强，生成的汽泡变小，且不易合并成大汽泡，汽泡对水相对速度减慢，致使锅壳水空间含汽率增高，促使水位涨起升高，汽空间高度减小。与此同时，汽泡间液体的黏度增大，沿汽泡表面水层流动摩擦力也随之增大，汽泡浮到水面后等水膜变薄后才破裂，水面上形成"泡沫层"，也使汽空间高度减小，两者的结果都将使蒸汽带水量增多。

锅水含盐量如果继续增大，泡沫层可能会充满蒸汽空间，此时汽、水将同时进入蒸汽引出管，蒸汽大量带水。这种现象称为"汽水共腾"，是锅炉的运行事故之一，是不允许发生的。

图 11-8 表示出锅水含盐量与蒸汽湿度之间的关系。可以看出，当锅水含盐量达到临界含盐量以上时，蒸汽湿度将大大增加。而且随着锅炉负荷的提高，水空间的含汽率增高，水位胀起更

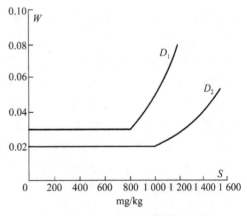

图 11-8　锅水含盐量与蒸汽湿度的关系（$D_1 > D_2$）

甚,因而使锅水临界含盐量降低。实际的允许锅水含盐量应远远小于临界含盐量,可以通过控制给水品质和锅炉排污来控制锅水含盐量。

二、汽水分离装置

汽水分离装置的任务,就是将饱和蒸汽携带的水有效地分离出来,提高饱和蒸汽干度,以保证锅炉的可靠运行和满足用户的用汽要求。

汽水分离装置的设计应遵循以下的原则:

(1) 尽可能避免 R_s 和 R_v 的局部增高,使蒸汽均匀地穿出水面和引出。

(2) 使汽水混合物具有急转多折的流动路线,以充分利用离心和惯性分离作用。此外,应及时把分离下来的水导走,以免再次被蒸汽携带。

(3) 创造大量的水膜表面积,以黏附更多的水滴。

此外,应注意到便于制造、安装和维修。

锅壳式锅炉常用的汽水分离装置有以下几种:

1. 匀汽孔板(图 11-9)

匀汽孔板的作用是借小孔节流作用使汽空间各处负荷均匀。孔径可取 8~12 mm,孔间距不宜超过 50 mm,蒸汽穿孔流速 w_k=10~27 m/s,工作压力高时,流速可取低值。通常孔板均匀开孔,但当锅壳顶部蒸汽引出管很少时,也可不均匀开孔。孔板装得过低,蒸汽空间重力分离效果会变差,因此孔板应尽可能装高些,但孔板上方纵向蒸汽流速 w_l 也不宜太大,一般控制在 $w_l < \frac{1}{2} w_k$。

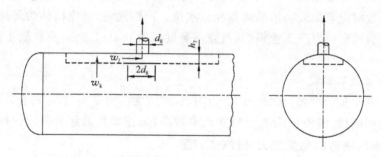

图 11-9 匀汽孔板

2. 集汽管

在小型锅炉中,蒸汽引出管只有一根时可采用集汽管。图 11-10(a)是一种缝隙式集汽管。管侧开缝,缝宽沿管内汽流方向逐渐减小,起到均汽的作用。缝隙中蒸汽平均流速 w_f 在 11~25 m/s。抽汽孔管如图 11-10(b)所示,其管侧开孔,孔径可取 8~12 mm,与缝隙式集汽管一样,都装于汽空间顶部,穿孔蒸汽的平均流速 w_c 在 10~27 m/s。蒸汽引出管最好装在集汽管中间位置,正对引出管的入口处不应开缝或开孔。集汽管单独使用时,应在最低处开 1~2 个 ϕ5 mm 的疏水孔或装设疏水管,以不断排除分离下来的水。集汽管也可与蜗壳式分离器配合使用。

第十一章 锅壳式燃油燃气锅炉的安全配置

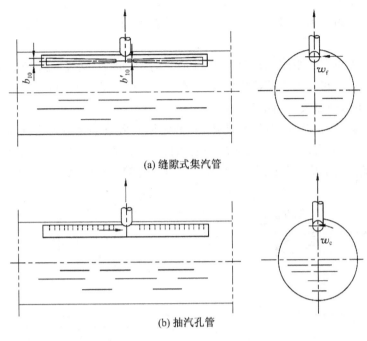

图 11-10 集汽管

3. 蜗壳式分离器

为了进一步提高汽水分离的效果,可在集汽管上加装蜗壳。饱和蒸汽切向进入蜗壳,靠离心力作用将汽、水分开,起到细分离的作用。内部装有集汽管,所以能起到沿锅壳筒体长度方向均匀蒸汽空间负荷的作用。分离出的水经疏水管导入锅水中(图 11-11),防止二次携带。

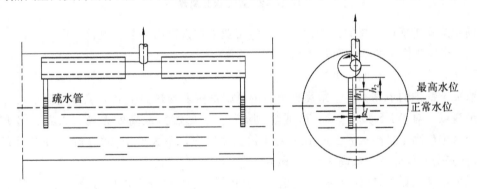

图 11-11 蜗壳式分离器

蒸汽进口速度不宜太大,以免导致疏水管中水位升到蜗壳内,疏水管变成吸水管,反而造成蒸汽大量带水。所以必须严格控制安装高度和满足使用条件,防止疏水管水位升到蜗壳内。

4. 波形板分离器

对装有蒸汽过热器或对蒸汽品质要求较高的锅炉,可采用如图 11-12 所示的波形板汽水分离器。波形板分离器用 0.8~1.2 mm 厚的钢板压成,边框用 2~3 mm 的钢板制作,每组波形板大小以能通过锅壳筒体上的人孔为限。相邻两块板的间距为 10 mm。饱和湿蒸汽在波形板的曲折通道中通过时,水滴受惯性力作用被甩到波形板上,靠重力下流而达到细分离的目的。

波形板分离器可以水平或立式布置,水平布置时,其长度要求超过 2/3 的锅壳筒体直段长度,立式布置时,应尽可能使蒸汽在汽空间的行程长些。波形板组件应矮而长,以增加蒸汽空间高度,波形板线型要圆滑顺畅,以减小阻力。

波形板分离器应与匀汽孔板配合使用,蒸汽先经波形板再经过匀汽孔板。为获得较好的分离效果,波形板的上沿与匀汽孔板之间应保持一定距离,一般取 30~40 mm。

立式波形板的底部应加装疏水管,且应延伸到锅壳筒体最低水位线以下。

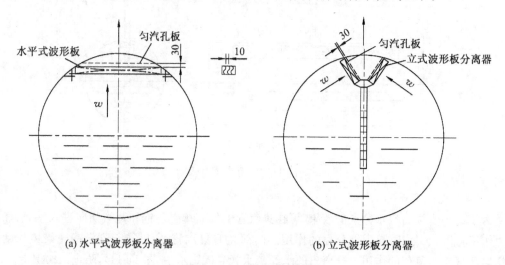

(a) 水平式波形板分离器　　　　(b) 立式波形板分离器

图 11-12　波形板分离器

锅壳式锅炉锅内装置的详细设计可参考工业锅炉锅筒内部装置设计导则[43]。

三、锅壳筒体中的水位及其监测

锅壳筒体中的汽空间高度决定了锅壳筒体中的最高安全水位。锅壳筒体的最低安全水位则取决于锅炉的最高火界。最高火界指的是锅炉蒸发受热面上受火焰或高温烟气冲刷的水侧最高点。对 WNS 型锅炉而言,烟管、烟箱管板、回燃室最高处为最高火界。锅炉的最低安全水位应高于最高火界 100 mm,对于锅壳筒体内径不大于 1 500 mm 的卧式锅壳式锅炉,最低安全水位应高于最高火界 75 mm。

锅炉正常运行时,锅壳筒体中的实际水位必须位于最高安全水位与最低安全水位之间。

水位通过水位测量装置监测。要求每台蒸汽锅炉的锅壳筒体至少应装设两个彼此独立的直读式水位表,但符合以下条件之一的锅炉可以只装设一个直读式水位表:

(1) 额定蒸发量小于或等于 0.5 t/h 的锅炉;

(2) 额定蒸发量小于或等于 2 t/h,且装有一套可靠的水位示控装置的锅炉;

(3) 装设有两套各自独立的远程水位测量装置的锅炉;

常用的水位表型式有玻璃管式水位表和玻璃板式水位表等。玻璃管式水位表由汽、水连接管、汽水旋塞、玻璃管和放水旋塞等构成,结构简单,价格低廉,但容易破裂,必须加装安全防护罩。玻璃板式水位表如图 11-13 所示,由金属框紧夹特制的玻璃板而成,玻璃板上制作有几条纵向槽纹作为加强筋肋,其特点是耐热、耐碱腐蚀,在内外温差较大情况下,能承受弯曲应力,不易横向断裂,较安全可靠,不需防护罩。

水位表的安装和使用应注意以下事项:

(1) 水位表上应醒目地刻有最高、最低安全水位和正常水位的明显标记。

(2) 水位表应装在便于观察的地方,要有良好的照明,易于检查和冲洗。

(3) 水位表距离操作面高于 6 m 时,应加装远程水位测量或者水位视频监视系统。

(4) 水位表需经常冲洗,放水管应接到安全地点。

(5) 防止形成假水位:汽、水连接管内径不小于 18 mm,当连接管长度大于 500 mm 或有弯曲时,内径应放大;汽连接管应能自动向水位表疏水,水连接管应能自动向锅壳筒体疏水,汽、水连接管上应当安装阀门,锅炉运行时,阀门应处于全开位置。

图 11-13　玻璃板式水位表

第十二章

天然气锅炉的烟气潜热回收

第一节 概述

传统的锅壳式燃油燃气锅炉,由于锅壳内空间的限制,无法布置足够的受热面,排烟温度一般为 200～220 ℃,锅炉效率仅为百分之八十几,通过在锅壳外增设节能器,将排烟温度降低到 120～140 ℃,则锅炉热效率可以提高到百分之九十以上。如果进一步将排烟温度降低到 60～80 ℃,则锅炉热效率可以达到百分之九十五以上。但是,对于以重油或渣油为燃料的燃油锅炉来说,由于烟气中存在大量的硫氧化物,在 160 ℃ 以下硫酸蒸汽就可能会结露,从而造成节能器的低温酸腐蚀,因而无法将排烟温度降得很低。但是天然气锅炉的烟气中往往几乎不含硫,不会因此发生严重的低温酸腐蚀。而且由于天然气锅炉的烟气中含有的水蒸气占 18% 左右,如果进一步将排烟温度降低,随着水蒸气凝结成水,将释放出大量的汽化潜热(约为 2 300 kJ/kg)。如果把烟气中水蒸气全部冷凝下来,释放出的汽化潜热可以占到天然气低位发热量的 10% 以上。由于我国规定锅炉热效率的计算是以燃料的收到基低位发热量为基准的,因此,理论上说,充分利用烟气潜热的锅炉热效率可以超过 110%。当然,把水蒸气完全冷凝意味着烟气冷凝器的入口水温要相当低,而且换热面积会很大,在现实中难以实现也不合理。比较合理的方案是通过适当的低温能源节能方案,将部分水蒸气冷凝下来,也能得到可观的节能效果。比如在入口水温 40～50 ℃ 的工况下,可以把 1/3 以上的水蒸气冷凝下来,回收的显热和潜热加起来也可以使热效率提高 6%～7% 以上。水蒸气冷凝引起的氧腐蚀问题则可以通过采用不锈钢或 ND 钢得到解决。

值得指出的是,由于烟气中水蒸气的分压力低于一个大气压,因此水蒸气在烟气空间中开始凝结的温度是低于 100 ℃ 的,具体开始凝结温度与其分压力值的大小有关,也就是跟水蒸气在烟气中的容积份额有关,对于天然气锅炉来说,开始凝结温度一般低于 60 ℃。随着水蒸气的不断凝结,水蒸气分压力越来越低,凝结温度也逐步降低,这意味着凝结将越来越困难。另一方面,只要烟气侧换热管壁温低于凝结温度,水蒸气就会在管壁上凝结下来,形成液膜,当液膜的表面温度低于凝结温度时候,水蒸气就会继续凝结,当换热管所处的烟气温度高于冷凝温度时,从冷凝液膜脱离的冷凝水部分会重新蒸发为水蒸气。在锅炉启动阶段及低负荷运行时,由于烟气和管壁温度较低,在节能器中也会产生凝结水,但不少锅炉厂因此把节能器也称作烟气冷凝器,严格来说是不对的,虽然说到底烟气冷凝器就是一种节能器。

烟气冷凝器可以分为直接接触式和间壁式两大类。直接接触式烟气冷凝器通常将冷水喷入烟气中,而间壁式烟气冷凝器则一般采用光管或翅片管作为换热面。直接接触式烟气冷凝器虽然有传热温差小(无端差)、不存在污垢热阻和间壁热阻、结构简单、不需换热管等优点,但存在如何让水和烟气充分混合的难题,也有水被烟气污染的问题,使其应用受到了限制。间壁式烟气冷凝器则没有水质下降的问题。下面介绍间壁式烟气冷凝器的传热计算。

第二节 间壁式烟气冷凝器的传热计算方法

间壁式烟气冷凝器属于对流受热面,其传热计算也是基于传热方程和热平衡方程。但是由于存在水蒸气的相变,与锅炉上其他的对流受热面相比,计算方法有所不同,下面主要介绍不同之处。

一、烟气侧热平衡方程式

$$Q_{rp}=Q_1+Q_2-Q_3-Q_4-Q_5 \tag{12-1}$$

下面逐个介绍上式中的各项。

1. Q_1——显热输入热量,kJ/h

$$Q_1=B \times (h'_y-h_{lk}) \tag{12-2}$$

式中:B——燃料消耗量,Nm^3/h;

h'_y——入口烟气焓,kJ/Nm^3;

h_{lk}——冷空气焓,kJ/Nm^3。

2. Q_2——凝结潜热量,kJ/h

$$Q_2=B \times M_l \times \bar{r} \tag{12-3}$$

式中:M_l——对应每 Nm^3 天然气析出的冷凝水的量,kg/Nm^3,$M_l=\phi M_{H_2O}$;

ϕ——凝汽率,ϕ 的计算方法参见后面的例题;

M_{H_2O}——对应每 Nm^3 天然气烟气中的总水量,kg/Nm^3;

$\bar{r}$——烟气开始冷凝的露点温度与排烟温度之间的水蒸气平均汽化潜热,kJ/kg。

3. Q_3——排烟带出的热量,kJ/h

$$Q_3=B \times (h''_y-h_{lk}) \tag{12-4}$$

式中:h''_y——排烟焓,应扣除冷凝掉的水蒸气部分的热量,kJ/Nm^3。

4. Q_4——冷凝水带出的热量,kJ/h

$$Q_4=B \times M_l \times (h_1-h_2) \tag{12-5}$$

式中:h_1——排烟温度下的饱和水焓,kJ/kg;

h_2——进风温度下的饱和水焓,kJ/kg。

5. Q_5——散热损失,kJ/h

$$Q_5=\frac{1\,675 \times F}{3\,600} \tag{12-6}$$

式中:F——散热面积,m^2。

二、烟气侧的冷凝对流换热系数

烟气侧的冷凝对流换热系数的计算目前没有统一的标准,文献[44]推导得到如下准则方程式:

$$Nu=aRe^b Pr^c L n^d \tag{12-7}$$

该式中的 Ln 称为冷凝因子,

$$Ln=\frac{t_{\text{sat}(p_v)}-t_w}{\vartheta-t_w} \quad (12-8)$$

该式子的定性温度是烟气的进口平均温度,定性尺寸为管子的外径 d_o,p_v 取进口时水蒸气的分压力,ϑ 取烟气的主流平均温度,t_w 取管子外壁的平均温度。$t_{\text{sat}(p_v)}$ 是对应于水蒸气分压力 p_v 的饱和温度。

$$Re=\frac{V'_y d_o}{A_h \nu} \quad (12-9)$$

式中：V'_y——入口烟气流量,Nm^3/h;

A_h——最窄处流通截面积,m^2;

ν——平均成分烟气运动黏度,$m^2 \cdot s$。

准则方程式中 a、b、c、d 则通过实验确定。文献[44]通过实验得出对于烟气横向冲刷单排光管管束,$a=0.1823$,$b=0.7707$,$c=1/3$,$d=0.2615$。文献[45]通过实验得出对于烟气横向冲刷错列翅片管束,当 $6000<Re<15000$,$0.6<Pr<0.8$ 时,$a=0.2491$,$b=0.7167$,$c=1/3$,$d=0.8203$。

三、设计计算流程

设计烟气冷凝器时应已知天然气成分、消耗量、烟气特性、进口烟气温度等初始数据。冷却水应已知其进出口温度和流量这三个条件中的两个。出口烟气温度应根据烟气露点和冷却水进出口温度及换热任务综合考量后确定。设计时先估算散热损失和传热面积,进行结构设计后计算传热量,计算传热量时要先假设管子外壁温度再进行校核,然后对传热量和散热损失分别进行校核,应将所有误差控制在允许的范围内,整个设计过程需要多次迭代才能完成。整个烟气冷凝器的设计计算流程如图 12-1 所示。

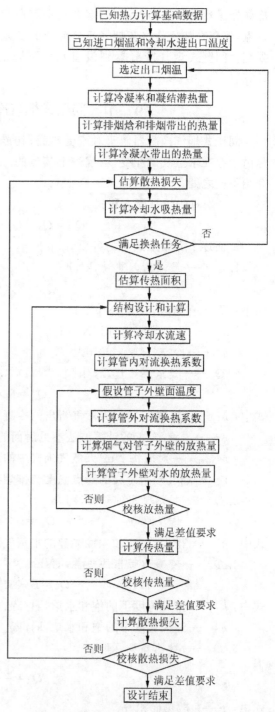

图 12-1 烟气冷凝器的设计计算流程图

第三节 天然气锅炉烟气余热回收及烟气冷凝器设计计算举例

【例 12-1】 以 WNS15-1.25-Q 锅壳式锅炉为对象,以前面章节中的例题为基础,给该锅炉增加一台烟气冷凝器以进一步提高其热效率。已知冷却水进口温度为 30 ℃,出口温度为 40 ℃。

解：设计过程如下表所示。

例表 12-1 烟气冷凝器设计计算表

序号	名称	符号	单位	计算及说明	结果
一	烟气特性				
1	烟气压力	p_y	MPa	取 1 个标准大气压	0.101 325
2	标准状态下干燃气的密度	ρ_r^g	kg/Nm³	$0.01\begin{bmatrix}1.96CO_2+1.52H_2S+\\1.25N_2+1.43O_2+\\1.25CO+0.089\,9H_2+\\\sum(0.536m+0.045n)C_mH_n\end{bmatrix}$	0.735
3	1 Nm³ 燃气生成的烟气的质量	M_y	kg/Nm³	$\rho_r^g+d_r/1\,000+1.306\alpha V_k^0$	15.612
4	标态下烟气密度	ρ_y	kg/Nm³	M_y/V_y	1.241
5	标态下水蒸气的密度	ρ_{H_2O}	kg/Nm³	18/22.4	0.803 57
6	水蒸气分压力	p_v	MPa	$V_{H_2O}/V_y\times p_y$	0.017 5
7	烟气露点	$t_{sat(pv)}$	℃	查表	57.2
8	1 Nm³ 燃气生成的烟气中的总水量	M_{H_2O}	kg/Nm³	$V_{H_2O}\times\rho_{H_2O}$	1.743
二	热量平衡				
I	显热输入热量	Q_1			
1	入口烟气温度	ϑ_y'	℃	已知	140
2	入口烟气焓	h_y'	kJ/Nm³	温焓表	2 242.2
3	冷空气温度	t_{lk}	℃	选取	20
4	冷空气焓	h_{lk}	kJ/Nm³	温焓表	250.61
5	燃料消耗量	B	Nm³/h	已知	1 084.17
6	显热输入热量	Q_1	kJ/h	$B(h_y'-h_{lk})$	2 159 188
II	凝结潜热量	Q_2			
1	出口烟温	ϑ_y''	℃	选定	50
2	出口烟温下的饱和水蒸气分压力	p_s	MPa	查表	0.012 344 6
3	烟气中冷凝部分水蒸气的体积	V_{H_2O}'	Nm³/Nm³	$V_{H_2O}'=\dfrac{V_{H_2O}-\dfrac{p_s}{p_y}V_y}{1-\dfrac{p_s}{p_y}}$	0.725 12

续表

序号	名称	符号	单位	计算及说明	结果
4	冷凝率	ϕ		V'_{H_2O}/V_{H_2O}	0.334
5	每 m^3 天然气析出的冷凝水的量	M_l	kg/Nm^3	ϕM_{H_2O}	0.582 7
6	烟气开始冷凝的露点温度与排烟温度的平均值	$\bar{t}_{ll}$	℃	$0.5*(t_{sat(pv)}+\vartheta''_y)$	53.6
7	平均汽化潜热	$\bar{r}$	kJ/kg		2 373.2
8	凝结潜热量	Q_2	kJ/h	$BM_l\bar{r}$	1 499 210.9
Ⅲ	排烟带出的热量	Q_3			
1	排烟焓(扣除冷凝掉的水蒸气的显热)	h''_y	kJ/Nm^3	$50/100\times(1\,595.2-151\times V'_{H_2O})$	742.7
2	排烟带出的热量	Q_3	kJ/h	$B(h''_y-h_{lk})$	533 517
Ⅳ	冷凝水带出的热量	Q_4			
1	排烟温度下的饱和水焓	h_1	kJ/kg	查表	209.33
2	进风温度下的饱和水焓	h_2	kJ/kg	查表	83.86
3	冷凝水带出的热量	Q_4	kJ/h	$BM_l(h_1-h_2)$	79 263
Ⅴ	热量平衡				
1	烟气总放热量	Q_y	kJ/h	$Q_1+Q_2-Q_3-Q_4$	3 045 620
—			kW		846.0
2	保热系数	φ		取略大于平均值	0.99
3	散热损失(估算)	Q_5	kW	$(1-\varphi)Q_y$	8.460
4	冷却水吸热量	Q_{rp}	kW	Q_y-Q_5	837.5
—			kJ/Nm^3	$Q_{rp}\times 3\,600/B$	2 781.082
5	锅炉热效率提高	$\Delta\eta$	%	$100Q_{rp}/Q_{net,ar}$	7.8
三	结构设计与计算				
Ⅰ	粗略估算传热面积				
1	传热系数	K	W/(m^2·℃)	按没有冷凝作估计	35
2	水进口温度	t'	℃	选定	30
3	水出口温度	t''	℃	选定	40
4	端差	Δt_d		θ'_y-t''	100
5	端差	Δt_x		θ''_y-t'	20
6	平均温差	Δt		$(\Delta t_d-\Delta t_x)/\ln(\Delta t_d/\Delta t_x)$	49.7
7	传热面积	H	m^2	$Q_{rp}/(K\Delta t)$	481.420
Ⅱ	结构设计				

续表

序号	名称	符号	单位	计算及说明	结果
1	管子类型			螺旋鳍片管	
2	烟气冲刷方式			横向冲刷	
3	管子排列方式			错排	
4	烟气与工质流向			逆流	
5	横向排数	z_1	排		18
6	纵向排数	z_2	排		18
7	横向节距	S_1	m		0.079
8	纵向节距	S_2	m		0.078
9	鳍片管长度	l	m		1.45
10	翅片管外径	d_o	m		0.038
11	翅片管壁厚	δ	m		0.004
12	翅片管内径	d_i	m		0.03
13	翅片外径	d_f	m		0.063
14	翅片高	H_f	m		0.012 5
15	翅片厚	δ_f	m		0.001
16	翅片距	Y_f	m		0.006
17	翅片净距		m		0.005
18	翅片管外径/管外径	d_f/d_o			1.66
19	管子/鳍片材料			不锈钢/20号钢	
20	每米同径光管面积	F_o	m²	$\pi d_o l$	0.119 4
21	每米管长翅片侧面积	F_f'	m²	$2\times(1/Y_f)\pi(d_f^2-d_o^2)/4$	0.661
22	每米管长翅片顶部面积	F_f^t	m²	$\pi d_f \delta_f(1/Y_f)$	0.033 0
23	每米管长翅片根部面积	F_b'	m²	$\pi d_o(Y_f-\delta_f)(1/Y_f-1)$	0.098 9
24	每米管长翅片管总外表面积	F_f	m²	$F_f'+F_f^t+F_b'$	0.792 9
25	翅化比	β		F_f/F_o	6.64
26	管外总对流受热面面积(错排)	H	m²	$F_f(2z_1-1)(z_2/2)l$	362.165
27	传热管总长度(传热部分)	L	m	$(2z_1-1)(z_2/2)l$	456.75
28	管内传热总面积	A_i	m²	$\pi d_i L$	43.048
29	烟道宽度	a	m	$l+0.01$	1.46
30	烟道深度	b	m	$S_1 z_1+0.01$	1.432
四	传热计算				

续表

序号	名称	符号	单位	计算及说明	结果
I	管内计算				
1	水的比热	c	kJ/(kg·℃)	30～40 ℃,查表	4.178 1
2	水流量	m	kg/s	$Q_{rp}/[c(t''-t')]$	20.0
3	管内流通截面积(错排)	f	m²	$\pi d_i^2/4(2z_1-1)$	0.024 74
4	水流速	w	m/s	$m/(\rho f)$	0.810
5	水的运动黏度	v	m²/s	35 ℃,查表	0.732×10^{-6}
6	普朗特数	Pr			4.87
7	导热系数	λ	W/(m·℃)		0.627
8	雷诺数	Re		wd_i/v	33 207.7
9	努谢尔特数	Nu		$0.023Re^{0.8}Pr^{0.4}$	179.4
10	适用条件				
—				$Re=10^4\sim1.2\times10^5$,满足	
—				$Pr=0.7\sim120$,满足	
—				$L/d>60, L>z_2/2\times l$,满足	
11	管内对流换热系数	h	W/(m²·℃)	$Nu\lambda/d_i$	3 748.7
II	管外计算				
1	最窄处流通截面积	A_h	m²	$1-\dfrac{1}{S_1/d_o}\left(1+2\times\dfrac{H_f}{Y_f}\cdot\dfrac{\delta_f}{d_o}\right)ab$	0.975
2	入口烟气流量	V'_y	m³/s	$\dfrac{BV_y(\vartheta'_y+273)}{273\times3600}$	5.731
3	烟气流速(非进出口平均流速)	u'_y	m/s	V'_y/A_h	5.879
4	平均成分烟气运动黏度	ν	m²·s		2.5E−05
5	雷诺数	Re		$u'_y d_o/\nu$	8 938.2
6	Pr 数	Pr			0.712
7	平均水温	t	℃	$(t'+t'')/2$	35
8	管子外壁面温度	t_{wo}	℃	先假设,再校核	44.28
9	平均烟温	ϑ	℃	$(\vartheta'_y+\vartheta''_y)/2$	95
10	冷凝因子	Ln		$(t_{sat(pv)}-t_{wo})/(t_y-t_{wo})$	0.255
11	努谢尔特数	Nu_y		$0.249\,1Re^{0.716\,7}Pr^{1/3}Ln^{0.820\,3}$	49.191
12	适用条件				

续表

序号	名称	符号	单位	计算及说明	结果
—				$6\,000 < Re < 15\,000$,满足	
—				$0.6 < Pr < 0.8$,满足	
13	烟气导热系数	λ_y	W/(m·℃)		0.035 3
14	烟气侧总表面对流换热系数	h_y	W/(m²·℃)	$Nu \times \lambda_y / d_o$	45.677
15	烟气对管子外壁的放热量	Q_o	W	$h_y H(\vartheta - t_{wo})$	839 037
16	管壁的导热系数	λ_w	W/(m·℃)	304 不锈钢(1Cr18Ni9)	17
17	管子外壁对水的放热量	Q_i	W	$\dfrac{t_{wo} - t}{\ln\dfrac{d_o}{d_i}/(2\pi\lambda_w L) + \dfrac{1}{hA_i}}$	840 415
18	误差	Δq	%	$(Q_o - Q_i)/Q_o \times 100$	−0.16
—	校核			壁温假设合理	
20	传热量	Q_{cr}	kW	$(Q_o + Q_i)/2/1\,000$	839.7
21	与热平衡热量误差	$\Delta q'$	%	$(Q_{cr} - Q_{rp})/Q_{rp} \times 100$	0.26
—	校核			误差合理	
22	管子内壁面温度	t_{wi}	℃	$t + Q_2/(hA_i)$	40.2
Ⅲ	散热损失校核				
1	冷凝器外框长度	A	m	粗取 $a + 490/1\,000$	1.95
2	外框宽度	B	m	粗取 $b + 120/1\,000$	1.552
3	外框高度	H	m	粗取 $(z_2 - 1) \times S_2 + 620/1\,000$	1.946
4	进出口开孔直径	d	m	粗取 900 mm	0.9
5	散热面积	F	m²	$F = 2(AB + AH + BH - \pi d^2/4)$	18.411
6	散热量	Q_5	kW	$1\,675 \times F/3\,600$	8.566
—	校核			比估算值稍大,合理	

注:锅炉热效率提高7.8%后,热效率从原来的92.49%提高到了100.29%。

附 录

附录 1

附表 1-1　常用钢板的适用范围

材料牌号	材料标准	适用范围	
		工作压力(MPa)	壁温(℃)
Q235B、Q235C	GB/T 3274	≤1.6	≤300
20	GB/T 711	≤1.6	≤350
Q245R	GB 713	≤5.3[a]	≤430
Q345R	GB 713	≤5.3[a]	≤430
13MnNiMoR	GB 713	不限	≤400
15CrMoR	GB 713	不限	≤520
12Cr1MoVR	GB 713	不限	≤565
12Cr2Mo1R	GB 713	不限	≤575

注：[a] 制造不受辐射热的锅壳时,工作压力不受限制。

附表 1-2　钢管的适用范围

材料牌号	材料标准	适用范围		
		主要用途	工作压力(MPa)	壁温(℃)
10、20	GB/T 8163	受热面管子	≤1.6	≤350
		集箱、管道	≤1.6	≤350
10、20	YB 4102	受热面管子	≤5.3	≤300
		集箱、管道	≤5.3	≤300
10、20	GB 3087	受热面管子	≤5.3	≤460
		集箱、管道	≤5.3	≤430
09CrCuSb(ND 钢)	GB 150	尾部受热面管子	≤5.3	≤300
20G	GB 5310	受热面管子	不限	≤460
		集箱、管道	不限	≤430
20MnG、25MnG		受热面管子	不限	≤460
		集箱、管道	不限	≤430
15MoG、20MoG		受热面管子	不限	≤480
12CrMoG、15CrMoG		受热面管子	不限	≤560
		集箱、管道	不限	≤550
12Cr1MoVG		受热面管子	不限	≤580
		集箱、管道	不限	≤565
12Cr2MoG		受热面管子	不限	≤600[a]
		集箱、管道	不限	≤575

注：[a] 此处壁温为烟气侧管子外壁温度。

附表1-3 受压元件用钢锻件的适用范围

材料牌号	材料标准	适用范围	
		工作压力(MPa)	壁温(℃)
20	JB/T 9626 NB/T 47008	≤5.3[a]	≤430
16Mn		≤5.3[a]	≤430
15CrMo		不限	≤550
14Cr1Mo		不限	≤550
12Cr1MoV		不限	≤565
12Cr2Mo1		不限	≤575

注：[a] 不与火焰接触时，工作压力不限。

附表1-4 锅炉吊挂装置(U型卡头、销轴等)用钢锻件的适用温度范围

材料牌号	材料标准	适用温度(℃)
20	JB/T 9626、NB/T 47008	≤430
25	JB/T 9626	≤430
35	JB/T 9626、NB/T 47008	≤430
30CrMo	JB/T 9626	≤500
35CrMo	JB/T 9626、NB/T 47008	≤500
12Cr1MoV	JB/T 9626、NB/T 47008	≤565

附表 1-5 常用钢板的许用应力

材料牌号	材料标准	热处理状态	厚度(mm)	室温强度 R_m(MPa)	室温强度 R_{eL}(MPa)	≤20	100	150	200	250	300	350	400	425	450	475	500	525	550	575
Q235B	GB/T 3274	热轧,控轧	≤16	370	235	136	133	127	116	104	95									
		正火	>16~30	370	225	136	127	120	111	96	88									
Q235C	GB/T 3274	热轧,控轧	≤16	370	235	136	133	127	116	104	95									
		正火	>16~40	370	225	136	127	120	111	96	88									
20	GB/T 711	热轧,控轧	≤16	410	245	148	147	140	131	117	108	98								
		正火																		
Q245R	GB 713	热轧,控轧	≤16	400	245	148	147	140	131	117	108	98	91	85	61					
		正火	>16~36	400	235	148	140	133	124	111	102	93	86	84	61					
			>36~60	400	225	148	133	127	119	107	98	89	82	80	61					
			>60~100	390	205	137	123	117	109	98	90	82	75	73	61					
			>100~150	380	185	123	112	107	100	90	80	73	70	67	61					
Q345R	GB 713	热轧,控轧	≤16	510	345	189	189	189	183	167	153	143	125	93	66					
		正火	>16~36	500	325	185	185	183	170	157	143	133	125	93	66					
			>36~60	490	315	181	181	173	160	147	133	123	117	93	66					
			>60~100	490	305	181	181	167	150	137	123	117	110	93	66					
			>100~150	480	285	178	173	160	147	133	120	113	107	93	66					
			>150~200	470	265	174	163	153	143	130	117	110	103	93	66					
13MnNiMoR	GB 713	正火+回火	30~100	570	390	211	211	211	211	211	211	211	203							
			>100~150	570	380	211	211	211	211	211	211	211	200								
15CrMoR	GB 713	正火+回火	6~60	450	295	167	167	167	160	150	140	133	126	122	119	117	88	58		
			>60~100	450	275	167	167	157	147	140	131	124	117	114	111	109	88	58		
			>100~150	440	255	163	157	147	140	133	123	117	110	107	104	102	88	58		
12Cr1MoVR	GB 713	正火+回火	6~60	440	245	163	150	140	133	127	117	111	105	103	100	98	95	82	59	41
			>60~100	430	235	157	147	140	133	127	117	111	105	103	100	98	95	82	59	41
12Cr2Mo1R	GB 713	正火+回火	6~150	520	310	193	187	180	173	170	167	163	160	157	147	119	89	61	46	37

附表 1-6 常用钢管的许用应力

材料牌号	材料标准	热处理状态	室温强度 R_m (MPa)	室温强度 R_{eL} (MPa)	≤20	100	150	200	250	300	350	400	425	450	475	500	525	550	575	600
10	GB 3087	正火,δ≤16 mm	335	205	124	124	118	110	97	81	74	73	72	61	41					
		正火,δ>16 mm	335	195	124	121	116	110	97	81	74	73	72	61	41					
20		正火,δ≤16 mm	410	245	152	147	136	125	113	99	91	85	66	49	36					
		正火,δ>16 mm	410	235	152	143	134	125	113	99	91	85	66	49	36					
09CrCuSb (ND钢)	GB 150	正火	390	245	144	144	137	127	120	113										
20G		正火	410	245	152	152	152	143	131	118	105	85	66	49	36					
20MnG		正火	415	240	154	146	143	139	131	122	115	105	78	58	40					
25MnG		正火	485	275	180	168	163	158	151	140	134	118	85	59	40					
15MoG		正火	450	270	167	167	167	150	137	120	113	107	105	103	102	62				
20MoG	GB 5310	正火	415	220	147	138	135	133	125	121	118	113	110	107	104	70				
12CrMoG		正火+回火	410	205	137	129	125	121	117	113	110	106	103	100	97	75	51	31		
15CrMoG		正火+回火	440	295	163	163	163	163	163	161	152	144	141	137	135	97	66	41	17	
12Cr1MoVG		正火+回火	470	255	170	165	162	159	156	153	150	146	143	140	137	123	97	73	53	37
12Cr2MoG		正火+回火	450	280	167	128	125	124	123	123	123	123	122	115	99	81	64	49	35	24

注：δ——公称壁厚。

附表 1-7 受压元件用钢锻件的许用应力

材料牌号	材料标准	热处理状态	公称厚度(mm)	室温强度 R_m(MPa)	室温强度 R_{eL}(MPa)	在下列温度(℃)下的许用应力(MPa) ≤20	100	150	200	250	300	350	400	425	450	475	500	525	550	575
20	NB/T 47008	正火	≤100	410	235	152	140	133	124	111	102	93	86	84	61					
			>100~200	400	225	148	133	127	119	107	98	89	82	80	61					
			>200~300	380	205	137	123	117	109	98	90	82	75	73	61					
16Mn	NB/T 47008	正火	≤100	480	305	178	178	167	150	137	123	117	110	93	66					
		正火+回火	>100~200	470	295	174	174	163	147	133	120	113	107	93	66					
			>200~300	450	275	167	167	157	143	130	117	110	103	93	66					
15CrMo	NB/T 47008	正火+回火	≤300	480	280	178	170	160	150	143	133	127	120	117	113	110	88	58	37	
			>300~500	470	270	174	163	153	143	137	127	120	113	110	107	103	88	58	37	
14Cr1Mo	NB/T 47008	正火+回火	≤300	490	290	181	180	170	160	153	147	140	133	130	127	122	117	80	54	33
			>300~500	480	280	178	173	163	153	147	140	133	127	123	120	117	80	54	33	
12Cr1MoV	NB/T 47008	正火+回火	≤300	470	280	174	170	160	153	147	140	133	127	123	120	117	113	82	59	41
			>300~500	460	270	170	163	153	147	140	133	127	120	117	113	110	82	59	41	
12Cr2Mo1	NB/T 47008	正火+回火	≤300	510	310	189	187	180	173	170	167	163	160	157	147	119	89	61	46	37
			>300~500	500	300	185	183	177	170	167	163	160	157	153	147	119	89	61	46	37

附表 1-8 锅炉吊挂装置(U 型卡头、销轴等)用钢锻件的许用应力

材料牌号	材料标准	热处理状态	公称厚度 (mm)	室温强度 R_m (MPa)	室温强度 R_{eL} (MPa)	在下列温度(℃)下的许用应力(MPa) ≤20	100	150	200	250	300	350	400	425	450	475	500	525	550	575
20	JB/T 9626 NB/T 47008	正火	≤100	410	235	137	126	120	111	100	92	83	77	75	54					
			>100~200	400	225	133	120	114	107	96	88	79	74	71	54					
			>200~300	380	205	123	110	105	98	88	81	74	68	65	54					
25	JB/T 9626	正火	≤100	422	235	141	126	120	111	100	92	83	77	75	54					
			>100~300	392	216	129	110	105	98	88	81	74	68	65	54					
35	JB/T 9626 NB/T 47008	正火	≤100	510	265	159	141	135	123	111	103	94	88	76	54					
			>100~300	490	245	147	135	129	119	108	100	91	85	76	54					
30CrMo	JB/T 9626	调质	≤300	620	440	207	207	207	207	207	207	201	192	184	135	100	71			
35CrMo	JB/T 9626 NB/T 47008	调质	≤300	620	440	207	207	207	207	207	207	201	192	184	135	100	71			
			>300~500	610	430	203	203	203	203	203	203	201	192	184	135	100	71			
12Cr1MoV	JB/T 9626 NB/T 47008	正火+回火	≤300	470	280	157	153	144	138	132	126	120	114	111	108	105	102	74	53	37
			>300~500	460	270	153	147	138	132	126	120	114	108	105	102	99	96	74	53	37

附表 1-9　碳素钢和低合金钢钢板高温规定非比例延伸强度值

材料牌号	钢板厚度（mm）	在下列温度（℃）下的 $R_{p0.2}(R_{eL}^t)$（MPa）									
		20	100	150	200	250	300	350	400	450	500
Q235	3~16	235	199	191	174	156	143				
	>16~36	225	191	180	167	144	132				
20	3~16	245	220	210	196	176	162	147			
Q245R	3~16	245	220	210	196	176	162	147	137	127	
	>16~36	235	210	200	186	167	153	139	129	121	
	>36~60	225	200	191	178	161	147	133	123	116	
	>60~100	205	184	176	164	147	135	123	113	106	
	>100~150	185	168	160	150	135	120	110	105	95	
Q345R	3~16	345	315	295	275	250	230	215	200	190	
	>16~36	325	295	275	255	235	215	200	190	180	
	>36~60	315	285	260	240	220	200	185	175	165	
	>60~100	305	275	250	225	205	185	175	165	155	
	>100~150	285	260	240	220	200	180	170	160	150	
	>150~200	265	245	230	215	195	175	165	155	145	
13MnNiMoR	30~100	390	370	360	355	350	345	335	305		
	>100~150	380	360	350	345	340	335	325	300		
15CrMoR	6~60	295	270	255	240	225	210	200	189	179	174
	>60~100	275	250	235	220	210	196	186	176	167	162
	>100~150	255	235	220	210	199	185	175	165	156	150
12Cr1MoVR	6~60	245	225	210	200	190	176	167	157	150	142
	>60~100	235	220	210	200	190	176	167	157	150	142
12Cr2Mo1R	6~150	310	280	270	260	255	250	245	240	230	215

附录 2

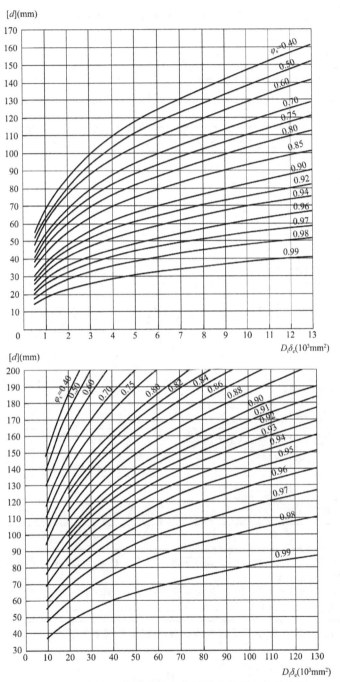

附图 2-1 锅壳和集箱筒体上未补强孔的最大允许直径

说明：1. δ_e——筒体的有效厚度，mm；D_i——筒体的内径，mm；
2. 对于集箱筒体，以 $D_o - 2\delta_e$ 代替 D_i，D_o 是集箱筒体的外径，mm；
3. $[d]$ 最大为 200 mm。

附录 3

附表 3-1 采用锅外水处理的蒸汽锅炉的给水和锅水水质标准

水样	额定蒸汽压力(MPa)		$p \leqslant 1.0$		$1.0 < p \leqslant 1.6$		$1.6 < p \leqslant 2.5$	
	补给水类型		软化水	除盐水	软化水	除盐水	软化水	除盐水
给水	浊度(FTU)		\multicolumn{6}{c}{$\leqslant 5.0$}					
	硬度(mmol/L)		$\leqslant 0.03$					
	pH(25 ℃)		7.0~10.5	8.5~10.5	7.0~10.5	8.5~10.5	7.0~10.5	8.5~10.5
	电导率(25 ℃)(μS/cm)				$\leqslant 5.5 \times 10^2$	$\leqslant 1.1 \times 10^2$	$\leqslant 5.0 \times 10^2$	$\leqslant 1.0 \times 10^2$
	溶解氧(mg/L)		$\leqslant 0.10$		$\leqslant 0.050$			
	油(mg/L)		$\leqslant 2.0$					
	铁(mg/L)		$\leqslant 0.30$				$\leqslant 0.10$	
锅水	全碱度[a] (mmol/L)	无过热器	4.0~26.0	$\leqslant 26.0$	4.0~24.0	$\leqslant 24.0$	4.0~16.0	$\leqslant 16.0$
		有过热器	—		$\leqslant 14.0$		$\leqslant 12.0$	
	酚酞碱度 (mmol/L)	无过热器	2.0~18.0	$\leqslant 18.0$	2.0~16.0	$\leqslant 16.0$	2.0~12.0	$\leqslant 12.0$
		有过热器	—		$\leqslant 10.0$			
	pH(25 ℃)		10.0~12.0					
	电导率(25 ℃)(μS/cm)	无过热器	$\leqslant 6.4 \times 10^3$		$\leqslant 5.6 \times 10^3$		$\leqslant 4.8 \times 10^3$	
		有过热器	—		$\leqslant 4.8 \times 10^3$		$\leqslant 4.0 \times 10^3$	
	溶解固形物 (mmol/L)	无过热器	$\leqslant 4.0 \times 10^3$		$\leqslant 3.5 \times 10^3$		$\leqslant 3.0 \times 10^3$	
		有过热器	—		$\leqslant 3.0 \times 10^3$		$\leqslant 2.5 \times 10^3$	
	磷酸根(mg/L)		—		10~30			
	亚硫酸根(mg/L)				10~30			
	相对碱度		< 0.2					

注 1：对于额定蒸发量小于或等于 4 t/h，且额定蒸汽压力小于或等于 1.0 MPa 的锅炉，电导率和溶解固形物指标可执行附表 3-2。

注 2：额定蒸汽压力小于或等于 2.5 MPa 的蒸汽锅炉，补给水采用除盐处理，且给水电导率小于 10 μS/cm 的，可控制锅水 pH(25 ℃) 下限不低于 9.0，磷酸根下限不低于 5 mg/L。

注：[a] 对于蒸汽质量要求不高，并且无过热器的锅炉，锅水全碱度上限值可适当放宽，但放宽后锅水的 pH(25 ℃) 不应超过上限。

附表 3-2 采用锅内水处理的蒸汽锅炉的给水和锅水水质标准

水样	项目	标准值
给水	浊度(FTU)	≤20.0
	硬度(mmol/L)	≤4
	pH(25 ℃)	7.0~10.5
	油(mg/L)	≤2.0
	铁(mg/L)	≤0.30
锅水	全碱度(mmol/L)	8.0~26.0
	酚酞碱度(mmol/L)	6.0~18.0
	pH(25 ℃)	10.0~12.0
	电导率(25 ℃)(μS/cm)	≤8.0×10³
	溶解固形物(mmol/L)	≤5.0×10³
	磷酸根(mg/L)	10~50

附表 3-3 蒸汽锅炉的回水水质标准

硬度(mmol/L)		铁(mg/L)		铜(mg/L)		油(mg/L)
标准值	期望值	标准值	期望值	标准值	期望值	标准值
≤0.06	≤0.03	≤0.06	≤0.30	≤0.10	≤0.050	≤2.0

注:回水系统中不含铜材质时,可以不测铜。

附表 3-4 热水锅炉的补给水和锅水的水质标准

水样		额定功率(MW)	
		≤4.2	不限
		锅内水处理	锅外水处理
补给水	硬度(mmol/L)	≤6ª	≤0.6
	pH(25 ℃)	7.0~11	
	浊度(FTU)	≤20.0	≤5.0
	铁(mg/L)	≤0.30	
	溶解氧(mg/L)	≤0.10	
锅水	pH(25 ℃)	9.0~12.0	
	磷酸根(mg/L)	10~50	5~50
	铁(mg/L)	≤0.50	
	油(mg/L)	≤2.0	
	酚酞碱度(mmol/L)	≥2.0	
	溶解氧(mg/L)	≤0.50	

注:ª 使用与结垢物质作用后不生成固体不溶物的阻垢剂,补给水硬度可放宽至小于或等于8.0 mmol/L。

附录 4

附表 4-1　在大气压力（$p=1.01325\times 10^5$ Pa）下平均成分烟气的热物理特性

（烟气中组成成分：$r_{CO_2}=0.13$；$r_{H_2O}=0.11$）

ϑ (℃)	$\nu\times 10^6$ (m²/s)	$\lambda\times 10^2$ [W/(m·℃)]	Pr	ϑ (℃)	$\nu\times 10^6$ (m²/s)	$\lambda\times 10^2$ [W/(m·℃)]	Pr
0	11.9	2.28	0.74	1 200	211	12.62	0.56
100	20.8	3.13	0.70	1 300	234	13.49	0.55
200	31.6	4.01	0.67	1 400	258	14.42	0.54
300	43.9	4.84	0.65	1 500	282	15.35	0.53
400	57.8	5.70	0.64	1 600	307	16.28	0.52
500	73.0	6.56	0.62	1 700	333	17.33	0.51
600	89.4	7.42	0.61	1 800	361	18.14	0.50
700	107	8.27	0.60	1 900	389	18.95	0.49
800	126	9.15	0.59	2 000	419	19.88	0.49
900	146	10.00	0.58	2 100	450	20.70	0.48
1 000	167	10.90	0.58	2 200	482	21.63	0.47
1 100	188	11.75	0.57				

注：当温度超过 1 600 ℃时，烟气的热物理特性值是根据试验数据近似用线性外推法确定的。

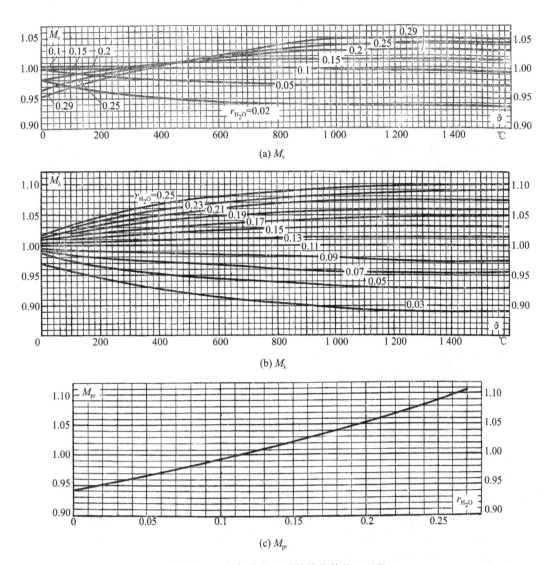

附图 4-1 烟气热物理特性的换算修正系数

附录5 专业英语词汇表

bar stay 拉杆
bowling hoop 膨胀环
branch 管接头
breathing space 呼吸空位
compensating plate 垫板
corrugated furnace tube 波形炉胆
expanded tube 膨胀管
furnace tube 炉胆
fabrication tolerance 制造公差
full-strength weld （与母材等强）等强焊接
fillet weld 角焊缝
firebox 火箱，炉胆
girder 横梁
gusset stay 角撑板
header 集箱
manhole 人孔
nominal design stress 许用应力
ogee ring S型下脚圈
pitch 节距
plain furnace tube 平直炉胆
radiant heating surface 辐射受热面
refractory 耐火材料
reversal chamber 回燃室
second moment 惯性矩
semi-ellipsoidal end 椭球形封头
stay tube 拉撑管
steam dome 干汽室
stiffener 加强圈
torispherical end 碟形封头
tell tale hole 信号孔
tube sheet 管板
tube plate 管板
uptake 冲天管
waterway 水通道，宽水区
wrapper plate 筒体
yield point 屈服点

参考文献

[1] 国家质量监督检验检疫总局. 锅炉节能技术监督管理规程(TSG G0002—2010)[S]. 北京:新华出版社,2010.
[2] 国家质量监督检验检疫总局办公厅. 锅炉节能技术监督管理规程(TSG G0002—2010)第1号修改单[S]. 北京:2016.
[3] 环境保护部,国家质量监督检验检疫总局. 锅炉大气污染物排放标准(GB 13271—2014)[S]. 北京:中国环境科学出版社,2014.
[4] 国家质量监督检验检疫总局,国家标准化管理委员会. 工业蒸汽锅炉参数系列(GB/T 1921—2004)[S].北京:中国质检出版社,2004.
[5] 国家质量监督检验检疫总局,国家标准化管理委员会. 热水锅炉参数系列(GB/T 3166—2004)[S].北京:中国质检出版社,2004.
[6] 国家质量监督检验检疫总局,国家标准化管理委员会. 工业锅炉产品型号编制方法(JB/T1626—2002)[S]. 北京:商务印书馆,2002.
[7] 岳东方. 8t/h燃气冷凝蒸汽锅炉的设计[J]. 工业锅炉,2016(5):26-29.
[8] 张厚吉. 浅谈2t/h锅壳式燃气过热蒸汽锅炉的设计[J]. 工业锅炉,2017(6):31-33.
[9] 郭曙光,王健,楚堂明,等. 关于锅壳式燃油气过热蒸汽锅炉的设计探讨[J]. 工业锅炉,2006(5):16-18.
[10] 赖光楷. 从一起爆炸事故论真空锅炉的安全性[J]. 中国特种设备安全,2009,25(2):1-5.
[11] 牛刚山,叶军,闵建权,等. 冷凝式燃气相变锅炉的开发与研制[J]. 工业锅炉,2008(6):8-11.
[12] 齐进,姚秀平,张莉,等. 常压相变—液浴式燃气(油)热水锅炉———一种新型的高效安全锅炉[J]. 工业锅炉,2005(4):1-4.
[13] 锅炉机组热力计算标准方法[M]. 北京锅炉厂设计科,译.北京:机械工业出版社,1976.
[14] 国家发展改革委. 天然气发展"十三五"规划. 北京:2016.
[15] 国家质量监督检验检疫总局. 工业锅炉热工性能试验规程(GB/T10180—2003)[S]. 北京:中国标准出版社,2003.
[16] 赵钦新,惠世恩. 燃油燃气锅炉[M]. 西安:西安交通大学出版社,2000.
[17] 徐冉,张晓明,谭金锋,等. 锅炉散热损失简化计算方法与ASME PTC4标准中的计算方法比对分析[J]. 工业锅炉,2016(4):58-60.
[18] 张文胜,訾小军,李树新.卧式内燃燃油(气)锅炉炉膛出口烟温确定及影响因素探究[J]. 工业锅炉,2001(4):2-6.

[19] 刘景新,刘红星,齐雪京,等.燃气燃烧器的选型分析[J].节能,2013(9):55-57.
[20] The British Standards Institution. Shell boilers(BS EN 12953:2002).
[21] 国家质量监督检验检疫总局,国家标准化管理委员会.锅壳锅炉(GB/T16508.1~16508.8—2013)[S].北京:中国标准出版社,2014.
[22] 吕树申,杨泽亮,涂益新.新型锅壳式偏置炉胆锅炉传热特性的数值计算[J].华南理工大学学报(自然科学版),1997,25(11):6-74.
[23] 卜银坤.关于锅壳式油气锅炉炉胆传热的理论分析与计算[J].工业锅炉,2001(5):10-14.
[24] 杨世铭.传热学[M].北京:高等教育出版社,1980.
[25] 杨锦春.卧式内燃燃油燃气锅炉炉膛出口烟温计算公式探讨[J].工业锅炉,2004(2):21-22.
[26] 谷企平.卧式内燃三回程燃油锅炉炉膛出口烟温计算公式探讨[J].工业锅炉,1995(1):9-10.
[27] 王慈.锅壳式燃油气炉的排烟温度和烟气阻力简易计算方法[J].工业锅炉,1993(1):12-16.
[28] 工业锅炉设计计算标准方法[M].北京:中国标准出版社,2003.
[29] 黄卫延,李志宏,刘峰,等.关于螺纹烟管的传热计算[J].工业锅炉,2006(4):38-42.
[30] С.И.莫强.锅炉设备空气动力计算(标准方法)[M].3版.杨文学,徐希平,周自本,等译.北京:电力工业出版社,1981.
[31] 王耀昕.螺旋翅片管式余热锅炉烟气阻力计算方法比较[J].节能技术,2016,34(4):310-313,348.
[32] 李妧,李惠珍,康海军,等.倾斜布置去湿翅片热交换器传热性能研究[J].西安交通大学学报,1995,29(10):55-61.
[33] 国家质量监督检验检疫总局.锅炉安全技术监察规程(TSG G0001—2012)[S].北京:新华出版社,2013.
[34] 国家市场监督管理总局,国家标准化管理委员会.工业锅炉水质(GB/T 1576—2018)[S].北京:中国标准出版社,2018.
[35] 国家质量监督检验检疫总局,国家标准化管理委员会.火力发电机组及蒸汽动力设备水汽质量(GB/T 12145—2016)[S].北京:中国标准出版社,2016.
[36] 国家市场监督管理总局,国家标准化管理委员会.锅炉和压力容器用钢板(GB 713—2014)[S].北京:中国标准出版社,2014.
[37] 国家市场监督管理总局,国家标准化管理委员会.热轧钢板和钢带的尺寸、外形、重量及允许偏差(GB/T 709—2019)[S].北京:中国标准出版社,2019.
[38] 国家质量监督检验检疫总局,国家标准化管理委员会.低中压锅炉用无缝钢管(GB 3087—2008)[S].北京:中国标准出版社,2008.
[39] The British Standards Institution. Specification for Design and manufacture of shell boilers of welded construction(BS2790:1992).
[40] 胡超,高广安.波形炉胆力学性能研究[J].工业锅炉,1988(2):2-7.

[41] 李君喜.燃气锅壳锅炉管板和烟管开裂原因分析及对策[J].中国特种设备安全,2018(9):66-68.

[42] 国家市场监督管理总局,国家标准化管理委员会.安全阀一般要求(GB/T 12241—2005)[S].北京:中国标准出版社,2005.

[43] 国家机械工业局.工业锅炉锅筒内部装置设计导则(JB/T 9618—1999)[S].北京:机械工业出版社,1999.

[44] 笪耀东,车得福,庄正宁,等.高水分烟气对流冷凝换热模拟实验研究[J].工业锅炉,2003(1):12-15,34.

[45] 仝勇昂.燃气锅炉烟气冷凝换热实验研究及分析[D].重庆大学硕士学位论文,2015.

[46] 陈学俊,陈听宽.锅炉原理[M].2版.北京:机械工业出版社,1991.

[47] 清华大学电力工程系锅炉教研组.锅炉原理及计算.2版.北京:科学出版社,1979.

[48] 吴味隆,等.锅炉及锅炉房设备[M].4版.北京:中国建筑工业出版社,2006.

[49] Defu CHE. Boilers——Theory,Design and Operation. Xi'an:Xi'an Jiaotong University Press,2008.

[50] 樊泉桂.锅炉原理[M].北京:中国电力出版社,2008.

[51] 章燕谋.锅炉制造工艺学[M].北京:机械工业出版社,1980.

[52] 沈贞珉.关于锅壳热水锅炉的水动力计算[J].中国锅炉压力容器安全,2003,19(6):31-33.

[53] 钟永明,李之光,刘曼青,等.螺纹管内积灰的试验研究[J].动力工程,1990,10(6):39-42.

[54] 赵洪彪,孙恩召,王铣庆,等.螺纹管内积灰性能的研究[J].节能技术,1992(6):11-14.

[55] 黄晓宇,雷承勇,王恩禄,等.烟气横向冲刷错列管束对流冷凝换热试验研究[J].锅炉技术,2012,43(6):5-8.

[56] 曹家牲.高频焊接螺旋翅片管的换热和阻力特性[J].东方电气评论,1994,8(2):78-81,129.

[57] 周强泰,黄素逸.锅炉与热交换器传热强化[M].北京:水利电力出版社,1991.